AF318562

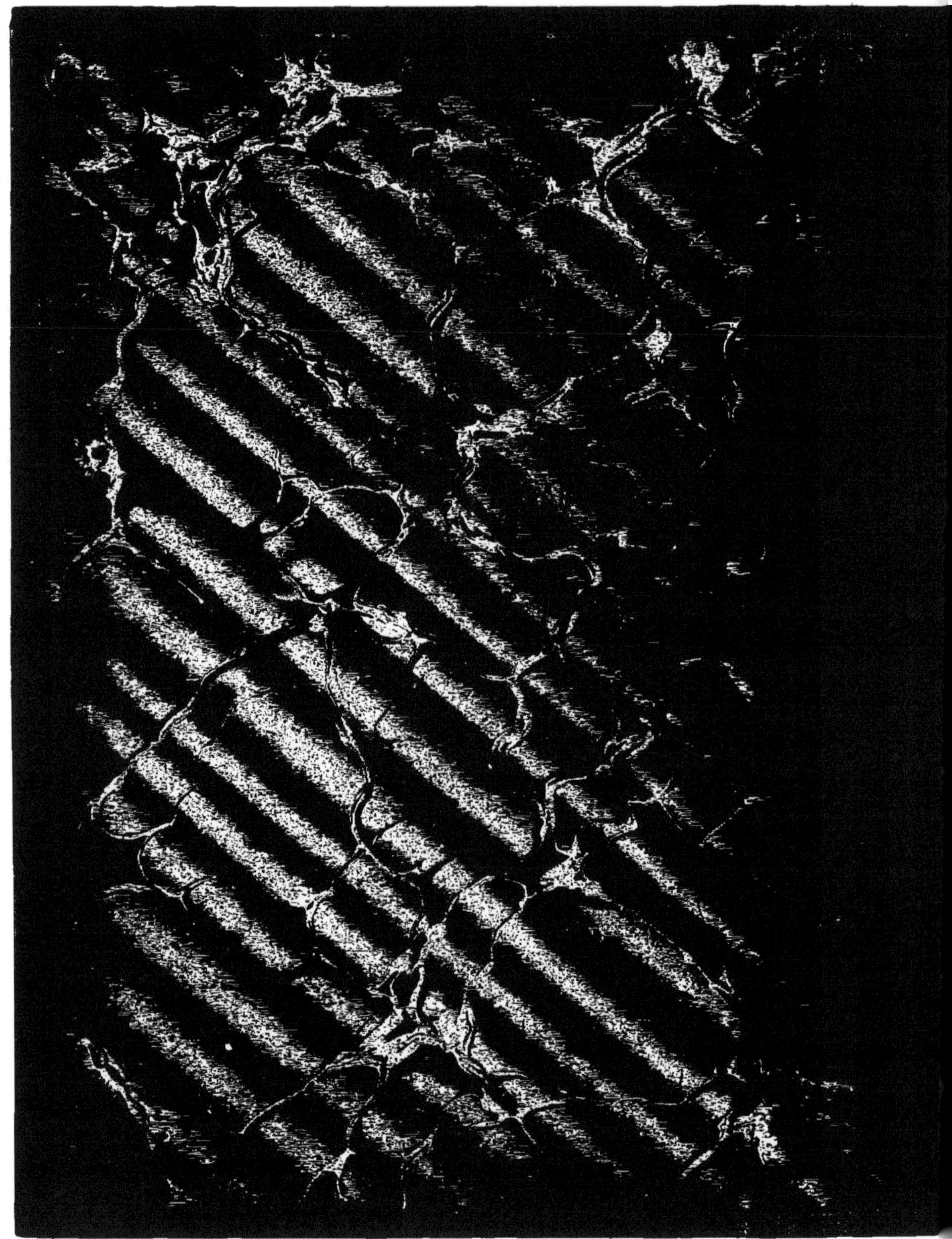

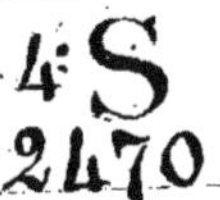

PREMIÈRE ANNÉE
D'HISTOIRE NATURELLE

ZOOLOGIE ET BOTANIQUE

Par F. FAIDEAU et Aug. ROBIN

ENSEIGNEMENT SECONDAIRE DES JEUNES FILLES

 LIBRAIRIE LAROUSSE. PARIS 

PREMIÈRE ANNÉE

D'HISTOIRE NATURELLE

ZOOLOGIE ÉLÉMENTAIRE
NOTIONS DE BOTANIQUE

AVEC 611 REPRODUCTIONS PHOTOGRAPHIQUES
OU DESSINS ET 3 PLANCHES EN COULEURS, PAR

F. FAIDEAU,	AUG. ROBIN,
PROFESSEUR DE SCIENCES	CORRESPONDANT DU
NATURELLES A L'ÉCOLE	MUSÉUM NATIONAL
JEAN-BAPTISTE SAY	D'HISTOIRE NATURELLE

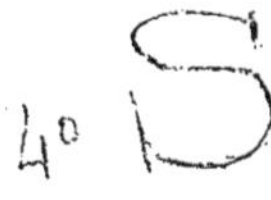

LIBRAIRIE LAROUSSE. — PARIS

17, RUE MONTPARNASSE. — SUCC^{le}, 58, RUE DES ÉCOLES

ENSEIGNEMENT SECONDAIRE DES JEUNES FILLES
CONFORME AUX PROGRAMMES DU 27 JUILLET 1897

PREMIÈRE ANNÉE

ZOOLOGIE ÉLÉMENTAIRE
NOTIONS DE BOTANIQUE

DEUXIÈME ANNÉE (En préparation)

NOTIONS DE GÉOLOGIE
CLASSIFICATION BOTANIQUE

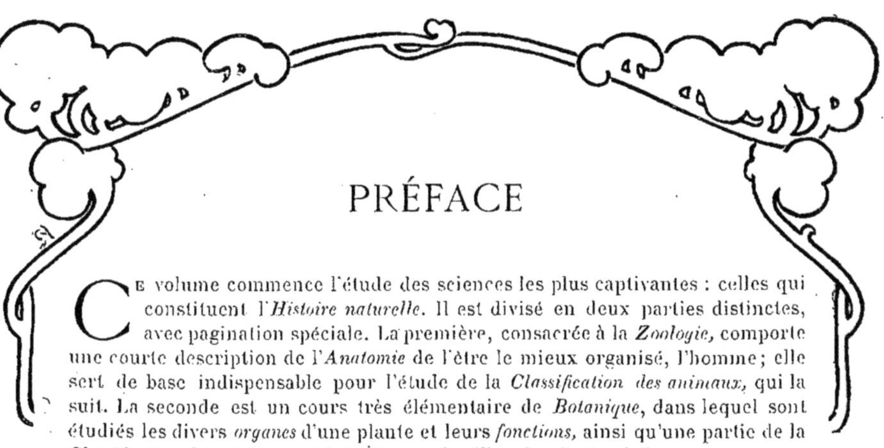

PRÉFACE

C**e** volume commence l'étude des sciences les plus captivantes : celles qui constituent l'*Histoire naturelle*. Il est divisé en deux parties distinctes, avec pagination spéciale. La première, consacrée à la *Zoologie*, comporte une courte description de l'*Anatomie* de l'être le mieux organisé, l'homme ; elle sert de base indispensable pour l'étude de la *Classification des animaux*, qui la suit. La seconde est un cours très élémentaire de *Botanique*, dans lequel sont étudiés les divers *organes* d'une plante et leurs *fonctions*, ainsi qu'une partie de la *Classification des végétaux*, réduite à onze familles de plantes à fleurs.

En présentant à l'élève l'étude des sciences de la Nature, nous avons voulu lui offrir à la fois la clarté, l'exactitude et le plaisir des yeux. Dans ce but, notre illustration, abondante et soignée, a eu recours, d'une part, à des représentations réellement artistiques et, d'autre part, à la photographie non retouchée. En feuilletant ce livre, l'élève trouvera ainsi à chaque page les *formes vraies* des êtres : au lieu de familiariser ses yeux avec des représentations défectueuses, il y rencontrera le dessin toujours admirable de la Nature. Ainsi se trouve réalisé un excellent enseignement par les yeux.

Une illustration aussi importante exigeait pour rester lisible un grand format ; mais nous n'avons pas voulu innover sur ce point et créer un nouveau « format scolaire » : nous avons simplement adopté celui des cahiers cartonnés en usage dans les classes. D'autre part, il est évident qu'une illustration exclusivement artistique et photographique serait insuffisante dans un ouvrage destiné à l'enseignement : nous y avons joint, partout où ils étaient nécessaires, tous les schémas que paraissait exiger la compréhension du texte.

Les *résumés* nous ont paru indispensables pour mettre en évidence ce que le texte qui les précède comporte d'*essentiel*. Mais au lieu de les composer en petits caractères et de les réunir à la fin de chaque chapitre, où ils ne sont pas lus, nous les avons multipliés en les plaçant à la fin de chaque paragraphe. Nous leur avons d'ailleurs réservé le caractère *italique*, qui les différencie très nettement du texte courant. Ayant suivi le cours du professeur, il suffira donc à l'élève de *lire* nos chapitres avec attention, de vouloir les *comprendre*, puis de bien *retenir* le mot à mot des résumés. Après avoir fragmenté pour apprendre, il faut réunir pour comparer : 19 *Tableaux-résumés*, illustrés pour la plupart, donnent les vues d'ensemble nécessaires.

Les *Index alphabétiques* placés à la fin de chacune des parties de cet ouvrage ont été établis avec un très grand soin ; ils comportent plus de 1 800 renvois aux paragraphes. Nous y avons consigné toutes les *étymologies* utiles.

PROGRAMMES OFFICIELS DU 27 JUILLET 1897

ZOOLOGIE (1 HEURE PAR SEMAINE JUSQU'AU 15 AVRIL)

Les grandes divisions du règne animal (paragraphes **33** à **36**).

VERTÉBRÉS : Notions très succinctes sur l'organisation d'un vertébré. *L'homme a été choisi pour exemple* (Paragraphes **1** à **32**).

Mammifères : Caractères (**37, 38**), principaux ordres (**39** à **105**).

Oiseaux : Caractères (**111** à **119** ; exemples choisis parmi les principaux ordres (**120** à **135** ; protection des oiseaux utiles (**136**).

Reptiles : Caractères (**137**): Crocodiles (**138**); Lézards (**139**); Serpents (**141** à **144**); Serpents venimeux **143, 145**.

Batraciens : Caractères, métamorphoses (**146** à **149**).

Poissons : Caractères (**150** à **152**); Poissons osseux (**154** à **157**); Poissons cartilagineux (**159, 160** : pêche (**162**).

ARTICULÉS : (**164**.

Insectes : Caractères (**165** à **168** ; métamorphoses (**169** ; exemples choisis dans les divers ordres (**170** à **187** ; Insectes sociaux (**172** à **174**).

Arachnides : Araignée (**188, 189**); Scorpion (**190**).

Myriapodes (**192**). – *Crustacés :* Écrevisse, Homard (**193** à **195**).

VERS : Caractères (**196, 197**); notions sur les Vers parasites (**198**).

MOLLUSQUES : Caractères (**199** ; exemples choisis dans les principales classes (**200** à **205**.

RAYONNÉS : Oursins, Étoiles de mer (**206, 207**); Coraux, Méduses (**208** à **210**). — ÉPONGES (**211**. — PROTOZOAIRES (**212**).

Notions sommaires sur la distribution des animaux à la surface du globe (**106, 107**.

═══════════

BOTANIQUE (1 HEURE PAR SEMAINE DEPUIS LE 15 AVRIL)

Diverses parties d'une plante (Paragraphes **1, 2**.

Grandes divisions du règne végétal (**2, 53, 54**).

Notions sommaires et purement descriptives sur les divers organes d'une plante; Racine (**3** à **6** ; Tige (**7** à **12**); Feuilles et bourgeons (**13** à **21**.

Fleur (**22** à **28**); Fruit (**29**); Graine (**30, 31**.

Étude d'un petit nombre de types choisis dans les principales familles.

On se bornera à l'étude des *Dicotylédones dialypétales*, telles que : Crucifères (**33, 34**); Renonculacées (**35, 36**); Papavéracées (**37, 38**); Légumineuses (**39, 40**); Ombellifères (**41, 42** ; et des *Dicotylédones gamopétales*, telles que : Solanées (**43, 44**); Scrofularinées (**45, 46**); Borraginées (**47** ; Labiées (**48, 49**); Primulacées (**50**); Composées (**51, 52**).

═══════════

Fig. 1. — Île fréquentée par des oiseaux de mer et donnant une idée de la multitude animale.

L'HISTOIRE NATURELLE

LES sciences naturelles sont constituées par l'ensemble des connaissances que nous possédons sur la nature, et c'est là un domaine très vaste, car ce qui nous paraît y être étranger en vient et y retournera. Le caractère artificiel d'un objet fabriqué n'est que provisoire ; cet objet, en effet, a été obtenu avec un ou plusieurs corps naturels et son altération progressive le ramènera fatalement, au bout d'un temps plus ou moins long, dans le milieu d'où il est sorti. C'est ainsi que les sciences naturelles sont mères de toutes les autres sciences et qu'on les retrouve à la base de toutes choses.

La nature, c'est notre terre entière avec ses continents et ses mers, ses montagnes, ses forêts, ses bêtes innombrables. Aussi l'étude d'un ensemble si grand a-t-elle dû être partagée et l'on a ainsi établi trois grandes divisions, trois règnes, qui sont : le règne *minéral* pour tout ce qui est privé de vie, comme les pierres ; le règne *végétal* pour les plantes, et le règne *animal* pour les bêtes. La science à laquelle a été réservée l'étude du règne minéral est la *Géologie ;* celle qui s'occupe du règne végétal est la *Botanique,* et celle qui s'intéresse au règne animal est la *Zoologie.* Or, en réfléchissant un peu, vous allez voir qu'il n'existe rien à la surface du globe, rien autour de vous, rien sur vous-même, qui n'appartienne à l'un de ces trois règnes ou qui n'en vienne.

En voici des exemples : votre cravate de soie est d'origine animale ; sa substance a pour auteur la larve d'un papillon qui est le ver à soie. Votre mouchoir de toile a été tissé avec les fibres du chanvre ou du lin, qui sont des végétaux. Les lames du canif avec lequel vous taillez votre crayon ont été empruntées à la terre sous forme de minerai de fer.

Il en est de même dans la classe. La serviette dans laquelle vous rangez vos livres est en cuir ; elle représente la peau d'un animal. La table sur laquelle vous travaillez est en bois et les planches en ont été taillées dans un tronc d'arbre. Les vitres qui laissent entrer la lumière dans la salle ont été fabriquées avec un sable très fin et très pur.

Chez vos parents, dans votre chambre, le tapis qui est devant votre lit est fait de la laine d'un mouton. Les rideaux blancs de votre fenêtre sont en coton ; l'industrie en a trouvé les éléments dans le fruit d'un arbuste qui est le cotonnier. Enfin, la cuvette qui sert à vos ablutions est en faïence ; elle a été fabriquée avec l'argile que l'on trouve dans le sol.

Comme le règne végétal, le règne *animal* recouvre la surface de la terre d'une sorte d'enveloppe à peu près ininterrompue, car si les gros animaux sont très clairsemés, sauf certaines exceptions (*fig.* 1), les petits pullulent, à la surface du sol comme dans les eaux ; quant aux infiniment petits, ils sont partout ; leur nombre incalculable, même sur un petit espace, est déconcertant.

Dans la campagne la plus solitaire, la plus dénuée de gibier et que les oiseaux semblent même avoir fuie, soulevez l'écorce des vieux arbres, vous y trouverez toute une série de bestioles appartenant au vaste embranchement des Articulés. Dans la mousse, ce seront des petites coquilles terrestres. Sous les pierres, dans l'herbe, ou à la base des vieux murs, de nouvelles populations vous apparaîtront. Dans les cultures, une foule d'organismes prélèvent un véritable impôt sur la récolte que l'homme attend. Dans la terre végétale, des vers de plusieurs espèces se nourrissent de l'aliment destiné à la plante. Sur le vieux chemin, la boue argileuse qui occupe le fond de l'ornière révélerait à l'aide du microscope un nombre très grand d'organismes qui, durant les périodes de sécheresse, vivent d'une vie latente, d'une vie dont l'activité est momentanément suspendue ; ils retrouveront le mouvement dès que la pluie viendra délayer leur milieu.

Les petites mares persistantes, aux eaux troubles, ont des milliards d'habitants ; il est de ces mares dont la vase est une véritable boue vivante. Toutes proportions gardées, la mer offre des conditions analogues ; en dehors des cétacés, des poissons et de tous les gros animaux qu'elle nourrit, elle tient en suspension dans ses eaux d'interminables nuées d'organismes dont le nombre est si grand que la chute de leurs minces débris sur le fond donne naissance à des dépôts considérables.

Le règne animal constitue donc bien une véritable enveloppe vivante plus ou moins associée à l'enveloppe végétale et plus ou moins incrustée au terrain qui la porte.

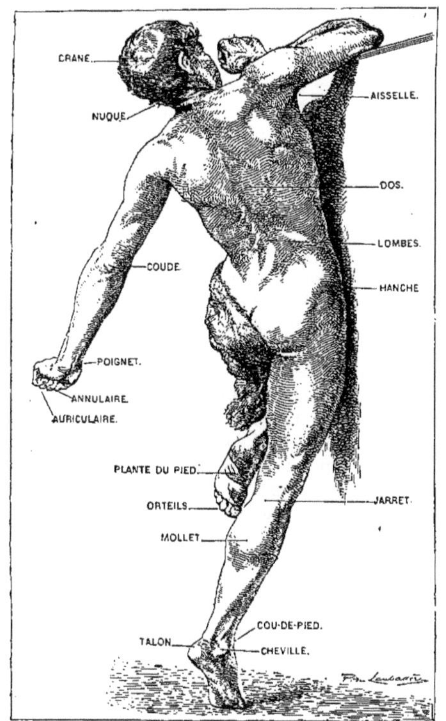

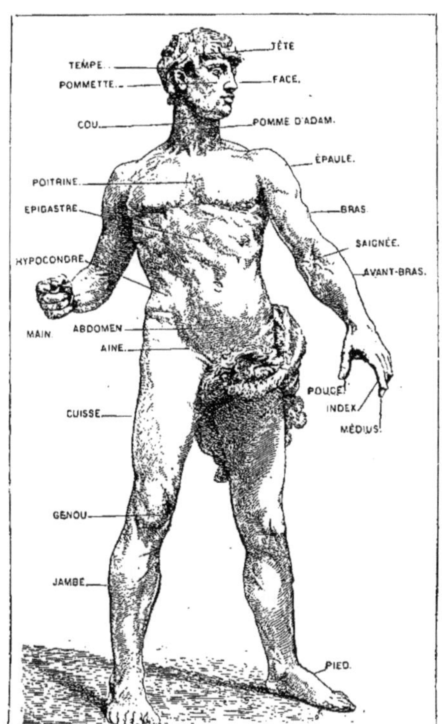

Fig. 2 et 3. — Régions du corps humain.

L'HOMME

I. ANATOMIE

1. Règnes de la nature. — S'il est aisé de reconnaître comme *animal* une bête dont l'organisation est relativement perfectionnée, il est parfois bien difficile de déterminer le *règne* auquel appartient un être inférieur. Il en est un parmi ces derniers qui fut successivement placé dans chacun des trois règnes de la nature, c'est le *corail*, dont l'aspect est celui d'un petit arbuste (*fig.* 4). On le considéra d'abord comme *minéral* parce que sa substance est pierreuse, puis comme *végétal* à cause de sa structure ramifiée, parce qu'il paraissait grandir avec le temps et qu'il semblait souvent couvert de fleurs ; enfin, comme *animal* parce qu'on reconnut que chacune de ses fleurs était un être doué de mouvement. On s'aperçut ainsi qu'il s'agissait d'une *colonie* *animale*, c'est-à-dire d'un groupe plus ou moins nombreux d'animaux disposés en colonie, sur un édifice de nature minérale.

La zoologie a fait depuis ce temps de grands progrès et l'on ne détermine plus les êtres inférieurs sans étudier leurs moindres détails au microscope, et si petit, si simple que soit cet animal, on le distingue presque toujours de la pierre et moins aisément,

Fig. 4. — Structure *ramifiée* du Corail.

il est vrai, de la plante. En effet, les corps minéraux ne possèdent pas d'*organes*, pas de *fonctions*, et ils ne se *meuvent* pas ; la vie des êtres vivants est *organique*, la transformation des pierres est *chimique*. On sait que les roches profondes se modifient avec le temps et que les cristaux renfermés dans le sol grandissent jusqu'au moment où on les arrache de leur gisement, mais leur masse est inerte, ils ne se nourrissent pas, c'est-à-dire qu'ils ne transforment pas en leur propre substance des éléments empruntés au dehors ; ce sont des corps *bruts*. Les plantes et les animaux sont, au contraire, des êtres *vivants*, c'est-à-dire qu'ils ont un commencement : la *naissance*, et une fin : la *mort ;* entre ces deux termes plus ou moins éloignés l'un de l'autre, ils se nourrissent, se développent et se multiplient. Pendant toute la durée de leur vie, ils font à l'aide de leurs *organes* des échanges de matières avec le milieu extérieur : ce sont des *organismes*. Leur corps est formé de parties microscopiques nommées *cellules*.

✿ *Les trois règnes de la nature sont les règnes* animal, végétal *et* minéral. *Les animaux et les plantes ont des* organes *formés de* cellules *; ils se nourrissent et se multiplient : ce sont des* organismes. *Les minéraux n'ont pas d'*organes : *ce sont des corps bruts.*

2. **Distinction des êtres.** — La distinction entre le règne animal et le règne végétal est parfois bien difficile. En effet, s'il est aisé de distinguer un animal supérieur d'une plante supérieure, il l'est beaucoup moins quand il s'agit d'êtres inférieurs : les deux règnes se confondent à leur base ; on ne peut citer aucun caractère absolu différenciant *tous* les animaux de *toutes* les plantes. Néanmoins, la présence d'un appareil digestif, le mouvement, la sensibilité, sont des caractères assez constants ; mais certains êtres très inférieurs n'ont pas d'appareil digestif, et d'autre part, certaines plantes sont douées de sensibilité. Il reste un autre caractère qui se manifeste à presque tous les degrés de la série zoologique, c'est la *volonté,* qui dirige le mouvement, sauf cependant chez les types très inférieurs ; aussi la différence essentielle est-elle dans le mode de *nutrition*. La plante, toujours fixée, puise sur place, dans le sol et dans l'air, les substances minérales qu'elle transforme en aliments tels que sucre, amidon. L'animal ne peut former ses aliments, et même quand il est fixé il se nourrit d'autres organismes. Devant chercher sa nourriture, il est doué de *sensibilité* et de *mouvements d'ensemble ;* la plupart des plantes en sont dépourvues.

✿ *L'animal se distingue de la plante par son mode de* nutrition, *d'où dérivent chez lui la* sensibilité *et* les mouvements *d'ensemble.*

3. **Cellules, tissus.** — Une *cellule* est une petite masse vivante de matière analogue au blanc d'œuf ou albumine, et que l'on nomme *protoplasme (fig.* 5). Elle est limitée ordinairement par une membrane de même nature, et un *noyau* de protoplasme condensé en occupe l'intérieur. Certains animaux ne sont formés que d'une seule cellule ; tels sont : les Infusoires (paragraphe **212**), que l'on peut observer au microscope dans une goutte d'eau stagnante ; mais la plupart des animaux comprennent un nombre immense de cellules réunies. Mais ce qui fait la supériorité d'un animal, ce n'est pas encore le grand nombre des cellules qui le composent, c'est la diversité de leurs formes et de leurs fonctions, c'est *la division du travail* qu'elles accomplissent ; il en résulte que, malgré sa petite taille, une Fourmi

est un animal bien supérieur à une Huître ou à une Étoile de mer. Nous verrons que chez les animaux supérieurs certaines cellules sont chargées de transformer les aliments, d'autres de protéger le corps, de le soutenir ou de le faire mouvoir; d'autres, enfin, relient entre eux ces différents groupes de cellules et renseignent l'animal sur ce qui se passe autour de lui et, souvent, dans son propre corps. Les groupements de cellules forment des *tissus ;* c'est ainsi que chez l'homme on distingue le tissu osseux, le tissu musculaire, le tissu nerveux, etc.

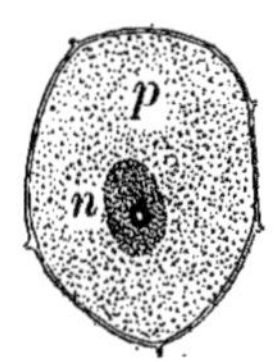

Fig. 5.
Cellule animale :
p, protoplasme;
n, noyau.

❦ *La* cellule *est une petite masse de protoplasme dont une partie est condensée en* noyau. *La supériorité d'un animal résulte de la* division *du travail accompli par ses cellules. Un* tissu *est un groupement de cellules.*

4. Organes, appareils, fonctions. — Nous avons parlé d'organismes (1) : on désigne, en effet, sous ce nom tous les êtres, parce qu'ils sont constitués par des *organes.* Un organe est un ensemble de tissus concourant à l'accomplissement d'une même fonction, c'est-à-dire d'une besogne indispensable à la prospérité de l'être. Certaines fonctions exigent un groupe de plusieurs organes; ce groupe est alors un *appareil,* et c'est ainsi que l'*estomac* est l'un des organes de l'*appareil digestif* dont la fonction est la *digestion.* Chaque organe exerce donc une fonction particulière, et chaque appareil une fonction générale. Enfin les différents appareils ont des relations plus ou moins intimes entre eux; c'est ainsi que les fonctions de digestion, de circulation du sang et de respiration ont des relations très étroites, la digestion fournissant les principes nutritifs au sang, et la respiration lui apportant le gaz oxygène qui lui est nécessaire.

On peut distribuer les fonctions en deux grands groupes, qui sont les fonctions de *nutrition* ou de la vie végétative, et les fonc-

tions de *relation* ou de la vie animale. Les fonctions de *nutrition* sont communes aux animaux et aux végétaux ; elles assurent la transformation et l'utilisation des aliments introduits dans l'organisme et le rejet des substances nuisibles qui se forment sous l'influence de la vie ; ce sont la digestion, l'absorption, la circulation, la respiration, la sécrétion et l'excrétion. Les fonctions de *relation* sont spéciales aux animaux qu'elles mettent en rapport, en relation, avec le monde extérieur, leur permettant ainsi de trouver leur nourriture; ce sont la locomotion, qui s'exerce par le squelette et les muscles, et l'innervation, qui a pour organes le système nerveux et les sens.

Notons ici que l'*anatomie* est la science qui décrit les *organes,* tandis que la *physiologie* étudie leur *fonctionnement.*

❦ *Les animaux sont constitués par des organes. Les organes groupés pour l'accomplissement d'une* fonction *constituent un* appareil. *Il existe deux groupes principaux de fonctions, celles de* nutrition *et celles de* relation.

5. Régions du corps. — Le corps de l'homme comprend trois régions, qui sont : la tête, le tronc et les membres (*fig. 2 et 3*). La *tête* contient et protège le cerveau et les organes des sens ; elle est percée de la *bouche,* qui est l'entrée de l'appareil digestif, et des *narines* ou orifices respiratoires. Le *tronc* est divisé en deux cavités placées l'une au-dessus de l'autre et séparées entre elles par une cloison nommée *diaphragme.* Au-dessus de cette cloison est la poitrine ou *thorax,* qui renferme le cœur et les poumons ; au-dessous est le ventre ou *abdomen,* qui contient la plupart des organes de la digestion, c'est-à-dire l'estomac, l'intestin et le foie, puis les reins, etc. Il y a, enfin, deux paires de *membres,* qui sont les membres supérieurs et inférieurs.

❦ *Le corps est divisé en trois régions : la* tête, *qui contient le cerveau et les organes des sens; le* tronc, *comprenant la poitrine qui renferme le cœur et les poumons, et l'abdomen qui contient l'estomac et les intestins; enfin les membres supérieurs et inférieurs.*

DIGESTION

6. Appareil digestif ; bouche. — L'appareil digestif se compose des organes chargés de transformer les aliments pour leur permettre de passer dans le sang ; c'est un long *tube* qui comprend successivement la *bouche*, le *pharynx*, l'*œsophage*, l'*estomac* et l'*intestin*. Dans les parois de ce *tube digestif* sont placées des petites glandes qui sécrètent les liquides destinés à transformer les aliments ; il existe aussi d'autres glandes plus volumineuses, dites *glandes annexes*, qui, disposées en dehors du tube digestif, y versent leurs liquides dissolvants ; ce sont les *glandes salivaires*, le *pancréas* et le *foie*.

La *bouche* est limitée en avant par les lèvres, en haut par le palais, sur les côtés par les joues, et elle s'ouvre en arrière sur le pharynx. Dans la bouche se trouvent les *mâchoires*, armées de *dents*, et la *langue*. La mâchoire supérieure est fixe, elle est reliée au crâne par les os de la face ; la mâchoire inférieure, au contraire, est mobile. Les *dents* (*fig.* 6) sont des petits organes durs implantés dans les cavités des mâchoires ou alvéoles par leur base nommée *racine ;* on nomme *couronne* leur partie visible. On distingue trois sortes de dents : les *incisives*, situées sur le devant de la bouche, sont coupantes et n'ont qu'une racine ; les *canines* ont la couronne pointue et une racine ; les *molaires*, qui sont situées au fond de la bouche, ont une couronne large et mamelonnée ; elles sont de deux sortes : les petites molaires n'ayant qu'une racine, et les grosses molaires de deux à trois. L'homme a deux dentitions successives (*fig.* 7) : la *dentition de lait*, qui comprend 20 dents, et la *dentition permanente*, qui débute par l'apparition de la première grosse molaire. L'homme doit

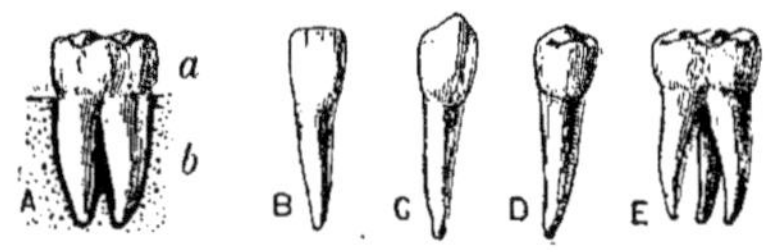

Fig. 6. — *Dents :*

A, Dent placée dans son alvéole : *a,* couronne ; *b,* racine ; B, incisive ; C, canine ; D, petite molaire ; E, grosse molaire.

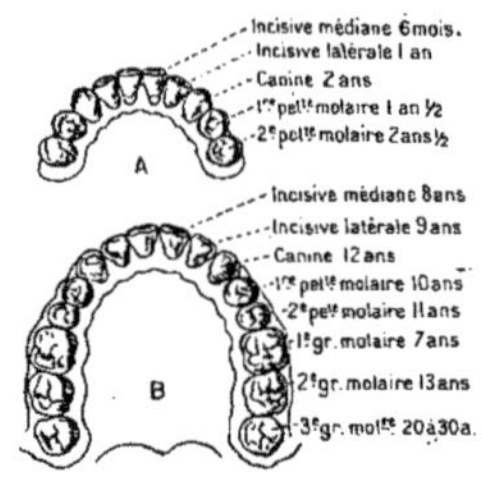

Fig. 7.
Dentitions successives :
A, de lait ; B, permanente.

avoir 32 dents avec 2 incisives, 1 canine, 2 petites molaires et 3 grosses molaires pour chaque *moitié* des mâchoires.

❉ *L'appareil* digestif *comprend bouche, pharynx, œsophage, estomac et intestin ; puis glandes salivaires, pancréas et foie.* La bouche *renferme les mâchoires armées de* dents. *La dentition de* lait *comprend 20 dents, qui sont remplacées par la dentition* permanente *de 32 dents.*

7. Œsophage, estomac, intestins. — Le *pharynx*, nommé aussi *arrière-bouche* ou *gosier*, est une sorte de carrefour communiquant avec la bouche, les fosses nasales, les voies respiratoires et l'*œsophage* (*fig.* 8 et 9). Ce dernier est un tube qui traverse le diaphragme et aboutit à l'estomac. L'*estomac* est un sac en forme de cornemuse situé dans la partie supérieure de l'abdomen ; son orifice d'entrée est le *cardia*, l'orifice de sortie est le *pylore*. L'estomac est pourvu de muscles et porte dans ses parois des milliers de petites glandes sécrétant un liquide qui est le suc gastrique. L'*intestin* est un tube très replié qui comprend deux parties : l'*intestin grêle*, qui a une longueur de 6 à 8 mètres avec un diamètre d'environ 3 centimètres, et le *gros intestin*, long de 2 mètres et entourant la masse repliée du précédent ; il se termine par un orifice nommé *anus*. La paroi de l'intestin renferme des muscles ainsi que de nombreuses petites glandes sécrétant le suc intestinal. Elle porte des milliers de minuscules saillies ou *villosités intestinales* qui donnent à sa surface interne un aspect velouté. Les intestins sont enveloppés et soutenus par une membrane appelée *péritoine* qui entoure aussi l'estomac et la plupart des organes contenus dans l'abdomen.

✤ *A la bouche font suite : le* pharynx, *l'œsophage, l'estomac, dont les glandes fournissent le suc gastrique, et l'intestin tapissé intérieurement de petites saillies ou villosités intestinales. L'estomac et l'intestin sont enveloppés dans le* péritoine.

8. Glandes annexes.

— Les *glandes salivaires* sont au nombre de trois paires ; elles sécrètent la *salive* que des canaux spéciaux conduisent dans la bouche. Le *pancréas* (*fig.* 8) est une glande allongée située derrière l'estomac ; il verse par un canal particulier placé au début de l'intestin grêle le liquide qu'il sécrète et qui est le suc pancréatique. Le *foie* est la plus grosse glande du corps ; il pèse près de 2 kilogrammes, sa couleur est rouge brun. Il est situé dans la partie supérieure de l'abdomen et à droite de l'estomac qu'il recouvre en partie ; c'est un important organe, chargé notamment de purifier le sang qui le traverse : il en retire un ensemble de substances formant un liquide jaune d'or qui est la *bile*. La bile sort du foie par un canal qui s'ouvre dans l'intestin grêle à côté de celui du pancréas.

✤ *Les glandes annexes sont les* glandes salivaires *qui sécrètent la salive, puis le* pancréas *qui fournit le suc pancréatique, et le* foie *qui sécrète la bile ; ces deux dernières sécrétions sont versées au début de l'intestin.*

9. Aliments.

— Toute machine ne fonctionne qu'à la condition d'être alimentée convenablement. Or, le corps humain est une machine très

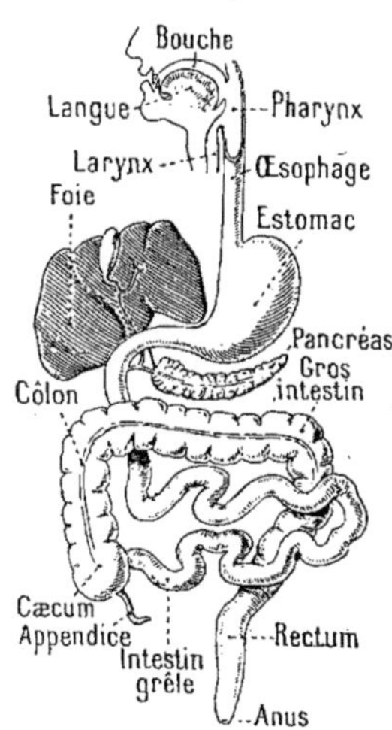

Fig. 8. — Ensemble schématique de l'appareil *digestif.*

délicate et très compliquée, dont l'alimentation générale est assurée par les organes de la *digestion*, de la *circulation* et de la *respiration*. Les aliments qui doivent être transformés par l'appareil digestif sont destinés à la réparation des tissus de l'organisme ; ils sont liquides ou solides. Les uns et les autres peuvent être d'origine *animale*, comme la viande, le poisson, le lait, les œufs ; d'origine *végétale*, comme le pain, les graines, les légumes, les fruits, les salades ; ou d'origine *minérale*, comme l'eau et le sel. Au point de vue chimique, on distingue : les aliments *albuminoïdes* ou *azotés*, abondants surtout dans les œufs, la viande et les fromages ; les aliments *sucrés* ; les aliments *féculents*, contenus principalement dans le pain, les graines, les pommes de terre ; les aliments *gras*, comme le beurre, les huiles, la graisse : ces trois dernières catégories sont dites « non azotées ».

✤ *Les aliments ont pour but d'assurer la* réparation *des tissus de l'organisme. L'homme emprunte ses aliments à chacun des* trois *règnes de la nature.*

10. Mastication, insalivation.

— Les actions que subissent les aliments sont de deux sortes : les unes sont *mécaniques* ; elles consistent en mouvements, en contractions des parois de l'appareil digestif, qui forcent les aliments à parcourir successivement toutes les parties du tube ; les autres sont *chimiques* ; elles ont pour but de liquéfier, de dissoudre les aliments solides et de modifier ceux qui ne peuvent être utilisés tels quels par l'organisme. Les différents actes de la digestion sont la mastication, l'insalivation, la déglutition, la digestion stomacale et la digestion intestinale.

La *mastication* est exécutée par les dents : les incisives coupent ; les canines, qui déchirent chez les animaux carnivores, ne jouent chez l'homme qu'un rôle peu important, elles secondent plutôt les incisives ; enfin les molaires broient. La langue et les joues ramènent constamment les aliments sous les dents. Beaucoup de maux d'estomac proviennent d'une mastication insuffisante. L'*insalivation* se produit en même temps : des petits jets de salive arrivent dans la bouche et transforment les aliments en une pâte qui peut être avalée; en outre la salive dissout et change en sucre soluble tous les féculents.

❊ *La* digestion *assure la transformation des aliments en vue de la nutrition. La* mastication *est exécutée par les dents. L'*insalivation *dissout les aliments féculents et réduit les autres à l'état pâteux.*

.11. Déglutition, digestion stomacale. — La *déglutition* est l'action d'avaler. Les aliments mâchés et insalivés sont réunis par la langue en une petite boule ou *bol* alimentaire. A ce moment l'entrée des fosses nasales se trouve fermée par le *voile du palais (fig. 9)* et une petite soupape, nommée *épiglotte,* vient clore l'entrée des voies respiratoires. Le bol alimentaire franchit alors le pharynx et parvient dans l'œsophage; des mouvements de ce tube et le propre poids des aliments le conduisent par le cardia dans l'estomac *(fig. 10).* La *digestion stomacale* commence : le suc gastrique sécrété par les petites glandes de la paroi de l'estomac arrive dans cet organe; il contient un principe qui est la *pepsine,* laquelle digère les aliments albuminoïdes. Le travail musculaire des parois active cette transformation par un brassage continu; puis le pylore, qui est resté fermé durant la digestion stomacale, s'ouvre et la petite masse alimentaire ou *chyme* passe en peu de temps dans l'intestin grêle.

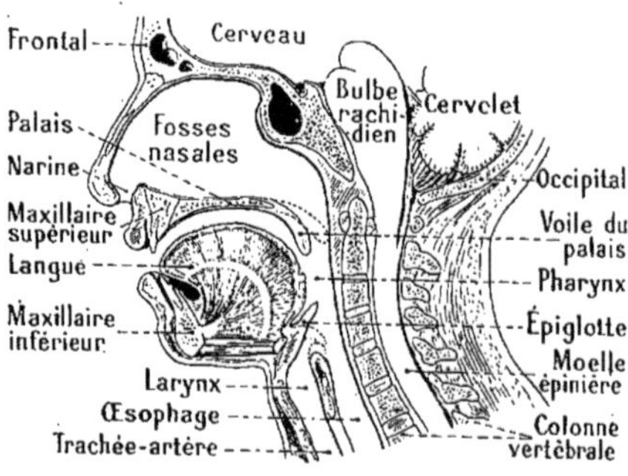

Fig. 9. — Coupe des différents organes de la tête. Le *tube digestif* y est représenté par la *bouche,* le *pharynx* et l'*œsophage.*

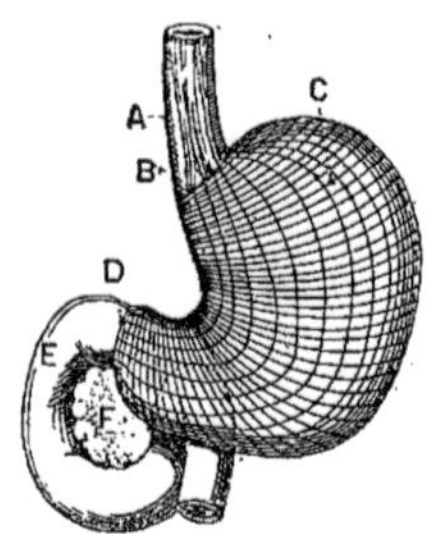

Fig. 10. — *Estomac.*

A, œsophage ; B, cardia ; C, estomac ; D, pylore ; E, intestin grêle ; F, pancréas. (Les hachures indiquent la direction des fibres musculaires.)

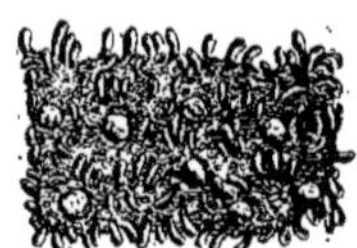

Fig. 11. — *Villosités* intestinales (grossies).

❊ *La* déglutition *est l'action d'avaler. La* digestion stomacale *est assurée par la sécrétion du* suc gastrique, *qui dissout les aliments albuminoïdes, et par le travail musculaire des parois.*

12. Digestion intestinale, absorption. — Dans l'intestin le chyme se déplace, grâce aux mouvements de contraction de la paroi de ce tube. Trois liquides sécrétés par des glandes y agissent; ce sont : 1° le *suc pancréatique,* qui est le plus important de tous les liquides digestifs; il termine la dissolution des féculents et des albuminoïdes que la salive et le suc gastrique avaient incomplètement réalisée; de plus, il digère les corps gras; 2° la *bile,* qui agit aussi sur les corps gras, et 3° le *suc intestinal,* qui est sécrété par les petites glandes de la paroi intestinale et digère le sucre ordinaire. On nomme *chyle* la masse des substances nutritives liquéfiées et prêtes pour l'absorption. Les résidus inutilisables sont expulsés par l'anus.

L'*absorption* se produit par les villosités intestinales qui occupent toute la paroi intérieure de l'intestin grêle *(fig. 11).* Elles contiennent des petits vaisseaux qui emportent les aliments liquides et les abandonnent à la circulation du sang.

❊ *La* digestion intestinale *est assurée par le* suc pancréatique, *la* bile *et le* suc intestinal *qui achèvent la dissolution des aliments. L'absorption se produit par les* villosités *de la paroi intestinale qui transmettent les liquides nutritifs à la circulation du sang.*

I. — TABLEAU-RÉSUMÉ DE LA DIGESTION.

PARTIES DE L'APPAREIL DIGESTIF.	LIQUIDES DIGESTIFS.	FONCTIONS.
1. Bouche — Elle contient : *Langue*, *Mâchoires* (sup^re fixe, inf^re mobile), *Dents*.		1. Mastication.
Elle reçoit le produit des *Glandes salivaires*.	1. *Salive*. Digère les féculents.	2. Insalivation.
2. Pharynx		3. Déglutition ou action d'avaler.
3. Œsophage		
4. Estomac — Sa paroi contient des : *Muscles*, *Petites glandes*.	2. *Suc gastrique*. Digère les albuminoïdes.	4. Digestion stomacale ou *chymification*.
5. Intestin (Intestin grêle. Gros intestin.) — Sa paroi contient des : *Muscles*, *Petites glandes*, *Petites glandes*.	3. *Suc intestinal*. Digère le sucre.	5. Digestion intestinale ou *chylification*.
Il reçoit le produit des : *Pancréas*.	4. *Suc pancréatique*. Digère les féculents, les albuminoïdes et les corps gras.	
Foie.	5. *Bile*. Digère les corps gras.	

CIRCULATION

13. Rôle du sang. — Toutes les cellules, même celles qui sont profondément enfouies dans la masse des tissus, ont besoin de recevoir des aliments et l'oxygène de l'air atmosphérique. Le sang, tissu liquide et mobile reliant tous les autres tissus, est chargé de leur en apporter. Durant toute la vie, sans arrêt, il accomplit son trajet; il va chercher dans l'intestin les aliments digérés, et dans les poumons l'oxygène; il les porte aux cellules qui s'en emparent et qui lui donnent en échange les résidus ou produits nuisibles, tels que l'acide carbonique formé sous l'influence de la vie. Le sang se débarrasse de ces produits en traversant certains organes d'excrétion comme le foie et les reins.

❧ *Le sang est un tissu mobile qui sert d'intermédiaire entre l'air atmosphérique et les cellules du corps. Il se revivifie dans les poumons et aux parois intestinales, s'altère dans les cellules, et se purifie dans les organes d'excrétion.*

14. Composition du sang. — Le sang est formé de deux parties : l'une liquide, le *plasma*, et l'autre solide, les *globules,* dont les uns sont rouges, les autres blancs (voir Planche en couleurs de la circulation, p. 10). Les *globules rouges* ont la forme de minuscules pièces de monnaie un peu plus minces au centre qu'au bord; ils ont $0^{mm},007$ de diamètre; la coloration du sang est due à leur grand nombre, qui peut atteindre 5 millions dans un millimètre cube. Un homme ayant 5 litres de sang compte ainsi 25 trillions de globules rouges. Les globules rouges sont chargés de prendre l'oxygène dans les poumons et ils le portent aux cellules. Alors que les globules rouges sont entraînés comme des corps inertes dans le courant sanguin, les *globules blancs* ont des mouvements propres, leur forme change à tout moment et ils peuvent traverser la paroi des vaisseaux capillaires; on les rencontre partout, prêts à défendre l'organisme contre l'invasion des microbes qu'ils entourent et qu'ils arrivent à absorber. Le *plasma* contient en dissolution les aliments, les déchets des organes, et d'autre part une substance, la *fibrine,* qui, au contact de l'air, emprisonne les globules rouges et donne lieu à la *coagulation* du sang; la petite masse rouge ainsi formée se nomme *caillot.* Quand on se blesse, un caillot extérieur se forme et arrête l'effusion du sang.

Le sang se compose du plasma, *liquide incolore, et des* globules *rouges et blancs. Les globules rouges portent aux cellules l'oxygène des poumons. Les globules* blancs *vont partout, prêts à défendre l'organisme contre les microbes.*

15. Appareil circulatoire. — Cet appareil se compose des organes chargés de contenir le sang et d'assurer sa marche dans le corps entier ; c'est un ensemble clos, c'est-à-dire ne présentant aucun orifice ouvert à l'extérieur. Il comprend quatre parties : 1° le *cœur,* organe central dont les contractions assurent la marche du sang; 2° les *artères,* vaisseaux qui conduisent le sang du cœur aux organes ; 3° les *veines,* qui le ramènent des organes au cœur, et 4° les *vaisseaux capillaires,* qui relient les artères aux veines. Le *cœur* (*fig.* 12) est un muscle creux très résistant, un peu plus gros que le poing et situé au milieu de la poitrine, entre les deux poumons; son axe est fortement incliné à gauche. Il est divisé en deux parties principales complètement séparées par une cloison verticale : ce sont le cœur droit et le cœur gauche (*fig.* 13) ; le premier contient le sang *veineux,* qui est rouge foncé et pauvre en oxygène ; le second renferme le sang *artériel,* qui est rouge vif et oxygéné. Chacune de ces deux parties est subdivisée en deux cavités disposées l'une au-dessus de l'autre et communiquant entre elles. Les deux cavités supérieures sont appelées *oreillettes;* les deux cavités inférieures sont nommées *ventricules.*

Les *artères* partent des ventricules. Du ventricule droit se détache l'*artère pulmo-*

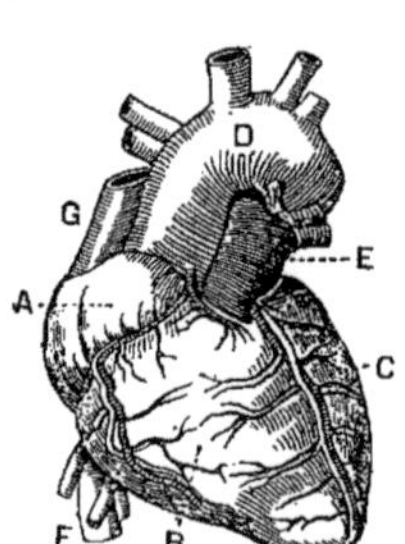

'Fig. 12. — *Cœur.*

A, oreillette droite ; B, ventricule droit ; C, ventricule gauche ; D, aorte ; E, artère pulmonaire ; F, veine cave inférieure ; G, veine cave supérieure.

naire qui conduit le sang veineux aux poumons pour l'oxygéner. Du ventricule gauche part l'*artère aorte* qui conduit le sang artériel à tous les organes. Les artères se ramifient en s'éloignant du cœur, et leurs parois, de plus en plus minces, deviennent les *vaisseaux capillaires.* Ceux-ci, malgré leur nom, sont beaucoup plus fins que des cheveux; leur quantité est si considérable qu'une piqûre d'aiguille faite en un point quelconque du corps en perce un grand nombre et provoque l'effusion du sang. Les *veines* commencent là où se terminent les capillaires et finissent aux oreillettes du cœur. A l'oreillette droite aboutissent les deux *veines caves,* qui ramènent le sang veineux de tout le corps. A l'oreillette gauche arrivent les quatre *veines pulmonaires* ramenant le sang oxygéné des poumons.

❀ *Le cœur est un muscle comportant 4 cavités qui sont en haut les deux oreillettes et en bas les deux ventricules. Les artères partent des ventricules et les veines aboutissent aux oreillettes. Les capillaires relient les artères aux veines.*

16. Fonctionnement circulatoire. — Le cœur est le *moteur* de la circulation. Les deux oreillettes remplies du sang qui vient des veines se contractent brusquement et chassent le sang dans les ventricules; la contraction de ces derniers le lance dans les artères. Le jeu de plusieurs soupapes ou *valvules* placées à l'intérieur et la sortie du cœur empêche à chaque mouvement le sang de revenir en arrière. L'ensemble de tous ces mouvements constitue un *battement* du cœur; il y a environ 75 battements par minute chez l'homme au repos et bien portant. A chaque contraction des ventricules, l'artère aorte, grâce à son élasticité, se gonfle de sang, puis sa paroi revient sur elle-même, ce qui chasse plus loin l'excès du sang qu'elle vient de recevoir; de là une série d'ondulations en nombre égal à celui des contractions du cœur : c'est le phénomène du *pouls.* Le pouls existe dans toutes les artères, mais on ne le sent que sur celles qui sont voisines de la peau ou qui sont appliquées contre une partie osseuse comme

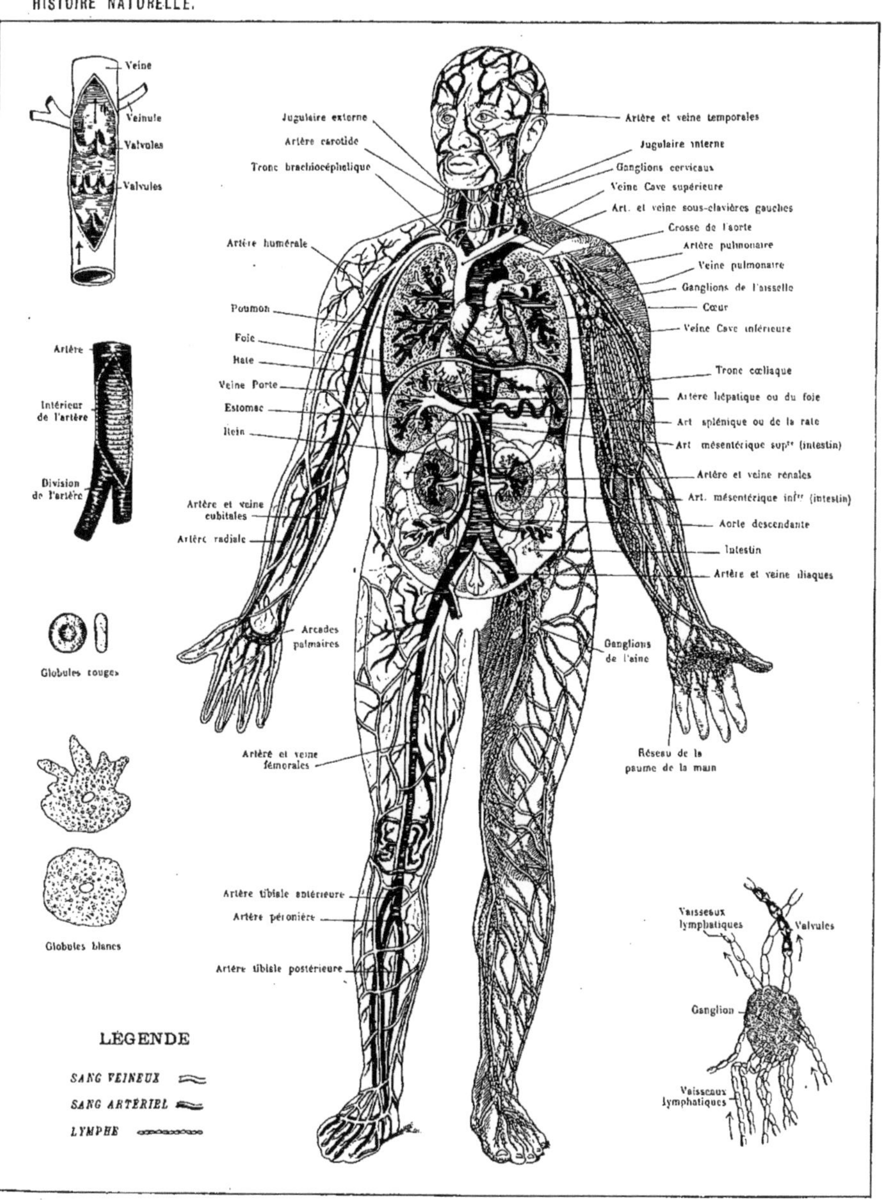

CIRCULATION DU SANG ET DE LA LYMPHE CHEZ L'HOMME.

au poignet et à la tempe. Le pouls va en s'affaiblissant à mesure que l'artère s'éloigne du cœur; il n'existe plus dans les vaisseaux capillaires. Le rôle de ces derniers est des plus importants, car c'est à travers leur paroi très mince que se font les échanges entre le sang et les cellules du corps, ainsi que les différentes modifications du sang : oxygéna-

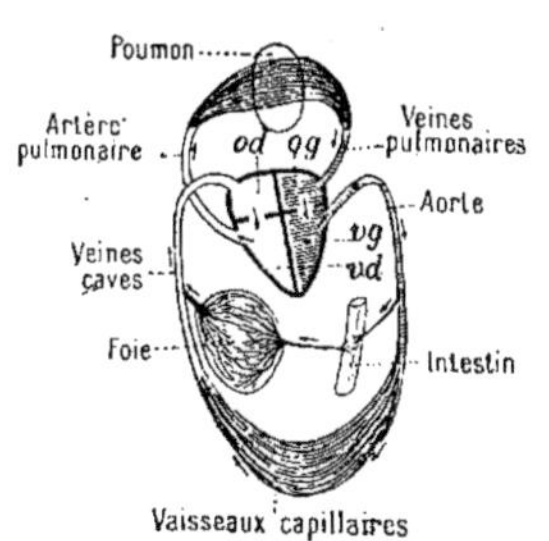

Fig. 13. — Ensemble schématique de l'appareil circulatoire.

tion, altération, épuration, etc. C'est aussi par les vaisseaux capillaires que le sang va puiser sur toute la surface des replis de l'intestin grêle les principes nutritifs dissous par la fonction digestive. La contractilité des veines et la présence de valvules dans celles où le sang circule en sens inverse de la pesanteur, c'est-à-dire de bas en haut, facilitent le retour de ce liquide au cœur (voir Planche en couleurs de la CIRCULATION, p. 10).

Le cœur est le moteur de la circulation. Il agit par ses contractions ou battements. Le sang échappé du cœur par l'artère aorte s'engage dans les vaisseaux capillaires, nourrit les cellules et va puiser aux intestins les produits nutritifs résultant de la digestion. Il retourne ensuite au cœur par les veines.

II. — TABLEAU-RÉSUMÉ DE LA CIRCULATION.

PARTIES DE L'APPAREIL CIRCULATOIRE ET LEURS FONCTIONS.	LIQUIDES SOUMIS A LA CIRCULATION.
1. LE CŒUR. . . . . . Organe central, moteur du sang. { *Cœur droit,* contient le sang rouge foncé, pauvre en oxygène (sang *veineux*). *Cœur gauche,* contient le sang rouge vif, riche en oxygène (sang *artériel*).	**LE SANG** comprend une partie : { liquide { le *plasma,* qui renferme les aliments et les déchets. solide { les *globules rouges,* qui transportent l'oxygène. les *globules blancs,* qui défendent l'organisme.
2. LES ARTÈRES. . . . Conduisent le sang du cœur aux organes. { *L'Artère pulmonaire,* part du ventricule droit, conduit dans les poumons le sang veineux qui va s'y oxygéner. *L'Artère aorte,* part du ventricule gauche, conduit à tous les organes le sang artériel qui va les nourrir.	MODIFICATIONS DU SANG DANS L'APPAREIL CIRCULATOIRE.
3. LES CAPILLAIRES. Vaisseaux microscopiques, relient les artères aux veines; sont en nombre immense dans tout le corps.	**1. ALTÉRATION** du sang. { Il cède l'*oxygène* aux organes (respiration des organes). Il cède les *aliments* aux organes (assimilation). Il reçoit des organes des *produits nuisibles* (désassimilation).
	2. REVIVIFICATION du sang. { Il va aux poumons prendre l'oxygène de l'air (absorption respiratoire). Il va dans l'intestin prendre les aliments (absorption digestive).
4. LES VEINES . . . . Conduisent le sang des organes au cœur. { *Les 4 Veines pulmonaires,* ramènent à l'oreillette gauche le sang artériel venant des poumons. *Les 2 Veines caves,* ramènent à l'oreillette droite le sang veineux venant des organes.	**3. PURIFICATION** du sang ou excrétion. Il se débarrasse { Dans les poumons, du gaz carbonique et de la vapeur d'eau. Dans le foie. de la bile. Dans les reins, de l'urine. Dans les glandes sudoripares, de la sueur.
LES VAISSEAUX LYMPHATIQUES débutent dans tout le corps par des *capillaires lymphatiques,* traversent les *ganglions lymphatiques,* se jettent dans le système veineux; voir paragr. **17.**	**LA LYMPHE** comprend une partie { liquide : le *plasma.* solide : les *globules blancs.*

17. **Lymphe.** — La circulation du sang rouge n'atteint pas cependant la totalité de l'organisme; aussi son action est-elle complétée par une autre, qui est celle de la *lymphe* (voir Planche, p. 10). Ce liquide est formé du plasma et des globules blancs; c'est donc du sang privé de globules rouges. Les éléments de la lymphe s'échappent de la circulation du sang par les parois des vaisseaux capillaires; elle complète ainsi la circulation du sang et régénère les organes avec les éléments nutritifs qu'elle a empruntés du sang. Dans son trajet, la lymphe recueille des résidus qu'elle emporte dans les *vaisseaux lymphatiques,* qui sont formés par la réunion des capillaires lymphatiques, et elle les rejette ensuite dans la circulation veineuse. Dans le voisinage des articulations, au cou, aux aisselles, aux aines, les vaisseaux lymphatiques offrent des renflements disposés en groupements ou en chapelets; ce sont les *ganglions,* dont l'inflammation est parfois très douloureuse.

❁ *La* lymphe *se compose du plasma et des globules blancs du sang; elle nourrit les tissus que la circulation n'atteint pas, et retourne au sang par les* vaisseaux lymphatiques.

RESPIRATION

18. **Appareil respiratoire.** — La fonction respiratoire a pour but de fournir de l'*oxygène* au sang et de le débarrasser de l'acide carbonique dont il s'est chargé; c'est dans les poumons que se fait cet échange. Les organes de la respiration s'ouvrent dans l'*arrière-bouche,* mais il est utile d'ajouter ici que l'on doit toujours respirer par le nez, c'est-à-dire par les fosses nasales, et jamais par la bouche (*fig.* 14). Ces organes sont : le *larynx,* qui représente la dilatation de la *trachée-artère,* laquelle lui fait suite verticalement, puis se divise en deux conduits ou *bronches* dont l'un dessert le poumon droit et l'autre le poumon gauche. Les *poumons* (*fig.* 15) sont disposés de chaque côté du cœur; leur structure est spongieuse; ils sont formés d'une grande quantité de petites cavités serrées les unes contre les autres qui sont les *alvéoles pulmonaires.* Ces alvéoles ont un quart de millimètre de diamètre et cependant la surface totale de leurs parois intérieures égale 100 mètres carrés pour un seul poumon. En se divisant et en se ramifiant à l'infini les bronches arrivent à atteindre tous ces alvéoles et à les alimenter d'air (*fig.* 16). La dilatation du thorax sous l'effort de ses muscles, c'est-à-dire l'écartement des côtes, entraîne la dilatation des poumons et provoque l'entrée de l'air ou *inspiration;* c'est au contraire la contraction qui en amène la sortie ou *expiration.* Les alvéoles pulmonaires qui constituent chaque poumon se gonflent donc à chaque inspiration et se dégonflent à chaque expiration; ce sont les phénomènes mécaniques de la respiration. Ils se produisent environ 16 fois par minute chez l'homme sain et au repos.

❁ *Les organes de la* respiration *sont le larynx, la trachée-artère et les bronches, qui se subdivisent dans les poumons. Ceux-ci sont formés d'un grand nombre de petits* alvéoles pulmonaires *qui leur donnent une structure spongieuse.*

19. **Oxygénation du sang.** — Passons aux phénomènes chimiques. Nous avons vu que le sang noirâtre qui revient au cœur chargé d'acide carbonique en sort par l'*artère pulmonaire* (*fig.* 13). Cette artère se subdivise à l'intérieur du poumon de manière à porter

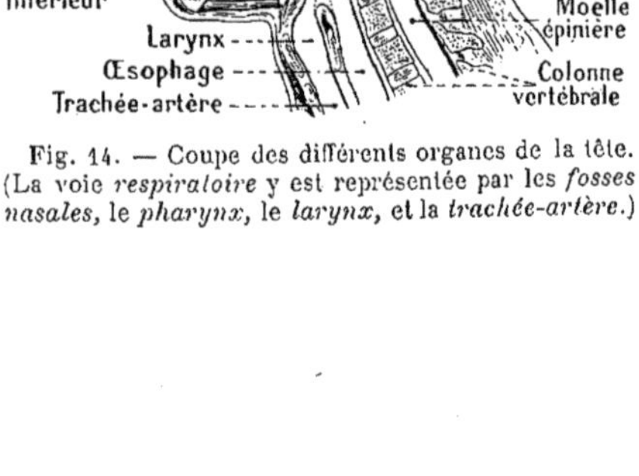

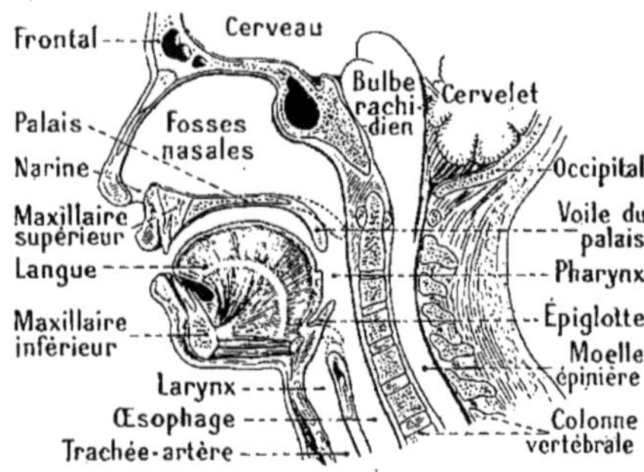

Fig. 14. — Coupe des différents organes de la tête. (La voie *respiratoire* y est représentée par les *fosses nasales,* le *pharynx,* le *larynx,* et la *trachée-artère.*)

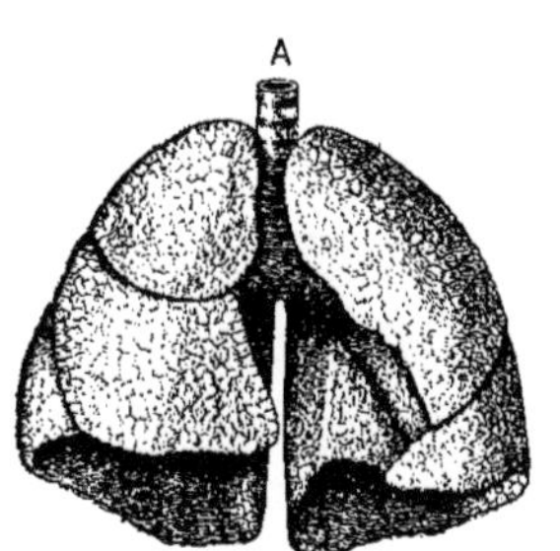
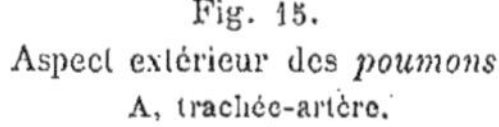

Fig. 15.
Aspect extérieur des *poumons.*
A, trachée-artère.

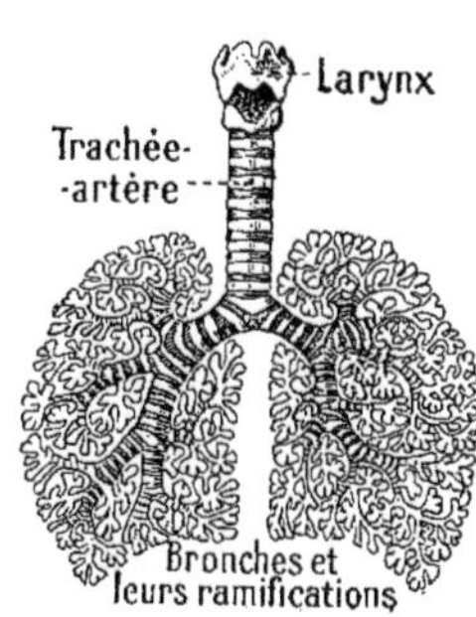

Fig. 16.
Appareil respiratoire.

ce sang aux parois de tous les alvéoles. Quant à l'oxygène, nous savons qu'il est apporté dans l'intérieur de ces alvéoles par les dernières ramifications des bronches. C'est donc à travers le tissu extrêmement mince qui constitue les alvéoles que se produit l'oxygénation des globules rouges du sang et que le plasma se débarrasse de son acide carbonique. On reconnaît la présence de ce gaz, dans l'expiration, à la propriété qu'il possède de blanchir l'eau de chaux; il suffit pour s'en convaincre de souffler avec une paille dans un verre contenant de l'eau de chaux; cette eau, limpide avant l'expérience, blanchit et dépose peu à peu sur le fond de ce verre des flocons blancs de calcaire ou carbonate de chaux. On constate encore dans l'expiration l'existence de la vapeur d'eau à la buée que produit l'air expiré sur une vitre ou sur toute autre surface polie.

Les globules du sang s'imprègnent donc de l'oxygène, et de noirs ils deviennent rouges. Cette transformation du sang veineux en sang artériel s'appelle *hématose.* Purifié, le sang passe alors dans le réseau de la *veine pulmonaire* et retourne au cœur (*fig.* 13). Aussitôt que l'air pur apporté par les bronches est chargé d'acide carbonique, une expiration le chasse au dehors et une nouvelle inspiration le remplace. Il faut dire ici que les veines qui circulent sous la peau permettent à une petite partie du sang qu'elles charrient de s'oxygéner par les pores de la peau; il y a là une respiration supplémentaire, *cutanée,* qui a son importance. Enfin, on comprendra mieux encore cette oxygénation du sang au *contact de l'air,* lorsque nous aurons rappelé que le sang noir qui s'échappe de la circulation veineuse par une blessure devient immédiatement rouge.

❀ *C'est dans les* alvéoles pulmonaires *et au contact de l'air pur apporté par les bronches que le sang des veines abandonne son acide carbonique et s'enrichit d'oxygène. Cette oxygénation du sang des veines se produit aussi par les* pores *de la peau au contact de l'air extérieur.*

20. Voix. — Il est important de ne pas quitter les organes de la respiration sans dire quelques mots de la *voix,* dont le siège est au *larynx.* La partie essentielle en est représentée par deux replis appelés *cordes vocales* et contre lesquels vient frapper l'air des poumons (*fig.* 17). Lorsque cet air est émis brusquement, les cordes vocales éprouvent des vibrations sonores qui constituent la voix. L'*articulation* du son, qui différencie la voix de l'homme de celle des animaux, est produite dans la bouche par la collaboration de la langue et des lèvres. L'intensité de la voix dépend de la force avec laquelle l'air est chassé et fait vibrer les cordes. Plus les cordes vocales sont courtes et minces, plus la voix est aiguë. C'est pourquoi la voix des femmes et des enfants est plus aiguë que celle de l'homme.

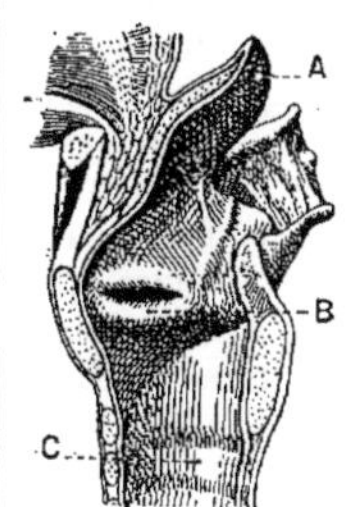

Fig. 17. — Coupe du larynx montrant l'emplacement d'une *corde vocale* B.

A, épiglotte; C, trachée-artère.

❀ *Le* larynx *est l'organe de la* voix ; *la voix est due aux vibrations des* cordes vocales *frappées par l'air chassé des poumons. Le son est* articulé *par la langue et par les lèvres.*

III. — TABLEAU-RÉSUMÉ DE LA RESPIRATION.

VOIES RESPIRATOIRES. Trajet suivi par les gaz.	VAISSEAUX SANGUINS réunissant le cœur et l'appareil respiratoire.	VAISSEAUX SANGUINS réunissant le cœur et les organes.	PHÉNOMÈNES RESPIRATOIRES.
1. FOSSES NASALES. 2. PHARYNX. 3. LARYNX. 4. TRACHÉE-ARTÈRE. 5. BRONCHES. 6. ALVÉOLES.	L'ARTÈRE PULMONAIRE part du cœur et conduit aux *poumons* le sang veineux, qui y devient artériel et revient au cœur par LES 4 VEINES PULMONAIRES.	L'ARTÈRE AORTE part du cœur, conduit le sang artériel à tous les organes ; il leur cède son oxygène, prend leurs déchets, devient veineux et retourne au cœur par LES 2 VEINES CAVES.	OXYGÉNATION DU SANG dans les capillaires des poumons ; le sang veineux y devient artériel. RESPIRATION DES CELLULES à travers les capillaires des organes ; le sang artériel y devient veineux.
LES POUMONS renferment les tubes qui conduisent l'air (bronches) et ceux qui conduisent le sang (artères et veines pulmonaires).			
Les poumons sont enfermés dans la *cage thoracique*.	Quand les muscles se *contractent,* les côtes se *soulèvent,* l'air entre dans les poumons. Quand les muscles reviennent au *repos,* les côtes s'abaissent, les gaz sont chassés des poumons.		INSPIRATION. Premier acte de la vie. EXPIRATION. Dernier acte de la vie.

AUTRES FONCTIONS

21. Assimilation, excrétion. — C'est à travers la paroi des vaisseaux capillaires que les éléments nutritifs apportés par le sang sont *assimilés*, c'est-à-dire transformés au point d'entrer dans la composition même des tissus qu'ils sont destinés à régénérer. Mais tous les aliments ne sont pas immédiatement utilisés, car une partie est mise en réserve sous forme de graisse pour être utilisée plus tard. L'assimilation est accompagnée d'une sorte de combustion ou *désassimilation* due à la présence de l'oxygène introduit par la respiration. C'est de ce fait que résulte la chaleur animale ; chez les animaux à température *constante*, comprenant les mammifères et les oiseaux ; cette température est assez élevée, elle est ordinairement très supérieure à celle de l'atmosphère. Chez les animaux à sang *froid* ou à température *variable* la chaleur animale est extrêmement faible ; elle varie avec la température du milieu où ils se trouvent. C'est ainsi qu'un poisson vivant dans une eau très froide et un reptile habitant le désert du Sahara offriront deux températures sensiblement différentes.

Cette combustion laisse, en plus de l'acide carbonique rejeté par les poumons, des résidus liquides dont le sang se débarrasse en passant dans certaines glandes ; ce sont : l'*urine*, dont s'emparent les *reins*, et la *sueur*, qui est abandonnée aux glandes *sudoripares*. Le rôle de ces différentes glandes consiste en l'élimination ou excrétion de ces liquides. Enfin la bile, sécrétée par le foie (*fig.* 8), n'a pas seulement une action dissolvante favorable à la digestion, elle contient des substances nuisibles à l'organisme et qui sont expulsées avec les résidus inutilisables de la digestion.

✻ *L'assimilation est l'incorporation des éléments nutritifs du sang dans la substance*

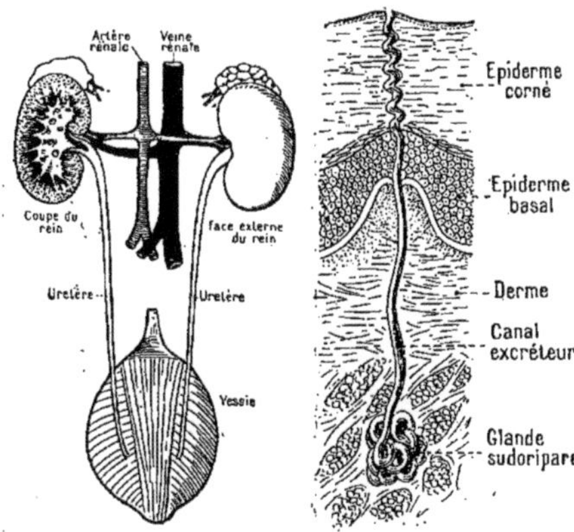

Fig. 18. — Ensemble
de l'appareil *urinaire*.

Fig. 19. — Glande
sudoripare (grossie).

*des tissus. Les résidus liquides de la combustion qui l'accompagne sont l'*urine *et la* sueur.

22. Urine, sueur. — Les *reins* (*fig.* 18) sont au nombre de deux ; leur forme est celle d'un haricot ; ils reçoivent le sang de la circulation artérielle par l'*artère rénale* et le renvoient purifié dans la circulation veineuse par la *veine rénale*. Le résidu liquide abandonné dans les reins par le sang est une solution d'*urée*, ou *urine*, qui à mesure qu'elle se forme descend dans la *vessie* par les *uretères*. La vessie n'est qu'un réservoir en relation avec l'extérieur et permettant d'espacer les éliminations.

Les *glandes sudoripares* sont situées dans la partie profonde de la peau, c'est-à-dire dans le derme, sous l'épiderme (*fig.* 19). C'est là que des vaisseaux capillaires viennent leur apporter de l'acide carbonique, de l'urée et de l'eau qu'elles excrètent sous forme de *sueur*, de transpiration. La sueur est éliminée d'une manière continue mais fort irrégulière, car elle est plus abondante avec l'élévation de la température et aussi lorsqu'on se livre à des exercices violents.

❀ *Les* reins *s'emparent de* l'urine, *qui descend dans la* vessie, *d'où elle est expulsée au dehors. Les* glandes sudoripares *reçoivent aussi de l'urée, de l'acide carbonique et de l'eau qu'elles éliminent sous forme de* sueur.

LOCOMOTION

23. Squelette, tronc. — Le *squelette* (*fig.* 20) est la charpente de l'édifice humain ; il en constitue la partie solide, rigide ; sans les os, le corps serait entièrement *mou* et s'effondrerait sur lui-même. L'homme ne renferme pas moins de 206 os petits ou grands, en comptant les différentes pièces de la tête, et chacun d'eux est utile. Les os sont composés d'une matière organique appelée *osséine* et d'une grande quantité de sels minéraux auxquels ils doivent leur dureté et leur résistance. On divise le squelette en trois groupes d'os qui sont ceux du *tronc*, ceux de la *tête* et ceux des *membres*.

La partie essentielle du tronc est la *colonne vertébrale*, ainsi appelée parce qu'elle est composée de 33 *vertèbres* (*fig.* 21). A la partie supérieure se trouvent les 7 vertèbres *cervicales*, qui constituent le cou ; leur nombre est exactement le même chez tous les mammifères, quelle que soit la longueur du cou. Viennent ensuite les 12 vertèbres *dorsales* qui portent les côtes, les 5 vertèbres *lombaires* qui sont les plus grosses et s'appuient sur un petit ensemble de 5 vertèbres soudées nommé *sacrum;* celui-ci se termine par une queue très rudimentaire, ou *coccyx*, qui comprend 4 petites vertèbres. Ainsi que les trois premières vertèbres soudées du sacrum, toutes les vertèbres sont percées d'un trou (*fig.* 22), et comme elles sont exactement posées les unes au-dessus des autres, elles forment un véritable tube qui est le *canal vertébral* ou *rachidien* dans lequel passe la moelle épinière. La première vertèbre supérieure est l'*atlas*, qui par son articulation avec l'*occipital* effectue les mouvements de flexion de la tête en arrière et en avant ; elle permet notamment de faire le signe *oui ;* le signe *non* est facilité par la seconde vertèbre ou *axis* dont l'articulation avec l'atlas est pivotante. Chacune des 12 vertèbres dorsales porte 2 côtes (*fig.* 20) ; ces 12 paires s'arrondissent de chaque côté du corps et se rattachent sur la poitrine au *sternum :* elles forment ainsi une sorte de cage osseuse ou cage *thoracique* dans laquelle sont enfermés le cœur et les poumons.

✿ *Le* squelette *est la charpente solide du corps humain. La* colonne vertébrale *est composée de* 33 vertèbres; *elle supporte 12 paires de* côtes *qui se relient au* sternum *pour former le* thorax.

24. Tête. — La tête de l'homme (*fig.* 23) comprend les os du *crâne*, ceux de la *face* et la mâchoire ou *maxillaire inférieur*. Le crâne, qui contient le cerveau, repose sur la colonne vertébrale; sa partie supérieure est divisée en os *frontal* devant, et os *pariétaux* au milieu. Au-dessous et en arrière de ces derniers est l'*occipital,* qui communique par un trou avec

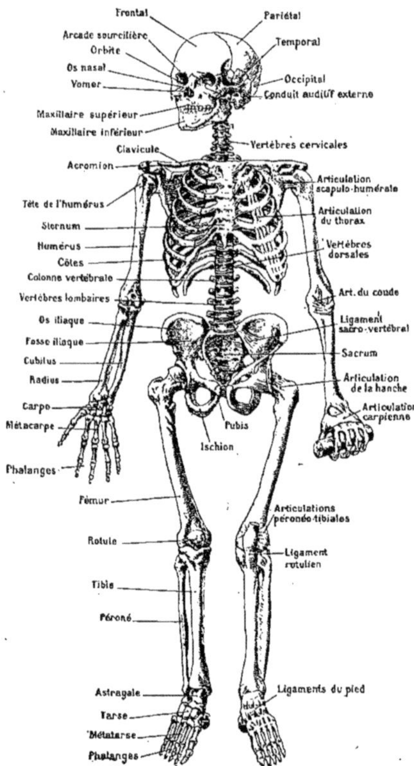

Fig. 20. — *Squelette* de l'homme.

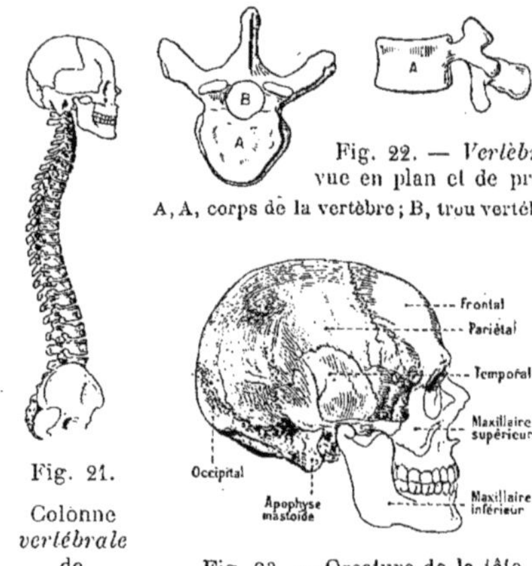

Fig. 21.
Colonne *vertébrale* de profil.

Fig. 22. — *Vertèbre* vue en plan et de profil.
A, A, corps de la vertèbre; B, trou vertébral.

Fig. 23. — Ossature de la tête vue de profil.

le canal vertébral. Sur les côtés sont les deux *temporaux*. Les os de la face sont nombreux et délicats; ils cloisonnent les cavités des yeux ou orbites, celles du nez et du palais. Plusieurs d'entre eux constituent la mâchoire supérieure sous laquelle vient s'appliquer le maxillaire inférieur, qui, seul, est mobile.

✿ *Le* crâne *repose sur la colonne vertébrale par l'os* occipital. *Les os de la face cloisonnent les cavités des yeux, du nez et du palais; plusieurs d'entre eux forment la mâchoire supérieure fixe, contre laquelle s'applique le maxillaire inférieur mobile.*

25. Membres. — Chaque membre supérieur (*fig.* 20) est rattaché au tronc par la *clavicule* en avant et l'*omoplate* en arrière; ces deux os constituent l'épaule. On y rencontre de haut en bas l'*humérus* ou os du bras, le *radius* et le *cubitus* pour l'avant-bras, 8 petits os *carpiens* pour le poignet, 5 *métacarpiens* pour la paume de la main et les *phalanges* des doigts, dont 2 pour le pouce et 3 pour chacun des autres.

La construction de chaque *membre inférieur* est analogue, mais il est suspendu à un os arrondi et résistant appelé *bassin* et formé de 3 os soudés dont le plus important est l'os de la hanche. Pour chaque membre on trouve, de haut en bas, le *fémur* ou os de la cuisse, le *tibia* et le *péroné* pour la jambe, 7 petits os *tarsiens* pour le cou-de-pied, 5 *métatarsiens* pour la plante du pied, et les *phalanges* des orteils, dont 2 pour le gros orteil et 3 pour chacun des autres. La partie antérieure de l'articulation du genou est protégée par un petit os arrondi appelé *rotule*.

❊ *Reliés à la* clavicule *et à l'*omoplate, *les os du membre supérieur sont l'*humérus, *le* radius *et le* cubitus *et les petits os de la main. Suspendus au bassin, ceux du membre inférieur sont le* fémur, *le* tibia *et le* péroné *et les petits os du pied.*

26. Articulations. — Tous les os sont reliés entre eux par les jointures ou *articulations*. Certaines articulations sont immobiles, c'est le cas de celles qui réunissent les différentes pièces du crâne. D'autres ne jouissent que d'une mobilité très limitée, comme celle des vertèbres. Enfin, d'autres se meuvent, comme de véritables charnières ; les plus typiques de ces dernières sont celles du *coude* (*fig.* 24) et du *genou*. Sur toute l'étendue d'une articulation les os sont durs et lisses ; ils sont en outre continuellement imprégnés, lubrifiés, par un liquide qui remplit le rôle de l'huile dans une machine : c'est la *synovie*, contenue dans un petit sac membraneux ou *capsule synoviale*. Le déboîtement, le déplacement accidentel d'une articulation, est connu sous le nom de luxation.

❊ *Les os sont reliés entre eux par les* articulations, *généralement* mobiles *et constamment lubrifiées par un liquide appelé* synovie.

27. Muscles. — Le moteur de toute cette charpente humaine est le *muscle*. Les morceaux de viande rouge que l'on aperçoit à l'étalage des bouchers

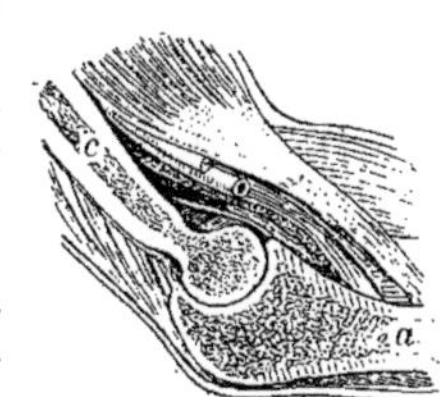

Fig. 24.

Coupe de l'articulation du coude :

a, cubitus ; *c,* humérus.

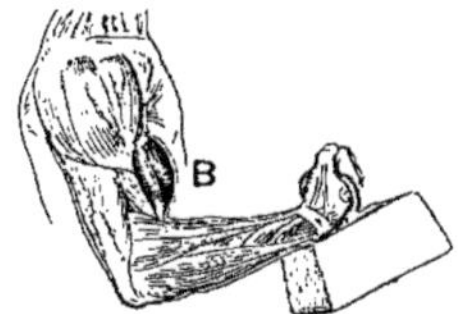

Fig. 25. — Muscle biceps en état de contraction, B.

sont des muscles d'animaux ; ceux de l'homme sont semblables. La vigueur d'un individu est proportionnée à leur développement ; on dit d'un homme doué d'une grande force physique qu'il est bien *musclé*. Les muscles sont formés de fibres groupées en faisceaux et entourées d'une enveloppe membraneuse. Certains muscles sont soumis à l'action de la volonté, ils accomplissent les mouvements volontaires ; d'autres sont disposés en couches minces dans les parois des viscères et agissent en dehors de la volonté. Les muscles ont la propriété de se *contracter*, c'est-à-dire de se raccourcir en se gonflant ; ceux qui sont soumis à la volonté font ainsi mouvoir les os auxquels ils sont rattachés par des cordons très solides appelés *tendons*. Un exemple très net de contraction musculaire est celui du biceps, que nous montrons à l'effort (*fig.* 25). Les muscles se contractent sous l'influence des nerfs moteurs (**29**) ; ces nerfs servent ainsi d'intermédiaires entre le cerveau qui commande et la force musculaire qui exécute.

❊ *Les* muscles *sont des faisceaux de fibres dont les contractions font mouvoir les os par l'intermédiaire des* tendons. *Les ordres émanés du cerveau leur sont transmis par les* nerfs moteurs.

INNERVATION

28. Centres nerveux. — Le système nerveux (*fig.* 26) est à la fois l'excitateur et le régulateur de tous les mouvements. Certains nerfs transmettent les impressions reçues par les organes des sens, d'autres transmettent les ordres venus du cerveau. L'ensemble du système nerveux comprend trois parties, qui sont : les *centres nerveux*, les *nerfs* et les organes des *sens*. Les centres nerveux sont : l'*encéphale,* qui est logé dans le crâne, et la *moelle épinière,* qui occupe le canal vertébral ou rachidien. L'encéphale (*fig.* 27), enveloppé dans des membranes appelées *méninges*, se compose du *cerveau*, du *cervelet* et du *bulbe rachidien*. Le cerveau est une masse de matière nerveuse que l'on considère comme le siège des sensations et le principe des mouvements volontaires ; c'est l'organe de la *pensée*, le siège des facultés intellectuelles : *mémoire*, *raisonnement*, etc. Le rôle du cervelet n'est pas encore exactement défini ; on lui attribue cependant la coordination des mouvements. La moelle épinière offre à sa partie supérieure un épanouissement, c'est le bulbe rachidien qui la relie au cerveau ; le passage qui permet à ces deux centres nerveux de se réunir est le trou occipital (**24**).

❦ *Les nerfs excitent et régularisent les mouvements. Le cerveau est le siège des sensations, de la volonté et des facultés intellectuelles. La moelle épinière s'y rattache en passant par le trou occipital.*

29. Nerfs. Sympathique. — L'encéphale émet 12 paires de *nerfs craniens* et la moelle épinière 31 paires de *nerfs rachidiens ;* ces derniers se livrent passage entre les vertèbres. Les nerfs sont des cordons blanchâtres qui relient les centres nerveux aux différents organes; il en existe de deux sortes : les uns sont en quelque sorte avertisseurs, ils transmettent au cerveau les impressions extérieures : ce sont les *nerfs sensitifs;* nous en aurons des exemples en étudiant les organes des sens (**30** à **32**). Les autres transmettent les ordres du cerveau aux organes, notamment aux muscles : ce sont les *nerfs moteurs.* Les nerfs sensitifs n'apportent pas seulement au cerveau les impressions pro-

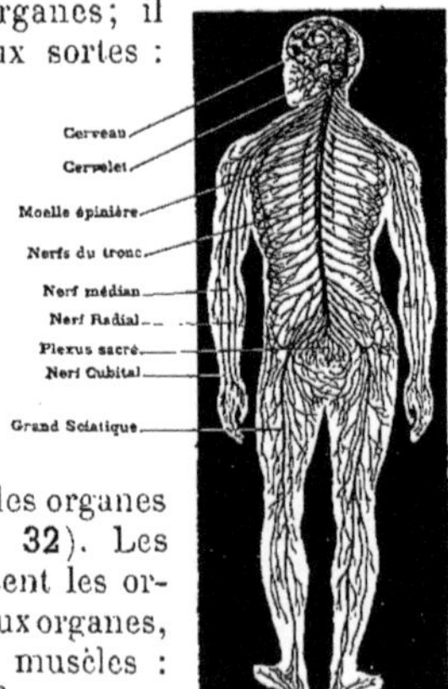

Fig. 26.
Système *nerveux* de l'homme.

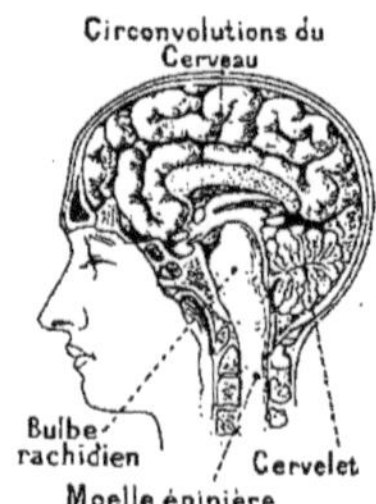

Fig. 27.
Coupe de l'encéphale.

duites sur les sens de l'ouïe, de la vue, ils transmettent toutes les impressions superficielles venues de l'extérieur. Admettons qu'une guêpe nous pique à la jambe ; les nerfs sensitifs en donnent immédiatement connaissance au cerveau ; sous l'influence de celui-ci les nerfs moteurs transmettent instantanément aux muscles l'ordre d'agir, ce qui permet à la main de chasser sans retard l'insecte. On le voit, les réseaux nerveux réalisent un service rapide et continu d'informations et de secours qui permet à l'organisme de répondre à tout.

En dehors du système nerveux proprement dit existe le *système sympathique*, formé de deux chaînes de *ganglions* placées de chaque côté de la colonne vertébrale ; c'est par ces nerfs que s'accomplissent les actes inconscients : ils sont excitateurs de fonctions internes.

❦ *Les nerfs relient le cerveau et la moelle épinière aux organes. Les nerfs sensitifs avertissent le cerveau; les nerfs moteurs lui obéissent. Les nerfs sympathiques excitent les fonctions involontaires.*

30. Sens; toucher, goût. — Les *impressions* extérieures sont recueillies par les organes des sens et transmises au cerveau par les nerfs sensitifs; le cerveau les transforme en *sensations*. Les organes des sens sont placés à la périphérie du corps. L'homme a cinq sens, qui sont : le *toucher*, le *goût*, l'*odorat*, l'*ouïe* et la *vue*.

Le *toucher* a pour siège la peau, qui est formée de deux couches superposées : l'*épiderme* à la surface et le *derme* immédiatement au-dessous. C'est entre ces deux parties de la peau que se trouvent un très grand nombre de petites papilles appelées *corpuscules du tact* (*fig.* 28). Ces corpuscules sont le siège du sens du toucher, qui s'étend ainsi sur la surface entière du corps. Ce sens permet de reconnaître la *forme*, la *température*, la *consistance* d'un corps; il est plus sensible à

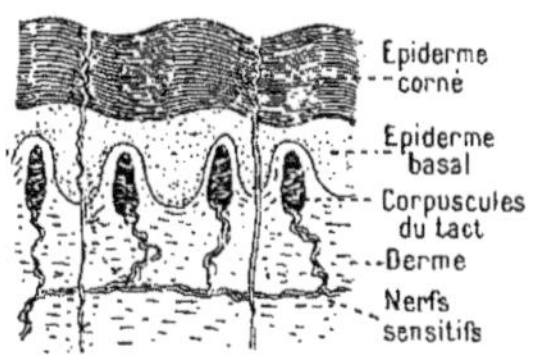
Fig. 28.
Corpuscules du *tact*.

l'extrémité des doigts parce que les corpuscules y sont plus nombreux. La transmission au cerveau s'accomplit par les nerfs sensitifs dont les ramifications atteignent ces corpuscules.

C'est la face supérieure de la langue qui est le siège principal du sens du *goût;* on y remarque en effet un très grand nombre de *papilles gustatives* (*fig.* 29) dans lesquelles aboutissent des nerfs sensitifs. Ces nerfs recueillent l'impression de la saveur des aliments dissous, impression transformée par le cerveau en sensation de *goût*.

❧ *Les cinq sens sont le toucher, le goût, l'odorat, l'ouïe et la vue. Le sens du* toucher *s'exerce par les* corpuscules *du* tact, *qui transmettent les impressions au cerveau par leurs nerfs. Le goût s'exerce à la face supérieure de la langue; l'impression est transmise au cerveau par les nerfs des* papilles gustatives.

31. Odorat, Ouïe.

— Le nez donne accès à deux chambres situées au-dessus du palais et que l'on appelle *fosses nasales* (*fig.* 30). Les parois des fosses nasales sont constituées par une membrane qui contient les ramifications du nerf *olfactif*, lequel est chargé de transmettre au cerveau les impres-

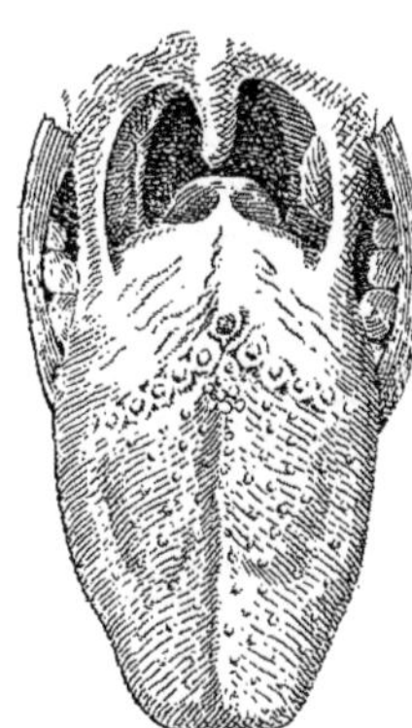

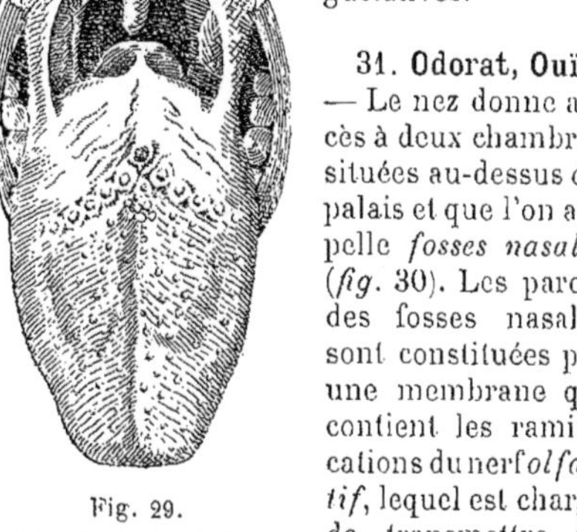
Fig. 29.
Face supérieure de la *langue* avec les papilles gustatives.

sions de l'*odorat;* c'est en se fixant sur cette membrane que les corps odorants arrivent à impressionner les extrémités de ces ramifications.

Le sens de l'*ouïe* a pour organe l'oreille, qui comprend trois parties :

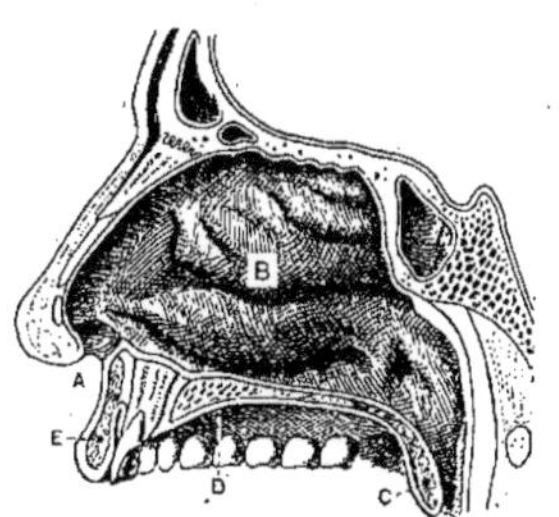
Fig. 30.
Coupe des *fosses nasales* B :
A, narine; C, voile du palais; D, palais; E, lèvre supérieure.

l'oreille externe, moyenne et interne (*fig.* 31). Ce sens est signalé extérieurement par le *pavillon*, immobile chez l'homme, et dans lequel s'ouvre le *conduit auditif;* c'est ce qui constitue l'oreille externe. Le conduit auditif se ferme à 2 centimètres de profondeur par une membrane fine et tendue qui est le *tympan;* c'est là que sont recueillies les vibrations de l'air. De l'autre côté du tympan se trouve la *caisse du tympan* ou oreille moyenne, qui s'ouvre dans l'arrière-gorge par un conduit appelé *trompe d'Eustache*. Cette chambre contient quatre *osselets* qui transmettent les vibrations du tympan à l'oreille interne; c'est dans ce troisième compartiment que les impressions sonores sont reçues par le *nerf auditif* et transmises au cerveau.

❧ *Le siège de l'odorat est dans les parois des fosses nasales; le nerf olfactif en transmet l'impression au cerveau. En pénétrant dans le pavillon de l'oreille, les vibrations extérieures font vibrer le tympan. Elles sont transmises par les osselets à l'oreille interne, d'où le nerf auditif en porte au cerveau la sensation du son.*

Fig. 31.
Coupe de l'*oreille*.

32. Vue.

— Les organes de la *vue* sont les *yeux*, placés dans les

orbites; ils sont mis en mouvement chacun par six muscles qui leur permettent de viser toutes les directions. Les yeux sont protégés antérieurement par les *paupières :* ce sont deux replis de la peau réunis par une membrane transparente, ou *conjonctive*, qui passe en avant du globe de l'œil. La vigilance des paupières est stimulée par l'extrême sensibilité des *cils;* aussi se ferment-elles instinctivement à l'approche de la moindre poussière. L'humidité de la conjonctive est assurée par les larmes sécrétées par la *glande lacrymale;* l'excès de larmes s'échappe par le *canal lacrymal* situé à l'angle interne de l'œil, et par le nez. Cette sécrétion devient subitement abondante par un grand chagrin, principalement chez l'enfant; elle déborde alors entre les paupières. Le globe de l'œil (*fig.* 32) est l'organe essentiel de la vue; il est formé de trois membranes superposées; la plus externe est la *cornée*, opaque sur sa plus grande étendue, mais transparente en avant pour la pénétration des rayons lumineux. En dedans de la cornée s'étend une deuxième membrane qui est la *choroïde*, entièrement noire, sauf en arrière de la cornée transparente où elle forme l'*iris* ou *prunelle.* L'iris est diversement coloré suivant les personnes; il est percé en son centre d'un trou circulaire ou *pupille*, permettant aux rayons lumineux d'atteindre une lentille transparente,

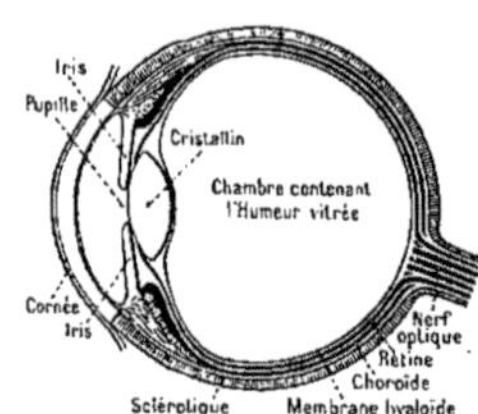

Fig. 32.
Coupe du globe de l'œil.

qui est le *cristallin*. Les rayons qui ont traversé le cristallin se trouvent projetés au fond de l'œil et forment l'image sur la membrane interne appelée *rétine;* l'image est alors transmise par le *nerf optique* au cerveau qui en éprouve la *vision*. On le voit, la disposition des différentes parties du globe de l'œil est exactement semblable à celle des pièces d'un appareil photographique. Les paupières servent en effet d'obturateur; l'iris, troué de la pupille, constitue un diaphragme; le cristallin représente la lentille de l'objectif; l'intérieur du globe de l'œil est une chambre noire, qui est remplie d'un liquide transparent nommé *humeur vitrée;* au fond de cette chambre noire, la rétine reçoit l'image lumineuse comme le fait la plaque sensible en photographie.

❀ *Les yeux sont les organes de la* vue. *L'image extérieure passe par le trou de l'iris, ou* pupille, *traverse le cristallin, va impressionner la rétine et est transmise au cerveau par le* nerf optique.

IV. — TABLEAU-RÉSUMÉ DU SYSTÈME NERVEUX ET DES ORGANES DES SENS.

CENTRES NERVEUX.		NERFS.	ORGANES DES SENS.
CERVEAU...... CERVELET..... BULBE ou *Moelle allongée*....	ENCÉPHALE. Il en part......	12 PAIRES DE NERFS CRANIENS, reliés aux organes de la tête et du tronc.	L'ŒIL, organe de la *vue*, est impressionné par la lumière. L'OREILLE, organe de l'*ouïe*, est impressionnée par les vibrations sonores.
MOELLE ÉPINIÈRE. Il en part........		31 PAIRES DE NERFS RACHIDIENS, reliés aux membres et aux muscles du tronc.	Le NEZ, organe de l'*odorat*, est impressionné par les particules odorantes.
SYSTÈME SYMPATHIQUE. Il en part.....		Les NERFS SYMPATHIQUES, reliés aux organes internes du tronc.	La LANGUE porte les corpuscules du *goût*. La PEAU porte les organes du *toucher*.

Fig. 33. — *Chevaux* des prairies, dans un campement d'Indiens Sioux (Amérique du Nord).

CLASSIFICATION

II. DIVISIONS

33. Utilité de la classification. — La variété presque infinie des animaux qui peuplent la terre et leur nombre prodigieux font de la zoologie une science dont l'étude est très compliquée. Dès que les naturalistes d'autrefois eurent songé à établir cette science, ils commencèrent par mettre ensemble les animaux qui offraient entre eux quelques ressemblances et ils ont ainsi formé un certain nombre de groupes. C'était un commencement de classification dont ils se trouvèrent bien et que l'on n'a pas cessé de perfectionner depuis.

Mais la classification, qui apporte dans la multitude animale une lumière si précieuse, n'est pas aisée à établir, car ce ne sont pas généralement les caractères extérieurs qui sont les plus importants. Citons ici quelques exemples : on a l'habitude de considérer que les mammifères portent des *poils*, qu'ils ont *quatre pattes* et qu'ils vivent sur *terre*. Eh bien,

cela est inexact pour plusieurs d'entre eux, car le Porc-épic a des dards, le Hérisson des piquants et le Pangolin des écailles ; ensuite, la Baleine et tous les cétacés ont la peau nue, n'ont que deux pattes disposées pour la natation et habitent la mer. Passons aux oiseaux qui *volent* dans les airs et ont un *bec :* ces caractères sont loin d'être constants, car l'Autruche et d'autres oiseaux ne volent pas ; en revanche, les Chauves-souris, qui sont des mammifères, volent ; d'autre part, l'Ornithorhynque a un bec bien constitué et c'est un mammifère. C'est donc principalement aux caractères internes des animaux que l'on a recours pour établir la classification.

❀ *La classification zoologique est la division des animaux en différents* groupes *formés d'espèces présentant des* analogies *entre elles. Dans ce but, on considère principalement la* structure interne.

34. Espèces, races. — Avant d'étudier la classification, il est important de définir *l'espèce* ou du moins de chercher à la définir, car de très grands savants ont fait beaucoup d'efforts sans parvenir à trouver une bonne définition. En attendant mieux, on peut dire qu'une espèce animale est composée d'animaux de même *forme* et qui se ressemblent autant entre eux que leurs petits leur ressemblent quand ils sont devenus adultes. Cette ressemblance est ordinairement très grande à l'état sauvage; elle disparaît bien souvent à l'état domestique; il suffit pour s'en convaincre de voir ce que notre civilisation a fait de l'espèce chien ! Il y a des chiens de toutes grosseurs et de toutes formes; cela nous oblige à dire quelques mots des *races*.

Il existe des *races naturelles*, témoin les races humaines; ces races résultent de l'influence du milieu dans lequel d'innombrables générations se sont succédé. Le *climat* est le principal élément de ce milieu. L'animal trouve en effet dans chaque climat des conditions de vie très différentes, et une même espèce, partagée entre deux climats bien différenciés, donnera, avec le temps, deux races. Les *races artificielles* sont provoquées par l'art de l'éleveur qui a pour but d'obtenir de la viande de bonne qualité pour l'alimentation, ou de beaux animaux de luxe.

❦ *Une* espèce *animale est composée d'animaux de même forme et qui se ressemblent autant entre eux que leurs petits leur ressemblent. Les* races *naturelles résultent de l'influence très lente de* climats *différents sur une même espèce.*

35. Embranchements et subdivisions. — Un caractère anatomique très précieux est le *squelette*, dont l'axe est représenté par la *colonne vertébrale*. Or, il se trouve que tous les animaux qui répondent à cette condition sont les mieux organisés. On y reconnaît, en effet, toutes nos bêtes domestiques, ainsi que les poissons qui entrent pour une petite proportion dans notre nourriture, puis les grenouilles et les serpents; voilà donc un groupe très important dont on a fait l'*embranchement des Vertébrés*. Tous les animaux qui n'en font pas partie sont des *Invertébrés;* mais le nombre de ces derniers est si grand et leur organisation si variée, qu'il a été nécessaire de les diviser (*fig.* 34). C'est ainsi que l'on a constitué l'*embranchement des Articulés* pour ceux dont

le corps est composé d'articles ou anneaux portant chacun une ou deux paires de pattes; ces pattes sont formées de petites pièces articulées comme c'est le cas chez les insectes; l'*embranchement des Vers*, pour des animaux également formés d'anneaux, mais qui sont plus mous que les précédents et dont les pattes, lorsqu'ils en ont, ne sont pas articulées (ver de terre); l'*embranchement des Mollusques*, pour ceux qui sont essentiellement mous, sans anneaux, sans pattes et souvent porteurs d'une coquille (escargot, huître); puis les *embranchements des Échinodermes* (étoile de mer), des *Polypes* (coraux), des *Spongiaires* (éponges) et des *Protozoaires*, tous animaux inférieurs dont nous n'avons pas à nous occuper maintenant.

Tous ces *embranchements* ont été nécessairement divisés et subdivisés. C'est ainsi qu'ils ont été partagés en *classes*, les classes en *ordres*, les ordres en *familles*, les familles en *genres* et les genres en *espèces*.

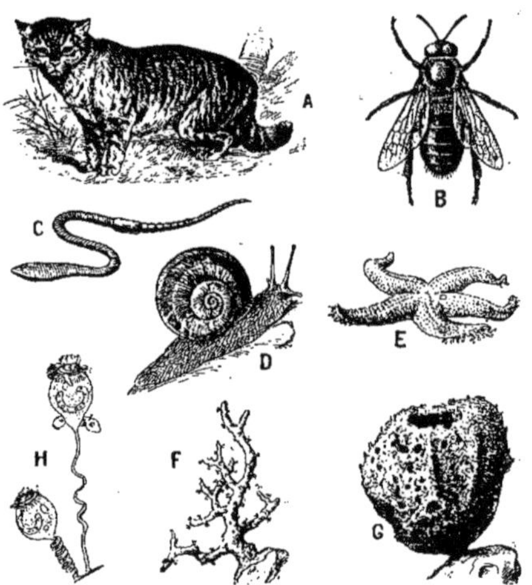

Fig. 34.

Types appartenant aux 8 *embranchements* :

A, *Vertébré* (chat); B, *Articulé* (abeille); C, *Ver* (lombric); D, *Mollusque* (escargot); E, *Échinoderme* (étoile de mer); F, *Polype* (corail); G, *Spongiaire* (éponge); H, *Protozoaire* (vorticelle).

❧ *Les groupes principaux de la classification sont les huit embranchements : Vertébrés, Articulés, Vers, Mollusques, Échinodermes, Polypes, Spongiaires et Protozoaires. Ils se subdivisent en classes, puis en ordres, en familles, en genres et en espèces.*

36. Divisions des Vertébrés. — Les quelques indications qui viennent d'être données montrent qu'il est inutile d'étudier séparément l'anatomie de chaque animal pour connaître ses caractères essentiels ; il suffit de connaître les caractères du *groupe* auquel il appartient. Chez les Vertébrés la colonne vertébrale est un caractère constant et on la retrouve même dans le poisson sous forme d'arête centrale. Mais leur fonction respiratoire, la structure de leur cœur, la température de leur corps, la protection de leur peau, leur mode de reproduction, présentent des différences considérables. En effet, le chat, le coq et le lézard respirent à l'aide de poumons, mais la perche respire au moyen de branchies. La grenouille a des branchies durant le jeune âge et des poumons dès qu'elle est adulte. Le cœur du chat et du coq a 4 cavités, celui du lézard et de la grenouille n'en a que 3

et celui de la perche 2. Pour la température du corps, le chat et le coq ont le sang chaud ; chez le lézard, la grenouille et la perche, la température dépend de celle du milieu dans lequel ils vivent. Afin de protéger sa peau, le chat a du poil, le coq a des plumes, le lézard a l'épiderme épais et écailleux, la perche a des écailles que l'on peut détacher séparément, et la grenouille est absolument nue. Enfin, si l'espèce chat donne naissance à des petits chats vivants qu'elle nourrit de son lait, la poule, le lézard, la grenouille et la perche pondent des œufs qui éclosent au bout d'un temps variable. Ces différences si grandes montrent l'utilité des subdivisions et justifient le partage de l'embranchement des Vertébrés en cinq classes, qui sont :

1° Classe des *Mammifères :* Chat.
2°   —   *Oiseaux :*   Coq.
3°   —   *Reptiles :*   Lézard.
4°   —   *Batraciens :*   Grenouille.
5°   --   *Poissons :*   Perche.

❧ *Les Vertébrés, dont le caractère principal est l'existence de la colonne vertébrale, sont des animaux dont la structure du cœur, la température du corps, les modes de respiration et de reproduction sont très variables. Ils ont été divisés en 5 classes.*

V. — TABLEAU-RÉSUMÉ DE L'EMBRANCHEMENT DES VERTÉBRÉS.

REPRODUCTION.	RESPIRATION.	TEMPÉRATURE DU SANG.	DIVISION DU CŒUR.	REVÊTEMENT DE LA PEAU.	CLASSES.
Ils mettent au monde des petits vivants (*vivipares*).	Aérienne (poumons).	Constante (sang chaud).	4 cavités.	Poils.	MAMMIFÈRES. (*Chat.*)
Ils pondent des œufs (*ovipares*).	Aérienne (poumons).	Constante (sang chaud).	4 cavités.	Plumes.	OISEAUX. (*Coq.*)
	Aérienne (poumons).	Variable (sang froid).	1 ou 3 cavités.	Plaques cornées.	REPTILES. (*Lézard.*)
	Adultes ; aérienne. Jeunes ; aquatique.	Variable (sang froid).	Adultes ; 3 cavités. Jeunes ; 2 cavités.	Peau nue.	BATRACIENS. (*Grenouille.*)
	Aquatique (branchies).	Variable (sang froid).	2 cavités.	Écailles.	POISSONS. (*Perche.*)

Phot. Gambier Bolton.

Fig. 35. — Groupe de singes *Entelles*, vénérés aux Indes.

EMBRANCHEMENT DES VERTÉBRÉS

III. CLASSE DES MAMMIFÈRES

37. Caractères et divisions. — En disant que les chats donnent naissance à des petits chats *vivants* qu'ils nourrissent de leur *lait*, nous avons signalé le caractère principal de la classe des Mammifères; ils sont en effet *vivipares*. Tous les animaux qui font partie de cette classe ont des *mamelles ;* ce sont des glandes qui produisent le lait pour la nourriture des petits et se tarissent dès qu'ils ont atteint l'âge de se nourrir eux-mêmes. Les mamelles sont *pectorales*, c'est-à-dire disposées sur la poitrine comme chez les singes, ou *abdominales* comme chez les chats; leur nombre est proportionné à celui des petits. Le second caractère est la présence du *poil*, sauf chez quelques exceptions, d'ailleurs plus apparentes que réelles. Ajoutons qu'ils respirent l'air atmosphérique à l'aide de *poumons* et qu'ils possèdent tous un cœur à 4 cavités; enfin leur température est constante : ils ont le sang chaud. Malgré ces caractères, la variété des animaux qui entrent dans cette classe est très grande. Notons, en effet, que le chimpanzé, le chat, le phoque, le hérisson, la chauve-souris, le lapin, le bœuf, l'éléphant, la baleine, etc., sont des mammifères. Tous ces animaux ne se ressemblent guère ni par la forme, ni par la grosseur; ils présentent encore des différences notables dans le nombre et la forme des dents, et la *dentition* intervient constamment dans la classification des mammifères; le nombre et la forme des *membres* ont aussi leur importance et c'est tout cela que l'on a considéré en partageant cette classe en 15 ordres, qui sont :

1° Ordre des *Primates :*   Chimpanzé.
2°   —   *Carnivores :*   Chat.
3°   —   *Pinnipèdes :*   Phoque.
4°   —   *Insectivores :*   Hérisson.
5°   —   *Chéiroptères :*   Chauve-souris.
6°   —   *Rongeurs :*   Lapin.
7°   —   *Édentés :*   Tatou.
8°   —   *Pachydermes :* Sanglier.
9°   —   *Ruminants :*   Bœuf.
10°   —   *Imparidigités :* Cheval.
11°   —   *Proboscidiens :* Éléphant.
12°   —   *Cétacés :*   Baleine.
13°   —   *Sirénidés :*   Lamantin.
14°   —   *Marsupiaux :*   Kangourou.
15°   —   *Monotrèmes :*   Ornithorhynque.

❀ *Les* Mammifères *donnent naissance à des petits vivants et les nourrissent du lait de leurs* mamelles ; *ils respirent l'air atmosphérique, ont un cœur à 4 cavités, le sang chaud et la peau généralement couverte de poils. On les a divisés en 15 ordres.*

38. Corrélation des formes. — Avant de commencer l'étude des divers ordres de Mammifères, disons qu'il existe entre les différents organes d'un animal des relations très nettes : c'est le principe de la *corrélation des formes,* énoncé par Cuvier. Lorsqu'un mammifère est carnivore, ses dents, l'articulation de sa mâchoire inférieure, son tube digestif, ses muscles, ses doigts et griffes, les organes de ses sens, sont disposés en vue des nécessités de son existence, c'est-à-dire pour atteindre, saisir, déchirer, digérer une proie. De la forme d'une dent, on peut ainsi déduire avec quelque certitude non seulement celle des mâchoires, mais celle des pieds. Une molaire grosse et plate est faite pour broyer l'herbe ; la mâchoire qui la porte devra exécuter des mouvements de meule, d'où une forme spéciale de l'articulation laissant du jeu à la mâchoire inférieure dans le sens latéral. L'herbe étant moins nourrissante que la chair et plus difficile à digérer, il faudra à l'herbivore un tube digestif très long ; c'est ainsi que celui du bœuf a 40 mètres, alors

que celui du tigre n'en a que 8 ou 9. N'ayant pas de proie à saisir, l'herbivore n'a que faire de griffes, mais son corps lourd a besoin d'un solide appui qui lui est fourni par de grands ongles très développés ou *sabots.* Ces sabots entourent toute l'extrémité d'une phalange comme le dé à coudre entoure le doigt. On nomme *onguiculés* les animaux pourvus d'ongles ou de griffes, et *ongulés* ceux qui portent des sabots (80).

❀ *Tous les organes des animaux sont disposés en vue des nécessités de leur existence ; c'est ainsi que l'ensemble des organes d'un carnassier est différent de celui d'un herbivore. C'est la* corrélation *des formes énoncée par Cuvier.*

1° ORDRE DES PRIMATES
Type : *Chimpanzé.*

39. Divisions des Primates. — L'étude successive des différents ordres va nous permettre de bénéficier de la clarté que toute classification apporte dans ce qui est innombrable. Grâce à cette méthode, en effet, nous n'aurons plus à examiner qu'un petit nombre de groupes ou familles dont nous retiendrons facilement les caractères.

Le *Chimpanzé* et les différents animaux de l'ordre des Primates sont caractérisés par la possession d'au moins deux extrémités préhensiles, c'est-à-dire ayant le pouce *opposable* aux autres doigts (*fig.* 36). La dentition est *complète,* c'est-à-dire comprenant les trois sortes de dents à chacune des deux mâchoires comme chez l'homme ; les ongles sont plats. Malgré ces caractères importants, disons que beaucoup d'autres signes les différencient entre eux : en effet, l'Homme, le Chimpanzé et le Maki sont des Primates ; aussi cet ordre a-t-il été divisé en 3 familles, qui sont :

Fig. 36.
Main
d'un
Primate.

1° Famille *Humaine :*   Homme.
2°   —   des *Singes :*   Chimpanzé.
3°   —   des *Lémuriens :* Maki.

❀ *L'ordre des* Primates *est caractérisé par 2 extrémités préhensiles, une dentition complète et des ongles plats. Il comprend 3 familles.*

40. Famille humaine. — La famille humaine ne comprend qu'une seule espèce, qui est l'*homme*. Si son anatomie le place fatalement à côté des animaux, certains caractères le différencient nettement des singes les mieux organisés. C'est principalement le développement de son *encéphale* et de ses facultés intellectuelles ; on en trouve la confirmation dans le poids du cerveau, qui est de 1 360 grammes en moyenne chez l'homme civilisé; celui de l'Australien, homme très inférieur, pèse encore 1180 grammes, et celui du gorille, le plus gros des singes anthropoïdes, ne pèse que 500 grammes. Signalons encore le *langage articulé,* qui lui permet de prononcer des syllabes et de les grouper en mots et en phrases ; enfin l'attitude constamment *verticale* dans la marche. Dans la nature, l'homme est nu et sans défense; il n'a pas, comme tant d'animaux, des armes naturelles; mais par son intelligence il a pourvu à tout ce qui lui manquait : elle lui a permis de surmonter les difficultés d'une existence primitive semée de dangers et de vaincre peu à peu les espèces animales qui lui étaient nuisibles. Il a pu se multiplier, se répandre et, toujours en plus grand nombre, franchir les siècles et former plus tard les étonnantes civilisations dont nous retrouvons les traces.

⁂ *L'homme est caractérisé par le développement de son* cerveau, *le langage* articulé *et l'attitude* verticale. *Son* intelligence *a suppléé à la privation d'armes naturelles.*

41. L'homme préhistorique. — L'homme primitif n'a laissé que bien peu de lui-même,

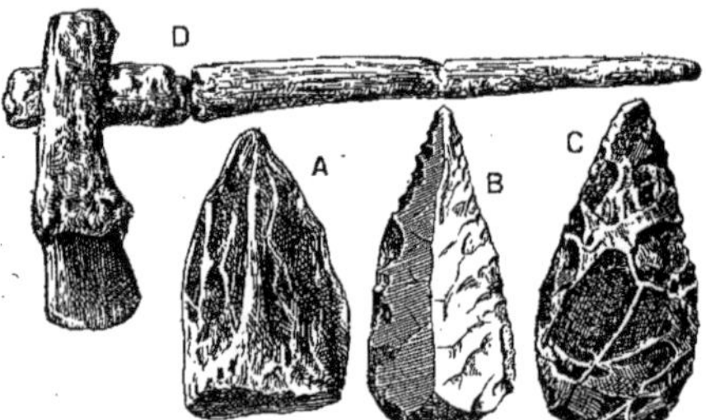

Fig. 37. — Objets de l'*âge de pierre.*
A, B, C, silex *taillés ;* D, hache en pierre *polie* enmanchée.

Fig. 38. — Renne broutant, *gravé* sur un bois ou corne de renne.

car les squelettes préhistoriques que l'on a recueillis entiers se trouvaient dans des sépultures. Or, avant d'enterrer ses morts, l'homme les abandonnait à l'action destructive des animaux sauvages et des intempéries, et c'est de cette époque profondément enfouie dans le passé que les musées ne possèdent presque rien. En revanche, on retrouve au voisinage de la surface du sol qu'il a habité et dans les alluvions des vallées qu'il fréquentait d'innombrables instruments en *silex* taillé ; c'est ce qui a fait appeler cette époque l'*âge de pierre* (*fig.* 37). Ces silex représentent des outils et des armes ; il les taillait avec habileté et en un temps très court, car il lui fallait les renouveler souvent. Parfois il fabriquait des objets en *pierre polie ;* il s'agissait là d'un travail de patience tel qu'en représentent les belles haches polies des collections ; ces instruments-là n'étaient pas usuels, c'étaient des objets de luxe ou de superstition, des insignes de commandement, etc. Dans un but décoratif, l'homme préhistorique gravait des cornes de renne avec des silex pointus et y représentait généralement des animaux (*fig.* 38). Enfin, dans certains pays, comme la Bretagne, on trouve des pierres énormes dressées debout ou *menhirs* (*fig.* 39), d'autres disposées en forme de tables ou *dolmens* (*fig.* 40); ces derniers portent parfois des inscriptions indéchiffrables. On suppose que ces monuments, connus sous le nom de *mégalithes,* avaient un caractère commémoratif ou funéraire.

⁂ *L'homme préhistorique taillait le* silex *pour se faire des outils et le* polissait *pour obtenir des objets de luxe ou de superstition. Il* gravait *le bois du renne et disposait des roches énormes en* menhirs *ou en* dolmens.

Fig. 39. — *Menhir* de Glomel
(Côtes-du-Nord).

42. Types ; angle facial. — Comme nous l'avons dit plus haut (34), c'est par l'antiquité prodigieuse de l'homme dans des contrées très éloignées les unes des autres, c'est-à-dire dans des climats très différents, que l'on peut expliquer l'existence des races humaines. Chacun sait quelle dissemblance existe entre un Français, un Chinois, un Soudanais et un Sioux. C'est pour grouper ces différents types que l'on a établi ces 4 races :

1° Race *blanche :* Français.
2°   —   *jaune :*   Chinois.
3°   —   *noire :*   Soudanais.
4°   —   *rouge :*   Sioux.

Quant aux peuples assez nombreux qui paraissent n'appartenir à aucun de ces types, c'est qu'ils se sont mélangés à une époque plus ou moins reculée. Ici, il est indispensable de dire quelques mots de l'angle facial de l'homme (*fig.* 41). Prenons un crâne humain de profil et supposons deux lignes : l'une passant sur le milieu du front et sur le milieu de la mâchoire supérieure et l'autre allant de la base du nez à l'orifice du conduit auditif ; ces deux lignes se croisent sous le nez et y forment l'*angle facial.* Or les anthropologistes attachent une très grande importance au degré ou écart des lignes de cet angle, qui indique le volume du cerveau et du même coup le développement de l'intelligence. Plus le front est fuyant, plus l'angle est aigu et moins le cerveau est développé. Rappelons-nous que l'angle droit est de 90° ; or, chez la

Fig. 40. — *Dolmen* dit « Table des Marchands »,
à Locmariaker (Morbihan).

race blanche il varie de 80° à 85°, chez la race jaune il oscille de 75° à 80°, chez la race noire il est de 70° à 75°. Pour comparaison, ajoutons ici que l'angle facial du singe adulte ne dépasse jamais 30°. Il en résulte que l'homme de race blanche est très nettement le plus intelligent ; aussi domine-t-il la terre ; il colonise dans le monde entier et maintient les autres races en servitude, non pour leur bien, hélas ! mais dans son propre intérêt. Cependant il ne faudrait pas toujours attacher à l'angle facial une valeur absolue, et citons par exemple la haute intelligence des Japonais qui, avant de n'être que des guerriers, furent de très grands artistes.

❋ *L'antiquité de l'homme dans des pays de climats différents a produit les 4 races blanche, jaune, noire et rouge. L'angle facial indique le volume du cerveau ; il est plus ouvert chez le blanc, dont l'intelligence est plus développée ; aussi l'Européen domine-t-il les autres races.*

43. Races humaines. — Les différents types d'hommes ne sont pas seulement

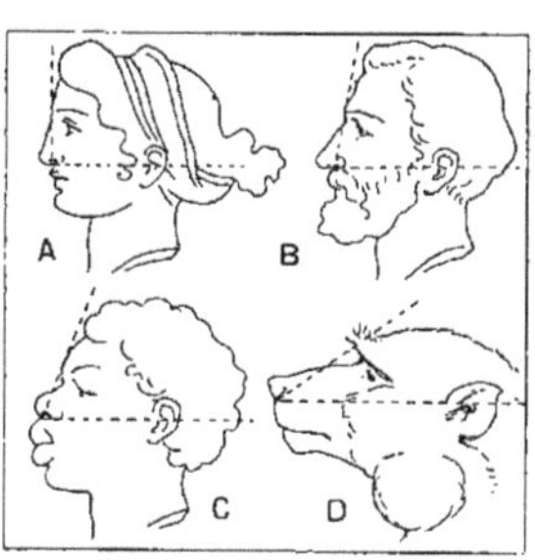

Fig. 41. — *Angle facial.*
A, du type grec antique ;
B, du blanc ; C, du nègre ;
D, du singe cynocéphale.

Fig. 42. — Race *blanche* (Arabe).   Fig. 43. — Race *blanche* (Hindou).   Fig. 44. — Race *jaune* (Chinois).

reconnaissables à la couleur de leur peau, car les Hindous sont presque noirs quoique de race blanche, et certains nègres sont à peu près jaunes ; il existe donc d'autres caractères. La *race blanche* (*fig.* 42 et 43) présente ordinairement le teint clair, les yeux fendus horizontalement, la barbe fournie et les cheveux lisses ; elle habite l'Europe entière, le nord de l'Afrique (Arabes et Berbères) et le sud-ouest de l'Asie (Persans, Hindous). La *race jaune* (*fig.* 44 et 45) a le teint jaunâtre, ou verdâtre, les yeux bridés et étroits avec apparence oblique, la barbe peu fournie et les cheveux gros et raides ; elle occupe l'Asie presque entière et la Malaisie. Chez la *race noire* (*fig.* 46), le teint varie du brun clair au noir, la barbe est rare et les cheveux très crépus. Le nez est remarquablement écrasé, la bouche est grande et marquée de grosses lèvres. Les nègres habitent l'Afrique presque entière et une grande partie de l'Océanie. La *race rouge* (*fig.* 47), autrefois puissante et guerrière, est à peu près exterminée par la race blanche dans l'Amérique du Nord. Cette race habite aussi l'Amérique du Sud, où elle doit son existence à sa plus grande docilité. Nous n'avons cité ici que les pays d'origine des différentes races ; on pourrait ajouter que les jaunes sont nombreux à Madagascar et en Afrique du Sud et que les nègres le sont plus encore en Amérique du Nord et aux Antilles ; c'est qu'ils y ont été importés par les blancs et s'y sont multipliés.

❋ *La* race blanche *habite l'Europe entière, le nord de l'Afrique et le sud-ouest de l'Asie ; la* race jaune, *l'Asie et la Malaisie ; la* race noire, *l'Afrique et l'Océanie ; et la* race *rouge, les deux Amériques.*

44. Famille des Singes. — Ce groupe très nombreux est caractérisé par le pouce *opposable* aux pieds comme aux mains, par la position des yeux sur la *face* comme chez l'homme et par une dentition *complète* ; les canines sont allongées et pointues, elles sont ainsi faites pour déchirer. Les Singes passent une partie de leur existence dans les arbres ; il en est qui de leur vie entière ne touchent pour ainsi dire pas le sol ; leur agilité est très grande. Il existe des Singes qui se servent de leur queue comme de membre préhensile ; ils n'en sont que plus adroits. Parmi cette grande famille, on observe des différences considérables : le Chimpanzé privé de queue, le Macaque pourvu d'une queue non prenante et le Sapajou à queue prenante sont très dis-

Coll. du Pr. Rol. Bonaparte.

Fig. 45. — Race *jaune* (Japonaise).   Fig. 46. — Race *noire* (Soudanais).   Fig. 47. — Race *rouge* (Sioux).

semblables, ils habitent des pays très éloignés les uns des autres ; cela justifie la division en 3 groupes, qui sont :

1° Singes *anthropoïdes*. . . . . . . Chimpanzé.
2° — de l'*Ancien continent* . . Macaque.
3° — du *Nouveau continent*. . Sapajou.

❀ *Les* Singes *sont caractérisés par le* pouce *opposable aux quatre extrémités, les yeux sur la* face *et la dentition* complète *avec canines allongées et pointues. On les a divisés en trois groupes.*

45. **Singes anthropoïdes.** — Comme leur nom l'indique, ces singes sont très voisins de l'homme dans leur forme et dans leur anatomie. Ils n'ont pas de queue, leur coccyx est semblable à celui de l'homme et leur face est nue ; leurs narines, très rapprochées l'une de l'autre, ne sont séparées que par une cloison mince. Étant donnée la supériorité de ce groupe, il est important d'en signaler les quatre genres : *Chimpanzé, Gorille, Orang-outan* et *Gibbon.* Ces animaux sont caractérisés d'abord par la longueur des bras : chez l'Homme debout, l'extrémité du bras pendant atteint le milieu de la cuisse ; dans la même attitude, celui du Gorille arrive au genou,

celui de l'Orang-outan au milieu de la jambe, et celui du Gibbon touche le sol.

Le *Chimpanzé (fig.* 48) a le museau arrondi, les oreilles larges et détachées, le nez aplati, les pieds et les mains nus. Le poil de l'avant-bras est couché de la main vers le coude ; les cuisses sont maigres et aplaties et le mollet fait défaut. Le crâne du mâle porte à son sommet une crête osseuse très développée. Le Chimpanzé habite les forêts de l'Afrique occidentale ; c'est le mieux étudié des Anthropoïdes. En liberté, il habite en famille au

Fig. 48. — Jeunes *Chimpanzés* en captivité ; taille des adultes, 1 m. 40.

voisinage des clairières, et se nourrit de fruits et de racines. Il se construit dans les arbres, à la naissance des branches, un nid sommaire ; il est doux et pacifique, mais se défend courageusement. En captivité, lorsqu'il est jeune et bien portant, le Chimpanzé se montre gai avec turbulence. Il

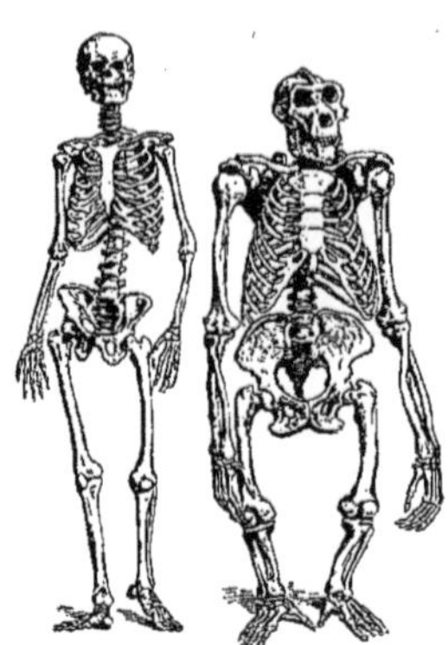

Fig. 49.
Proportions des squelettes
de l'*Homme* et du *Gorille*.

est intelligent et impressionnable, attentif et observateur, sensible aux bons traitements.

*❀ Les Anthropoïdes sont caractérisés par l'absence de queue et par leur anatomie voisine de celle de l'*homme. *Le* Chimpanzé *habite les forêts de l'Afrique occidentale et se construit un nid. Il est doux et intelligent.*

Fig. 50. — *Gorille* adulte ; taille, 1 m. 60.

46. **Gorille, Orang-outan, Gibbon.** — Le *Gorille* (*fig.* 50) est le plus puissant des Anthropoïdes : debout, sa taille est celle de l'homme ; mais ce qui domine dans les proportions de son corps, c'est le développement du tronc (*fig.* 49), car les membres inférieurs sont courts. La tête énorme est bestiale, la crête osseuse du crâne et les maxillaires sont extrêmement développés ; ces caractères, joints à l'arcade sourcilière proéminente et la dentition très forte, en font certes un animal d'aspect effrayant. Le Gorille habite le Gabon (Afrique) ; il est moins connu que le chimpanzé et moins approchable ; il paraît rechercher la solitude, la paix, et vivre en petites familles dans les forêts profondes.

L'*Orang-outan* (*fig.* 51 et 52, A) est de taille moins élevée que le gorille ; mais ses bras sont si longs que chez un individu dont la hauteur atteint 1^m,40 l'écart des mains avec les bras étendus est de 2^m,50. Les jambes sont courtes et peu musclées, le ventre est gros, le poil roux. Cet animal habite plusieurs des îles de la Sonde ; il vit dans les forêts marécageuses avec sa femelle et sa progéniture. Ses mouvements sont lents, réfléchis, ce qui n'exclut pas l'agilité ; il se construit des nids dans les arbres. En captivité, l'existence des orangs est mélancolique et courte ; ils sont cependant ingénieux et très susceptibles d'attachement.

Les *Gibbons* (*fig.* 52, B) sont les plus petits des Anthropoïdes et les plus éloignés de l'homme ; leur caractère principal est l'extrême longueur des bras. La face est plus aimable que celle des précédents, les oreilles sont petites, le nez moins aplati et les maxillaires sont peu proéminents. Leur fourrure est épaisse et le cerveau est de conformation plus inférieure. Les Gibbons habitent les forêts des îles de la Sonde. Ils sont gracieux et agiles, et se nourrissent de fruits, de feuilles, d'œufs d'oiseaux, d'insectes ; la captivité leur est intolérable.

❀ Le Gorille est le plus puissant des Anthropoïdes ; il est africain. L'Orang-outan et les Gibbons habitent les îles de la Sonde. Les Anthropoïdes sont inoffensifs, *intelligents et recherchent la solitude des forêts. Ils se con-*

Fig. 51. — Jeunes *Orangs-outans* en captivité.

struisent un nid et se nourrissent de fruits et d'œufs d'oiseaux.

47. Singes de l'Ancien continent. — Ici se groupent tous les singes de l'ancien monde qui ne sont pas des Anthropoïdes. Ils sont caractérisés par une queue et des *callosités* aux fesses : on appelle ainsi les parties où la peau est plus épaisse, plus dure, où elle est *calleuse.* Enfin, leurs narines rapprochées sont séparées par une cloison *mince.* Leur queue ne peut saisir les branches comme celle des singes de l'Amérique, elle n'est pas *prenante ;* sa longueur varie énormément, depuis celle du magot, qui est réduite à sa plus simple expression, jusqu'à celle de la guenon, qui est plus longue que l'animal. Presque tous les singes de ce groupe ont des *abajoues (fig. 53)* ; on appelle ainsi un repli intérieur des joues qui permet à ces animaux de les transformer en petits sacs et de les utiliser pour le transport des provisions. La dentition est complète, mais elle se rapproche parfois de celle des carnivores, c'est le cas chez les cynocéphales ; cependant leur nourriture est principalement végétale. Ils élèvent leurs petits avec de grands soins. On distingue parmi ces singes 4 genres principaux : les *Semnopithèques* et les *Cercopithèques,* qui ont une queue longue ; puis les *Macaques* et les *Cynocéphales,* dont la queue est de longueur variable.

Fig. 52. — A, *Orang-outan* adulte ; taille, 1 m. 50 ; B, *Gibbon ;* taille, 1 m. 10.

❀ *Les Singes non anthropoïdes de l'Ancien continent ont une queue, des callosités aux fesses, et presque tous des abajoues. La dentition complète se rapproche de celle des* carnivores. On en distingue 4 genres.

48. Types principaux. — Parmi les *Semnopithèques,* nous citerons deux espèces. L'*Entelle (fig. 35 et 55, A)* habite l'Asie méridionale et particulièrement les Indes, où il est sacré : on le considère comme d'essence divine et on le vénère à ce titre ; la chasse de ces animaux est sévèrement interdite ; aussi sont-ils nuisibles à l'agriculture par leur grand nombre.

Fig. 53. — Tête de singe.
A, *abajoue.*

Fig. 54. *Guenon ;* taille, 75 cm.
(Pour les mammifères, la taille se
mesure de l'*extrémité* du museau
à la *naissance* de la queue.)

Fig. 55. — A, *Entelle ;* taille, 40 cm.
B, *Nasique.*

Fig. 56. — *Macaque ;*
taille, 40 cm.

Le *Nasique* (*fig.* 55, B), qui habite les plaines de Bornéo, est ainsi appelé à cause du nez démesuré qui donne à son visage un aspect ridicule. Les *Cercopithèques* ou *Guenons* (*fig.* 54) sont très nombreux en Afrique équatoriale ; on en exporte beaucoup de ce pays, car ils s'apprivoisent facilement. En liberté, les Guenons commettent beaucoup de déprédations ; c'est par troupes qu'elles s'abattent sur les cultures et les dévastent. Les *Macaques* (*fig.* 56) sont presque tous originaires de l'Asie. Ils sont robustes et ont une dentition forte ; les uns vivent dans les arbres, les autres sur le sol ; il en est qui recherchent une température chaude et d'autres le climat rigoureux des montagnes. Le *Magot* est le seul macaque étranger à l'Asie ; il habite l'Afrique du Nord, où il est devenu assez rare. Il était commun autrefois en Espagne méridionale ; on ne l'y rencontre plus qu'au rocher de Gibraltar où la loi anglaise le protège. Les *Cynocéphales* ou singes à *tête de chien* marchent toujours à quatre pattes ; ils sont les plus gros de la série que nous étudions ; leur dentition est puissante, leurs membres robustes ; ils sont terricoles et originaires d'Asie et d'Afrique. Ils vivent en troupes très nombreuses que de vieux mâles commandent, en veillant à la sécurité générale. Parmi ces derniers, citons le *Mandrill* de Guinée (*fig.* 57), au visage d'un bleu éclatant.

❧ *L'*Entelle, *sacré aux Indes,* et le Nasique *de Bornéo sont des Semnopithèques. Les Cercopithèques ou* Guenons *habitent l'Afrique équatoriale et dévastent les cultures. Les robustes* Macaques *sont d'Asie, sauf le* Magot *d'Afrique. Les Cynocéphales, ou singes à tête de chien, sont d'Asie et d'Afrique.*

49. Singes du Nouveau continent. — Ce groupe présente de nouveaux caractères. La dentition offre une tendance à se rapprocher de celle des Insectivores. Les narines, sensiblement plus écartées, sont séparées par une cloison *épaisse.* Il n'existe chez ces animaux ni abajoues, ni callosités aux fesses. Alors que chez tous les animaux, y compris les autres Primates, la queue n'est qu'un *gouvernail* ou un *balancier,* elle remplit chez la plupart de ceux du Nouveau continent le rôle d'un cinquième membre ; c'est un organe de *préhension* et parfois de tact ; elle saisit les branches des arbres, elle est *prenante* (*fig.* 59). Des singes, tués par des chasseurs quand ils étaient suspendus par leur queue, le sont restés parfois après leur mort. Toutes les espèces de ce groupe sont arboricoles et affectionnent les interminables forêts de l'Amérique du Sud. Elles vivent et se déplacent en bandes nombreuses. Ces animaux sont plus doux, mais moins intelligents que les Singes de l'Ancien continent; ils n'occupent pas leurs loisirs à d'incessantes querelles, ils sont plutôt méditatifs. Leur fourrure est très recherchée. Leur classification est basée sur la conformation de la queue : ce sont les *Allouattes, Atèles, Sajous, Artopithèques.*

※ *Les Singes du Nouveau continent sont caractérisés par une dentition se rapprochant de celle des* Insectivores, *par les narines écartées, la queue prenante et la vie arboricole.*

50. Types principaux. — Chez les Allouattes et les Atèles la queue est longue et forte, nue et rugueuse sur toute la surface de préhension. Les *Allouattes* ou singes *hurleurs (fig.* 60), après le coucher du soleil, emplissent les forêts de leurs cris, dont la force est augmentée par des sacs vocaux dont ils élargissent la capacité; au moindre danger, le silence se rétablit brusquement. Les *Atèles* ou singes-*araignées (fig.* 59) sont poursuivis par les Indiens en vue de leur fourrure et de leur chair qui est excellente. Les *Sajous* sont intelligents, très prudents, très rusés et difficiles à capturer; mais ceux que l'on parvient à prendre s'apprivoisent facilement. Les *Artopithèques* ou *Ouistitis (fig.* 58) se distinguent des autres singes américains par le pouce des mains non opposable et par des griffes à tous les doigts, sauf aux pouces des pieds. La dentition est nettement insectivore. Ces petits animaux mènent une existence qui se rapproche de celle des écureuils; timides, craintifs, ils s'abritent dans le creux des arbres et se nourrissent d'insectes et d'araignées.

Fig. 57. — *Mandrill;* taille, 80 cm.

Fig. 58. — *Ouistiti;* taille, 30 cm.

※ *Les Singes du Nouveau continent sont :* les Allouattes *ou singes* hurleurs, *munis de sacs vocaux; les* Atèles, *recherchés pour leur fourrure; les* Sajous, *intelligents et rusés. Les* Artopithèques *ou* Ouistitis *n'ont pas de pouce opposable et portent des griffes.*

Fig. 59. — *Atèle;* taille, 60 cm.

51. Famille des Lémuriens. — Les Lémuriens présentent presque tous le pouce opposable aux quatre membres et c'est ce caractère qui les place près des Singes, car à tous les autres points de vue ils occuperaient une place assez inférieure dans la classe des Mammifères; cependant leur dentition est complète, mais se rapproche de plus en plus de celle des Insectivores. Ces animaux sont grimpeurs; leur cerveau ne présente pas de circonvolutions. Leurs yeux sont sou-

Fig. 60. — *Allouatte;* taille, 70 cm.

vent grands, parfois énormes. D'autres espèces présentent les yeux de côté, ce qui les éloigne des Singes ; les oreilles sont pointues et velues. Les Lémuriens comportent deux groupes principaux : ceux de Madagascar et ceux des Indes.

Parmi les *Lémuriens de Madagascar* sont les *Makis* (*fig.* 61), jolis animaux de la taille d'un chat. Leur museau est pointu, les yeux petits, la fourrure épaisse ; les ongles sont plats, la queue longue et touffue ; ils sont nocturnes, et très bruyants dès que le soleil se couche. Citons encore le curieux *Aye-aye*. Les *Lémuriens des Indes* ont les yeux grands et ronds ; on y remarque le *Tar-*

Fig. 61. — *Maki ;* taille, 40 cm.

sier, aux yeux démesurés, et le curieux *Galéopithèque,* dont la peau se détache en un repli assez large de chaque côté du corps et de la queue ; il utilise cette membrane comme un parachute, ce qui lui permet d'entreprendre des sauts prodigieux en toute sécurité ; le pouce des extrémités n'est pas opposable chez cette espèce.

✿ *Les Lémuriens sont caractérisés par le pouce opposable aux quatre extrémités, sauf chez le Galéopithèque ; les yeux souvent grands, parfois placés de côté. On y remarque les* Makis *de Madagascar, au museau pointu. Le* Tar-*sier, aux yeux démesurés, et le* Galéopithèque, *à la membrane parachute, habitent les Indes.*

VI. — TABLEAU-RÉSUMÉ DES PRIMATES

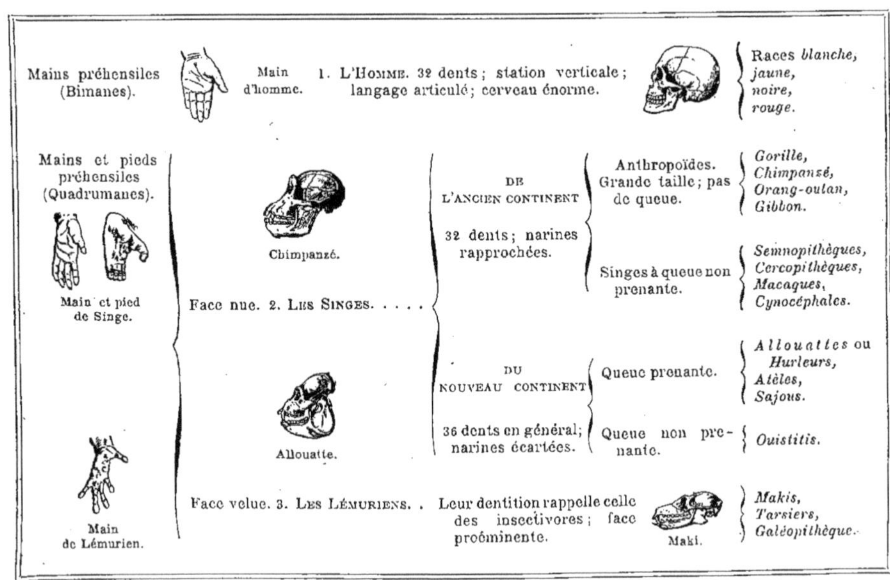

Mains préhensiles (Bimanes). — *Main d'homme.* — 1. L'HOMME. 32 dents ; station verticale ; langage articulé ; cerveau énorme. — Races *blanche, jaune, noire, rouge.*

Mains et pieds préhensiles (Quadrumanes). — *Main et pied de Singe.* — Face nue. 2. LES SINGES . . . . .
- DE L'ANCIEN CONTINENT. 32 dents ; narines rapprochées.
  - Anthropoïdes. Grande taille ; pas de queue. — *Gorille, Chimpanzé, Orang-outan, Gibbon.*
  - Singes à queue non prenante. — *Semnopithèques, Cercopithèques, Macaques, Cynocéphales.*
- DU NOUVEAU CONTINENT. 36 dents en général ; narines écartées.
  - Queue prenante. — *Allouattes* ou *Hurleurs, Atèles, Sajous.*
  - Queue non prenante. — *Ouistitis.*

Main de Lémurien. — Face velue. 3. LES LÉMURIENS. . Leur dentition rappelle celle des insectivores ; face proéminente. — *Makis, Tarsiers, Galéopithèque.*

2° *ORDRE DES CARNIVORES*

Type : *Chat.*

52. Caractères et divisions. — Cet ordre est parfaitement défini : le *Chat* et tous les animaux qui le composent se nourrissent plus ou moins de chair, et leur dentition est appropriée à cette alimentation. Ils s'attaquent, en effet, à des proies vivantes et les déchirent ; aussi les incisives sont-elles petites, les canines longues et pointues, et les molaires tranchantes. Le nombre des dents est extrêmement variable, selon les espèces : il oscille généralement de 30 (chat) à 42 (chien). L'une des molaires est plus grosse que les autres : c'est la dent *carnassière,* essentiellement tranchante (*fig.* 62, B). En outre, plus l'alimentation de l'animal est carnivore, moins il a de molaires. Enfin, par la forme de son articulation, la mâchoire inférieure ne peut se mouvoir que de haut en bas et de bas en haut, de sorte que les deux mâchoires agissent comme une paire de *ciseaux.*

Les quatre membres portent 4 ou 5 doigts et des griffes recourbées. Ces griffes sont toujours des armes puissantes, mais elles se présentent de deux manières. Dans certaines familles elles sont toujours visibles et leur pointe qui touche fréquemment le sol est *émoussée ;* c'est le cas chez le chien (*fig.* 62, E) ;

mais chez d'autres espèces elles ne se montrent que lorsque c'est utile et se tiennent ordinairement relevées ; de cette façon la pointe est protégée et reste *aiguisée :* on dit alors que les griffes sont *rétractiles,* et c'est le cas chez le chat (*fig.* 62, C et D). La plupart des carnivores sont *digitigrades,* c'est-à-dire qu'ils marchent sur les extrémités des *doigts ;* d'autres, comme les ours, sont *plantigrades :* ils marchent sur la *plante* des pieds. Le crâne est arrondi chez les animaux dont la nourriture est essentiellement composée de chair (chat, *fig.* 62, A), et plus allongé chez les omnivores (loup, ours). Les oreilles sont pointues et mobiles. Malgré ces caractères, les Carnivores présentent de grandes variétés de formes et d'aspects : c'est ainsi que le chat, l'hyène, le chien, le furet et l'ours font partie de cet ordre, que l'on a divisé en 5 familles, qui sont :

1° Famille des *Félidés :*	Chat.
2° —	*Hyénidés :*	Hyène.
3° —	*Canidés :*	Chien.
4° —	*Vermiformes :*	Furet.
5° —	*Ursidés :*	Ours.

❋ *Les Carnivores se nourrissent de* chair ; *ils ont les* incisives *petites, les* canines *très développées et les* molaires *tranchantes. L'une de ces dernières est dite* carnassière. *On a divisé ces animaux en 5 familles.*

53. Famille des Félidés. — Cette famille présente parmi ses membres l'étonnante majesté du lion, l'incomparable beauté du tigre, la joliesse du chat. Les Félidés ont la tête ronde, les yeux grands, le corps vigoureux, les membres bien musclés. Ils sont digitigrades, leurs griffes sont rétractiles, leurs extrémités portent 5 doigts devant et 4 en arrière ; les muscles des mâchoires sont puissants, les dents sont au nombre de 28 à 30. Leurs sens sont extrêmement affinés. Forts, patients et souples, ils apportent à la chasse toutes les conditions de réussite. Ces animaux manquent à Madagascar, en Australie et aux Antilles. On a divisé les Félidés en 3 genres, qui sont : *Chat* proprement dit, *Guépard* et *Lynx.*

Le genre *Chat* comprend les Carnivores les plus caractérisés et en dehors de la taille va-

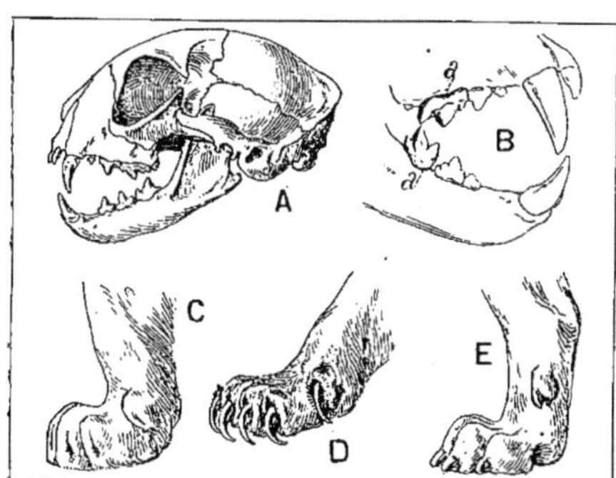

Fig. 62. — *Carnivore* (Chat).

A, crâne ; B, dents carnassières *a, a* ; C, griffes rétractiles au repos ; D, les mêmes, sorties pour l'attaque ; E, griffes non rétractiles du chien.

riable des espèces qui le constituent, on n'observe aucune différence anatomique sensible. Dans l'Ancien continent, on remarque le lion, le tigre, la panthère et différents chats sauvages. Dans le Nouveau continent, ce sont le jaguar, le couguar, l'ocelot et quelques chats. Tous ces animaux luttent de souplesse, de propreté et de beauté, et il est regrettable que leur alimentation exige tant de victimes, choisies parmi les espèces les plus paisibles. Le genre *Guépard* compte deux espèces et le genre *Lynx* quelques-unes.

❀ *Les Félidés ont la tête ronde. Ils sont* digitigrades *avec 5 doigts aux membres antérieurs et 4 en arrière. Leurs griffes sont rétractiles. Ils comprennent 3 genres.*

54. Félidés de l'Ancien continent : Lion.

— Le *Lion (fig.* 63 et 64) est caractérisé par une abondante crinière chez le mâle, par la queue se terminant en pinceau et par la vigueur des deux membres antérieurs, si on les compare aux membres postérieurs. Sans la crinière du Lion, il est infiniment probable que c'est au Tigre que l'on aurait décerné le titre de « roi des animaux ». Le Lion habite l'Asie centrale et occidentale, et l'Afrique entière ; celui d'Afrique est plus fort ; il occupait autrefois l'Algérie ; il a été repoussé lentement vers le sud par l'intrépidité de certains chasseurs, à la tête desquels il faut citer Jules Gérard ;

Fig. 64. — *Lion* et *lionne* avec leurs lionceaux.

celui-ci ne craignait pas d'attendre l'animal à l'heure où il commence à chercher sa nourriture et où il est en possession de toute sa vigueur. Le Lion est nocturne et dort le jour entier ; il faut pour lui rendre son énergie durant le jour une occasion exceptionnelle, le passage d'une bande d'antilopes, par exemple. Sa force et son poids, qui peut atteindre 200 kilos, lui permettent de terrasser l'animal sur lequel il bondit. Il fait une grande consommation d'herbivores, surtout là où il sait rencontrer des troupeaux d'animaux domestiques, mais il n'attaque pas les gros : l'éléphant et le rhinocéros n'ont pas à le craindre. En captivité, il devient relativement doux et ne ferait pas grand mal aux dompteurs si ceux-ci n'exigeaient pas de lui des exercices qui font souffrir sa fierté.

❀ *Le Lion est caractérisé par la* crinière *chez le mâle, la queue terminée en* pinceau *et la vigueur des membres antérieurs. Il habite l'Asie et l'Afrique ; il est* nocturne *et se nourrit d'animaux herbivores.*

55. Tigre, Panthère, Chat.

— Le *Tigre (fig.* 65 et 66) est localisé en Asie, où il brille par la beauté de sa robe, par ses proportions harmonieuses et aussi par ses attaques contre l'homme, qu'il ne craint pas. Son pelage ras, de teinte rousse sur le dos et les flancs, blanche sur

Fig. 63. — *Lion ;* longueur, 1 m. 60.

Fig. 65. — *Tigre royal; long., 1 m. 70.*

Phot. Ch. Reid.

Fig. 67. — *Chat domestique* noir; long., 45 cm.

le ventre, est traversé de bandes noires; ces bandes, plus fines sur la tête, s'ajoutent à des favoris blancs pour donner à sa physionomie une remarquable expression. On le rencontre en des terrains fort différents : dans les taillis de bambous, au voisinage des eaux, comme dans les forêts et même dans les steppes desséchés. Il grimpe facilement aux arbres et traverse des cours d'eau à la nage; il est sensiblement plus actif que le lion, mais aussi plus dangereux. C'est à l'improviste qu'il tombe sur sa proie, et des milliers d'Hindous périssent chaque année pour satisfaire l'appétit de cet animal. En captivité, le Tigre est moins docile que le lion, son esprit d'indépendance étant plus développé.

La *Panthère* d'Afrique (*fig.* 189) et le *Léopard* sont peut-être des variétés d'une même espèce; il existe en outre une Panthère d'Asie. Le pelage de l'une et de l'autre est merveilleusement tacheté. De taille très inférieure à celle du tigre, cet animal est néanmoins dangereux à cause de son adresse, de sa légèreté, de son habileté à se dissimuler dans le feuillage des arbres. Comme le lion, les panthères d'Algérie ont eu leur chasseur célèbre, l'intrépide Bombonnel, qui en a détruit de grandes quantités. Elles s'attaquent à des animaux de taille moyenne et préfèrent la chèvre.

Parmi les chats sauvages, citons le *Chat ganté* d'Afrique et de Palestine, qui représente la souche de notre bon *Chat domestique* (*fig.* 67). Ce dernier est l'un des animaux les plus calomniés : de tout temps, l'homme s'est acharné sur ce joli félin et a trouvé bon de lui attribuer une partie de ses propres défauts. C'est que le Chat, si doux et si capable d'attachement lorsqu'il est bien traité, ne sera jamais un esclave comme le chien; il est très fier et très indépendant, ce qui ne constitue pas des défauts. Par sa grâce, sa gaieté, son extrême propreté, le Chat est le plaisir des yeux; il ne faut pas exiger plus de lui.

❅ *Le Tigre, particulier à l'Asie, est remarquable par ses proportions harmonieuses et*

Ph. Gambier Bolton.

Fig. 66. — *Tigre royal,* bâillant.

Fig. 68. — *Jaguar; long., 1 m. 50.*

la beauté de sa robe rayée. La Panthère *est plus petite ; elle est très agile. Le* Chat domestique *est très doux lorsqu'il est bien traité, mais fier et indépendant.*

56. Félidés du Nouveau continent. —

L'Amérique a son tigre qui est le Jaguar, et son lion qui est le Couguar. Le *Jaguar* (*fig.* 68) est un tigre tacheté ; il habite l'Amérique du Sud et le Mexique, recherche les pays giboyeux et s'habitue à des contrées très différentes : forêts ou prairies. Il grimpe aux arbres, nage comme le tigre et se nourrit aussi bien de reptiles et de poissons que de mammifères. Il s'attaque parfois à l'homme, lorsqu'il trouve l'occasion de le surprendre pendant la nuit. Le *Couguar* ou *lion Puma* (*fig.* 69) offre un pelage analogue à celui du roi des animaux, mais il est plus petit, n'a pas de crinière et est bien proportionné ; il est remarquable par la beauté de ses grands yeux. Il fait de terribles ravages dans les troupeaux et s'y livre parfois

Fig. 69. — *Couguar* ou *Puma; long., 1 m. 25.*

à un gaspillage, qui justifie la guerre acharnée que lui font les Indiens. L'*Ocelot* peut être comparé à la panthère de l'ancien monde ; son pelage orné de bandes et de taches est de teinte rougeâtre sur le dos. Il affectionne les forêts, est ordinairement accompagné de sa femelle et se nourrit d'oiseaux. Le *Guépard* (*fig.* 185) habite l'Afrique ; il a le corps long, les membres grêles comme un chien, mais il a une jolie tête de chat ; sa robe est jaunâtre et entièrement tachetée. Dans la course, la poursuite d'un gibier, cet animal a des allures de chien. En captivité il s'apprivoise très facilement et les Arabes en ont profité pour le dresser à la chasse aux gazelles. Les différentes espèces de *Lynx* (*fig.* 70) se distinguent de suite par de jolies oreilles terminées en pinceau, par une queue très courte et souvent par de beaux favoris. On les rencontre dans tout l'ancien monde et dans l'Amérique du Nord.

❧ *Le* Jaguar *est tacheté; il habite l'Amérique du Sud. Le* Couguar *ou* Puma *présente la teinte du lion ; il décime les troupeaux. L'*Occelot *est une sorte de panthère au pelage orné de bandes et de taches. Le* Guépard *est africain ; il a le corps long et grêle comme le chien. Les* Lynx *ont les oreilles terminées en pinceau et des favoris.*

57. Famille des Hyénidés. —

Ces animaux sont digitigrades et caractérisés par 4 doigts à griffes non rétractiles à tous les pieds, une mâchoire très puissante et 34 dents au plus. La partie antérieure du corps est plus robuste et plus haute que la partie postérieure. La tête est courte et large, les oreilles grandes, la queue touffue ; les Hyènes sont nocturnes et se réunissent en bandes à la recherche d'une proie quelconque ; cette proie est toujours le résidu du repas d'un carnivore plus noble ; la chair en putréfaction ne les rebute pas et c'est avec énergie qu'elles la disputent aux chacals ; mais elles sont sans courage contre les animaux qui peuvent leur opposer une résistance. On distingue l'*Hyène rayée*, qui occupe les zones tempérée et chaude de l'Asie et de l'Afrique, et que les Européens ont chassée

d'Algérie, et l'*Hyène tachetée* (*fig.* 72), particulière
à l'Afrique du Sud.

✿ *Les* Hyènes *sont digitigrades avec 4 doigts à
griffes non rétractiles aux
4 pieds; la tête est courte
et large, la queue touffue.
Elles sont nocturnes, se
nourrissent de chairs pu-
tréfiées, et habitent l'Asie et
l'Afrique.*

58. Famille des Canidés; Loups.

— Les membres de
cette famille sont essentiel-
lement coureurs et digitigrades, avec 5 doigts
à griffes non rétractiles devant et 4 derrière ;
ils présentent généralement 42 dents. Les incisives sont tranchantes, les canines longues
et courbées. Les Canidés sont carnivores, se
contentent parfois de viandes putréfiées, et deviennent facilement omnivores en captivité ;
leur odorat est très déve-
loppé, l'ouïe l'est également. Ces animaux sont
nocturnes et ne brillent
pas par le courage ; il est
vrai que cette vertu, ainsi
que l'intelligence, se développe à l'état domes-
tique ; il n'en est pas de
même de la propreté. En
dehors des services nom-
breux et importants que
les espèces domestiques
rendent à l'homme par
un besoin de servitude
que l'on ne s'explique
pas, les Canidés sont très
sensiblement inférieurs
aux Félidés. La distribu-
tion géographique de
cette famille est très
large ; elle comprend
principalement les deux
groupes des *Loups* et des
Renards.

Fig. 70. — *Lynx;* long., 80 cm.

Fig. 71. — *Loup;* long., 1 mètre.

Fig. 72. — *Hyène tachetée;* long., 1 mètre.

Avant d'être traqué, dé-
truit, le *Loup* (*fig.* 71) occupait l'Europe entière, l'Asie
et l'Amérique du Nord. Actuellement il a disparu
d'Angleterre ; en France,
quelques individus subsistent. Dans l'Europe orientale, au contraire, ses bandes
affamées sont très répan-
dues. Cet animal est caractérisé par sa pupille circulaire,
une tête assez grosse, des
membres grêles, une four-
rure souvent épaisse et une
queue touffue. Le *Chacal*,
de l'Afrique du Nord, qui paraît être un guide
utile aux hyènes dans la chasse aux charognes,
appartient à ce groupe. Par ses formes, il
paraît se placer entre le loup et le renard ;
il existe aussi en Grèce et aux Indes.

✿ *Les Canidés sont coureurs et digitigrades,
avec 5 doigts à griffes non rétractiles devant
et 4 derrière. Ils sont noc-
turnes. On les a divisés
en deux groupes : loups
et renards. Les Loups
sont caractérisés par la
tête grosse, les pupilles
circulaires, les membres
grêles et la queue touffue.
Le* Chacal *de l'Afrique
appartient à ce groupe.*

59. Chien domestique.

— C'est le groupe des
loups qui constitue la
souche du *Chien domes-
tique,* dont les formes
sont innombrables ; ce-
pendant, ce dernier a
conservé la pupille circulaire ; il a ensuite acquis
un caractère qui n'existe
chez aucun Canidé sau-
vage : c'est le port de la
queue relevée, vulgai-
rement dite queue en

Fig. 73. — Petite voiture de laitière traînée par des *chiens*, en Belgique.

Fig. 74. — Chien d'arrêt Braque.

trompette ; l'aboiement et les oreilles tombantes n'appartiennent également qu'à lui. La domestication du chien date de la plus haute antiquité ; on retrouve ses ossements avec ceux de l'homme dans les sépultures préhistoriques. Relativement bien traité à cause des services qu'il rend à l'homme, le chien s'est perfectionné ; il est couramment dressé et employé pour la *chasse*, pour la *garde* des maisons et pour la *conduite des troupeaux*. Pour la chasse, ce sont les chiens *d'arrêt* (*fig.* 74) et les chiens *courants ;* les premiers, guidés par leur odorat, découvrent le gibier et s'arrêtent devant lui, prévenant ainsi le chasseur ; les seconds poursuivent le gibier et sont utilisés dans la cruelle chasse à courre. Les chiens de *garde* peuvent appartenir à de nombreuses races ; il suffit que l'approche d'un étranger les fasse aboyer ; s'ils possèdent la force musculaire comme les danois et les dogues (*fig.* 186), ils n'en sont que meilleurs. Les chiens de *berger* (*fig.* 188) montrent une intelligence extrêmement remarquable dans la police d'un troupeau. Nombre de chiens domestiques sont capables d'une fidélité, d'un dévouement excessifs ; ils font réellement abstraction d'eux-mêmes et deviennent l'organe de leur maître. Un semblable attachement est unique dans la série animale ; il est d'ailleurs bien rare chez l'homme. En Belgique, les chiens sont attelés aux petites voitures des laitières (*fig.* 73). En France, les rémouleurs les emploient aussi comme moteurs pour actionner leur meule. Chez les Esquimaux, ils tirent les traîneaux ; en Turquie, ils sont chargés de nettoyer les villes et mangent toutes les ordures : ce sont les chiens *parias*.

✿ *Le* Chien domestique *dérive des loups ; il est caractérisé par le développement de son intelligence, par l'aboiement et souvent par la queue relevée et les oreilles tombantes. Il est employé pour la* chasse, *la* garde *des* maisons *et la* conduite *des* troupeaux. *Son dévouement est extrême.*

60. Groupe des Renards. — Ces animaux se distinguent des loups par la tête plus allongée, avec museau pointu, et des dents plus fines avec des canines plus longues. Les oreilles et la queue sont également plus longues ; cette dernière est très touffue ; les pattes sont plus courtes. Le *Renard d'Europe* (*fig.* 75) est commun dans les contrées tempérées et froides ; dans ces dernières, sa fourrure est plus belle et a plus de valeur. Le Renard est essentiellement rusé et dépiste parfois les chiens avec une grande habileté ; on exagère énormément ses dégâts, car il est reconnu qu'il se nourrit principalement de petits rongeurs nuisibles. Le *Renard polaire* ou *Renard blanc* ou *Isatis* (*fig.* 181) habite les régions les plus froides du globe ; il est plus petit que celui d'Europe et ses jambes sont très courtes ; sa fourrure, grise durant l'été et blanche pendant l'hiver, est serrée et touffue.

Fig. 75. — *Renard* (long., 70 cm.) et ses renardeaux.

❀ *Les* Renards *ont la tête allongée et le museau pointu; les canines sont longues, les pattes courtes, la queue touffue. Le* Renard d'Europe *est rusé et dépiste les chiens. Le* Renard blanc polaire *est recherché pour sa fourrure.*

61. Famille des Vermiformes : Civettes, Mangoustes.

— Cette famille, comme son nom l'indique, est généralement caractérisée par le corps allongé, la tête fine, les pattes très courtes munies de griffes variables, et la queue longue. La dentition se rapproche parfois de celle des Insectivores ; les canines sont sensiblement plus courtes que chez les Canidés. Tous les Vermiformes portent près de l'anus des glandes dont la sécrétion répand une odeur musquée, forte et désagréable ; un certain nombre de ces animaux ont des fourrures de prix. On les a divisés en 3 groupes : *Civettes, Mangoustes, Blaireaux, Martes et Loutres.*

Les *Civettes* sont digitigrades avec griffes rétractiles ; la seule espèce européenne est la *Genette* (*fig.* 76), qui habite les rivages de la Méditerranée ; sa teinte est gris brunâtre avec taches noires ; elle est nocturne et se nourrit de petits rongeurs et d'oiseaux. Comme les renards, elle dévaste par-

Fig. 76. — *Genette*; long., 45 cm.

fois les poulaillers, mais on l'apprivoise comme un chat, assez facilement ; elle se contente alors de détruire les bestioles nuisibles à l'agriculture. Les *Mangoustes* sont à peu près plantigrades avec griffes non rétractiles ; elles habitent l'Afrique et l'Asie. L'*Ichneumon* d'Égypte (*fig.* 77) était vénéré dans l'antiquité pour la chasse qu'il faisait aux reptiles venimeux et à leurs œufs ; mais il est arrivé que le nombre des reptiles a beaucoup diminué dans ce pays et l'Ichneumon s'adresse maintenant à la basse-cour, aussi n'est-il plus vénéré.

❀ *Les* Vermiformes *ont généralement le corps allongé, la tête fine et les pattes courtes. Ils portent des glandes sécrétant un liquide musqué. Les* Civettes *sont digitigrades ; elles se nourrissent de petits rongeurs. Les* Mangoustes *sont à peu près plantigrades ; elles détruisent les serpents venimeux.*

62. Blaireaux, Mouffettes.

— Les Blaireaux sont plantigrades avec griffes non rétractiles ; ils sont caractérisés par un corps trapu qui les distingue des deux groupes précédents, par le développement des glandes puantes et par 5 doigts à chaque pied, dont la plante est nue. Le *Blaireau commun* (*fig.* 78) a un museau terminé par un groin ; sa fourrure est

Fig. 77. — *Ichneumon* d'Égypte; long., 60 cm.

Fig. 78. — *Blaireau commun ;* long., 70 cent.

raide, et grise avec de larges bandes noires longitudinales. Cet animal, qui habite toute la zone tempérée d'Europe et d'Asie, est nocturne; il passe sa journée dans son terrier, qui comporte plusieurs galeries avec une chambre propre et confortable dans laquelle la femelle soigne ses petits. Il est essentiellement calme et inoffensif, son alimentation est omnivore, sa propreté très grande. On le chasse avec des bassets qui vont le forcer dans ses galeries; lorsqu'il est acculé en un point accessible de son terrier et qu'il ne veut pas sortir, on lui saisit la tête avec des pinces spéciales pour l'en retirer; cette cruauté n'honore pas les chasseurs. Les *Mouffettes* habitent les deux Amériques; elles sont nocturnes et se nourrissent d'oiseaux. Leurs glandes puantes constituent pour elles un moyen de défense, car elles peuvent projeter le liquide à quelques mètres; l'odeur en est intolérable et presque indestructible.

❧ *Le* Blaireau d'Europe *est plantigrade, avec griffes fortes et non rétractiles; il est trapu, inoffensif et habite un terrier à plusieurs galeries. Les* Mouffettes, *d'Amérique, sont repoussantes par l'odeur de leurs glandes.*

63. Groupe des Martes. — Le groupe des Martes est généralement digitigrade, avec quelques espèces plantigrades; les griffes sont

Fig. 79. — *Glouton* attaquant un renne; long., 1 mètre.

Fig. 80. — *Fouine;* long., 45 cm.

Fig. 81. — *Putois;* long., 38 cm.

le plus souvent rétractiles, la queue est belle et touffue.

Le *Glouton* (*fig.* 79) habite les régions voisines des pôles. Le nom qu'il porte s'appuie sur une légende reconnue sans fondement; cet animal mange à sa faim, comme les autres animaux, et enterre sa nourriture lorsqu'il en a trop. Il est vigoureux et ne craint pas d'attaquer le renne. La *Marte* proprement dite (*fig.* 82), recherchée pour sa fourrure, habite les forêts du centre et du nord de l'Europe; sa robe est fine et brune; elle se nourrit d'œufs et de petits animaux; elle grimpe aux arbres avec agilité. La *Fouine* (*fig.* 80), qui habite les mêmes pays, s'approche des régions habitées et dévaste les basses-cours; son poil est grisâtre et sans valeur. Il n'en est pas de de même de la *Zibeline* (*fig.* 182), dont la robe brune, soyeuse et luisante atteint un prix élevé malgré sa petite taille; on la chasse en Sibérie durant l'hiver, aussi est-elle de moins en moins répandue. Le *Putois* (*fig.* 81), remarquable par sa mauvaise odeur, habite les régions tempérées; il détruit un grand nombre de petits rongeurs nuisibles, mais il ne dédaigne pas les poulaillers; il mange aussi des reptiles et ne craint pas la vipère. Le *Furet* est très voisin du putois; il est blanc et ses yeux sont rouges; on l'emploie souvent pour chasser les lapins parce qu'il s'introduit très facilement dans leurs terriers. La *Belette* (*fig.* 84) est très allongée, petite, courageuse. L'*Hermine* (*fig.* 83) porte pendant l'hiver un pelage blanc qui la rend presque

Fig. 82.—*Marte;* long., 35 cm.

Fig. 83. — *Hermine;* long., 22 cm.

Fig. 84. — *Belette;* long., 16 cm.

invisible sur la neige; au contraire, durant l'été, son poil prend la teinte terreuse du sol; sa queue se termine par un pinceau noir. Cette fourrure était autrefois réservée aux rois, dont le manteau était composé de nombreuses hermines cousues les unes aux autres; l'ensemble était semé de noir à l'aide des queues. Ce petit animal est très carnassier, rusé et courageux; il rend service aux cultivateurs en détruisant la vermine, mais les jeunes volailles doivent être mises à l'abri de ses incursions. Le poil du *Vison (fig.* 184) des régions boréales est estimé; cet animal offre un caractère particulier : ses pieds postérieurs sont palmés en vue de la natation; il se rapproche ainsi des loutres et se nourrit de poissons.

✿ *Le groupe des* Martes *comprend des espèces à fourrures de prix, telles que Marte, Zibeline, Hermine et Vison. Le* Glouton *habitant des pays froids, la* Fouine *qui dévaste les poulaillers, le* Putois *destructeur de reptiles, le* Furet *employé dans la chasse aux lapins, et la* Belette *font partie du même groupe.*

64. Groupe des Loutres. — Ces carnivores sont tous aquatiques et plus épais que les précédents; leurs pieds sont palmés en vue de la natation, leur queue est aplatie. La *Loutre d'Europe (fig.* 85) habite les régions tempérée et froide de l'Ancien continent. La qualité de sa fourrure brune la fait rechercher, mais la chasse n'en est pas commode, à cause de

Fig. 85. — *Loutre d'Europe;* long., 65 cm.

l'extrême agilité qu'elle montre dans l'eau; son terrier, toujours bien dissimulé, présente une ou plusieurs ouvertures d'aération, mais la galerie de sortie s'ouvre profondément sous l'eau; elle se nourrit principalement de poissons, de crustacés, et s'apprivoise facilement. La *Loutre marine* est plus forte, plus grande; sa tête ressemble à celle de certains phoques, dont elle mène d'ailleurs l'existence; elle est localisée aux rivages du détroit de Behring. Ses pieds constituent d'excellents organes de natation. Sa fourrure est magnifique; on l'a tellement chassée qu'elle est en voie de disparition.

✿ *Les* Loutres *sont aquatiques, leurs pieds sont palmés, leur queue aplatie. La* Loutre *d'Europe recherche l'eau douce et se nourrit de poissons. La* Loutre *marine est chassée pour sa fourrure et localisée au détroit de Behring.*

65. Famille des Ursidés. — Les membres de cette famille sont avant tout plantigrades, et si leur dentition est nettement celle des carnivores, ils empruntent généralement aux végétaux une grande partie de leur nourriture. Ils sont presque tous grimpeurs; leurs membres sont gros et courts, les griffes longues; on les chasse pour leur fourrure. L'*Ours blanc* ou *polaire (fig.* 87), seul, est carnassier; cette espèce est de grande taille; elle est caractérisée par le cou long, la plante des pieds velue, la queue à peine visible; elle habite

Fig. 86.
A, *Ours brun;* long., 1 m. 60;
B, *Ours des cocotiers;*
beaucoup plus petit.

les glaces polaires. L'Ours blanc est extrêmement fort, très agile, bon nageur et se nourrit principalement de phoques, de renards blancs et de poissons. Comme beaucoup d'autres carnivores, il n'attaque l'homme que s'il a faim; dans ce cas, il l'atteint facilement à la course et l'emporte avec une remarquable facilité.

L'*Ours brun* (*fig.* 86, A) habite les montagnes de l'Europe et de l'Asie au nord de l'Himalaya; il est assez rare dans les Pyrénées et dans les Alpes. Il est intelligent malgré son air lourd, c'est qu'il est aussi prudent et réfléchi. En captivité on ne peut exiger de lui une grande gaieté; comme d'innombrables animaux, il n'a pas à se louer de l'homme et ne peut lui être reconnaissant de lui devoir une chaîne et un anneau dans le nez. Il est végétarien l'été et carnivore au cours de l'hiver. La chasse en est assez dangereuse, car il se dé-

fend avec énergie et sa force est grande. L'*Ours gris* ou *Grizzli* (*fig.* 89) occupe les Montagnes-Rocheuses; il devient plus gros que l'Ours brun. Sa dentition est plus

Fig. 88. — *Raton laveur.*

forte, ses griffes très longues. L'*Ours des cocotiers* (*fig.* 86, B) est sensiblement moins gros que le précédent; il habite les îles de la Malaisie et la Cochinchine; un collier jaune orne son poitrail; sa robe est d'un beau noir. Il est végétarien et dévaste les cocotiers. Il grimpe avec facilité et s'apprivoise facilement.

Citons ici le *Raton* (*fig.* 88), que plusieurs caractères rapprochent des ours et dont on recherche la fourrure. Cet animal a l'habitude de laver ses aliments avant de les manger, et lorsqu'il n'a pas d'eau à sa portée il les frotte vigoureusement avec ses pattes de devant; il habite l'Amérique du Nord.

❁ *Les* Ursidés *sont plantigrades et généralement omnivores et grimpeurs; ils sont lourds et trapus avec la queue très courte. L'Ours blanc est de grande taille, carnivore et habite les glaces boréales. L'Ours brun, intelligent, réfléchi, est omnivore; il recherche les montagnes. L'Ours gris habite les Montagnes-Rocheuses; l'Ours des cocotiers est d'Asie. Citons encore le* Raton, *qui lave ses aliments.*

Fig. 87. — *Ours blanc polaire;* long., 2 mètres.

Fig. 89. — *Ours gris;* long., 2 m. 25.

3° ORDRE DES PINNIPÈDES

Type : *Phoque.*

66. Caractères : Phoques. — Les animaux de cet ordre sont des carnivores ; mais ils sont caractérisés par leur adaptation à la vie aquatique ; ils ont le corps allongé en forme de fuseau et les quatre membres transformés en rames ou nageoires, ce qui explique leur agilité gracieuse dans l'eau ; les deux membres postérieurs sont dirigés en arrière de chaque côté de la queue très courte, et forment avec elle un puissant gouvernail. Leur tête est généralement ronde, les yeux grands et doux, la dentition complète ; l'oreille externe est souvent invisible, l'utilité du pavillon n'existant pas dans l'eau, milieu bon conducteur des vibrations sonores. Le conduit auditif ainsi que les narines possèdent la faculté de se fermer pour éviter l'entrée de l'eau pendant les plongées. Le cou est court, le poil est soyeux et impénétrable à l'eau. Enfin leur système circulatoire présente certaines dispositions qui permettent à ces mammifères de suspendre pendant quelque temps le jeu de la respiration. Les Pinnipèdes sont très peu agiles sur la terre ; ils sont intelligents, il en est de sociables. Leur nourriture se compose de poissons. On chasse ces animaux pour leur peau, qui sert à différents usages. On trouve dans cet ordre des types assez variés : *Phoques, Otaries, Morses,* que nous allons étudier.

Les *Phoques* ont les membres courts. Ils vivent en troupes nombreuses et montrent une certaine curiosité et même une grande confiance ; ces sentiments s'évanouissent dès qu'ils sont renseignés sur les mœurs de l'homme. L'un des phoques les plus curieux et le plus grand est l'*Éléphant marin.* Le mâle est caractérisé par une trompe courte qui justifie son nom ; il habite les mers australes. Une autre espèce, décimée par

l'homme, est le *Veau marin* (*fig.* 90), qui habitait nos côtes, et que l'on trouve encore parfois dans la Mer du Nord.

Les Pinnipèdes, *qui comprennent les phoques, les otaries et les morses, sont des carnivores aquatiques ; leurs pieds sont disposés en rames ; leurs oreilles et leurs narines se ferment durant les plongées ; ils se nourrissent de poissons. Le plus grand des* Phoques *est l'*Éléphant marin, *qui porte une trompe courte et habite les mers australes.*

67. Otaries, Morses. — Les *Otaries* présentent des oreilles extérieures petites, mais apparentes. La tête, le corps et les membres sont allongés ; les différentes parties du corps sont plus dégagées que chez les phoques. Elles sont plus agiles à terre et parviennent plus aisément à escalader les îlots rocheux sur lesquels elles se reposent en troupeaux innombrables. L'espèce la plus connue est le *Lion marin* (*fig.* 91), dont quelques individus égayent souvent les jardins zoologiques ; on connaît leur aboiement joyeux à l'heure du repas, généralement composé de harengs. Cet animal habite les côtes septentrionales de l'Océan Pacifique.

Les *Morses* (*fig.* 92), presque aussi gros que l'éléphant marin, habitent les glaces boréales ; ils sont caractérisés par la présence à

Fig. 91. — *Lion marin ;* long., 2 m. 50.

Fig. 90. — *Veau marin ;* long., 1 m. 50.

Fig. 92. — *Morse ;* long., 5 mètres.

la mâchoire supérieure du mâle de deux défenses très fortes dont la longueur peut atteindre 0^m,60, et qui sont des canines extrêmement développées. On les chasse pour l'ivoire de leurs défenses, qui a une certaine valeur.

✿ Les Otaries sont plus allongées et plus agiles que les phoques ; l'une d'elles est le Lion marin du nord de l'Océan Pacifique. Les Morses sont presque aussi gros que l'Éléphant marin ; ils sont chassés pour l'ivoire de leurs défenses.

VII. — TABLEAU-RÉSUMÉ DES CARNIVORES

MILIEU	GRIFFES	MARCHE	NOMBRE DE DOIGTS		FAMILLES	EXEMPLES
CARNIVORES TERRESTRES.	Griffes rétractiles.	*Digitigrades*	5 doigts en avant, 4 en arrière ; sautent et grimpent. 		FÉLIDÉS	*Lion , Tigre , Chat, Guépard, Lynx, etc.*
	Griffes non rétractiles.	*Digitigrades*	4 doigts à chaque membre ; ne grimpent pas.		HYÉNIDÉS . . .	*Hyène.*
			5 doigts en avant, 4 en arrière ; ne grimpent pas. 		CANIDÉS	*Chien, Loup, Renard, Chacal.*
		Digitigrades ou demi-plantigrades ou plantigrades.	5 doigts à chaque membre ; grimpent ; . . . . corps allongé, très bas sur pattes.	VERMIFORMES.		*Civette, Blaireau, Putois, Belette, Furet, Hermine, Loutre, etc.*
		Plantigrades. . . .	5 doigts à chaque membre ; grimpent. 		URSIDÉS. . . .	*Ours.*
PINNIPÈDES ou CARNIVORES AQUATIQUES.	Membres transformés en *nageoires.*		5 doigts par membre. 		Canines courtes. . .	*Phoque, Otarie.*
					Canines supérieures longues.	*Morse.*

4° ORDRE DES INSECTIVORES

Type : *Hérisson.*

68. Caractères et divisions. — Le *Hérisson* et les différents animaux de l'ordre des Insectivores sont caractérisés par des molaires hérissées de tubercules pointus ; leur dentition est complète (*fig.* 93). Ils sont plantigrades avec 5 doigts munis de griffes à chaque pied. Leur nourriture se compose d'insectes et leurs dents pointues visent la perforation des parties dures de ces petits animaux. On le voit, ces mammifères sont ainsi des plus utiles à l'homme, qui cependant les connaît peu parce qu'ils sont nocturnes. Leurs formes sont très variées. L'ouïe et la vue sont peu développées ; certaines espèces souterraines sont aveugles, la peau restant naturellement fermée sur l'œil ; mais l'odorat et le toucher sont très fins. La forme de leurs extrémités varie avec leur genre de vie.

✿ Les Insectivores ont des molaires hérissées de tubercules ; ils sont plantigrades, nocturnes et utiles à l'homme. Leurs extrémités varient avec leur genre de vie.

Fig. 93.
Crâne et patte d'*Insectivore.*
(Hérisson.)

69. Types principaux. — Le plus connu des Insectivores est le *Hérisson* (*fig.* 94)

Fig. 94. — *Hérisson;*
long., 20 cm.

Fig. 95. — *Musette;*
long., 6 cm.

Fig. 96. — *Desman;* long., 10 cm.

répandu en Europe. Son museau est pointu, ses pattes courtes ; il possède la faculté de se rouler en boule, ce qui, joint à son manteau formé d'innombrables piquants, constitue un moyen de défense efficace. Cet animal est paisible, se nourrit d'insectes et de larves, mais aussi de souris et de reptiles, notamment de reptiles venimeux ; c'est ainsi qu'il fait une guerre acharnée aux vipères, dont la morsure ne l'atteint pas ; il est essentiellement utile à l'homme. Les *Musaraignes* ressemblent à des souris à museau très pointu et à queue courte ; aussi tous les animaux destructeurs de souris détruisent-ils aussi ces Insectivores, ce qui est bien regrettable. C'est parmi eux que l'on trouve le plus petit mammifère du monde : la *Musaraigne de Toscane,* qui mesure 35 millimètres sans la queue. Notre plus petite musaraigne est un peu plus grosse : c'est la *Musette (fig.* 95), qui fréquente le voisinage des habitations ; elle est également utile. La *Musaraigne d'eau* est de la taille d'un petit rat ; elle est nuisible, car elle attaque les poissons des étangs, notamment les carpes, dont elle ouvre le crâne et mange la cervelle. Parmi les insectivores plongeurs, citons le *Desman (fig.* 96) intéressant par ses formes ; cet Insectivore porte une trompe assez longue et mobile, une queue comprimée latéralement, et des pieds postérieurs munis entre les doigts de membranes natatoires ; la plus grosse espèce vit en Russie sur les bords de la Volga.

La *Taupe (fig.* 97) est un Insectivore fouisseur, que l'homme détruit sans pitié et pour de bien petits inconvé-

nients ; si elle coupe parfois les racines, elle rend d'inappréciables services en débarrassant la terre de toutes les larves nuisibles à l'agriculture. Chez ces animaux, la partie antérieure du corps est relativement large, à cause du développement des extrémités : les mains, en effet, sont larges, disposées en pelle et munies de griffes plates et coupantes ; certaines espèces sont aveugles. Ces animaux ne cessent de creuser en tous sens de nombreuses galeries dans le sol pour assurer leur alimentation.

Notre *Taupe commune* a des yeux très petits et brillants et pas d'oreilles extérieures, car le sol est bon conducteur du son ; elle installe sous les racines d'un gros arbre un confortable nid souterrain d'où partent les galeries de chasse. Les petits monticules de terre fraîche, ou *taupinières,* que l'on remarque si souvent dans la campagne, sont des matériaux rejetés par la taupe lorsqu'elle fore de nouvelles galeries. Ces taupinières, souvent groupées, sont fort gênantes pour l'agriculteur, mais cet animal ne mange jamais de végétaux ; il lui arrive cependant de couper les racines lorsqu'il en rencontre sur son passage.

Fig. 97. — *Taupe;* long., 12 cm.

※ *Le* Hérisson d'Europe *est recouvert de piquants, se roule en boule et détruit les reptiles venimeux. Les* Musaraignes *ressemblent aux souris; la* Musaraigne *d'eau détruit les poissons. Le* Desman *de Russie possède une petite trompe et est aquatique. Les* Taupes *sont souterraines et détruisent les larves des insectes nuisibles.*

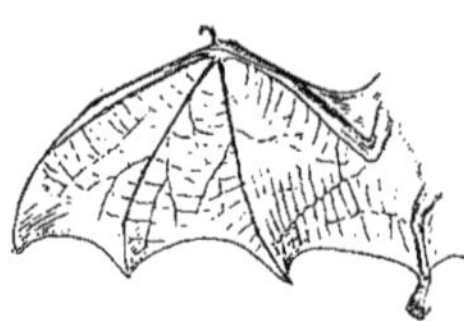

Fig. 98.
Aile de Chauve-souris.

Fig. 99.
Oreillard; envergure, 23 cm.

Fig. 100. — *Vampire;* envergure, 40 cm.

5° ORDRE DES CHÉIROPTÈRES

Type : *Oreillard.*

70. Caractères et divisions. — L'*Oreillard* et tous les mammifères que l'on appelle *Chauves-souris* sont caractérisés par une membrane qui commence à la nuque, enveloppe les quatre membres et parfois la queue. Les pieds sont proportionnés à leur taille, mais les doigts des mains, sauf le pouce, sont munis de phalanges très longues, et c'est par l'écartement de ces doigts, aussi longs que leur corps, que s'ouvre et s'étend la membrane qui forme ainsi deux ailes (*fig.* 98); le pouce porte une griffe. Ces ailes sont mues par des muscles très développés; elles remplissent aussi le rôle de parachute. La rapidité du vol est très variable; certaines espèces réalisent des vitesses semblables à celle de l'hirondelle, d'autres ont un vol bas, saccadé et maladroit. La dentition des Chéiroptères est complète, et analogue à celle des Insectivores, et de même que l'on a établi l'ordre des Pinnipèdes pour les Carnivores aquatiques, on a établi celui-ci pour les *Insectivores aériens.* Les Chauves-souris ont les oreilles grandes, le développement du pavillon assure une ouïe plus fine venant compenser la faiblesse de la vue.

Le corps est très velu et de teinte sombre, les membres postérieurs portent de fortes griffes qui servent à la suspension de l'animal; certaines espèces se suspendent par le pouce du membre antérieur. Chez les chauves-souris, le sens du toucher est extrêmement développé; on pourrait même dire qu'il s'agit d'un sens supplémentaire qui leur permet de pressentir l'obstacle, de manière à l'éviter, et cela sans que la vue intervienne, car on en a fait l'expérience avec des individus aveuglés. Les chauves-souris sont nocturnes; dans nos climats ces animaux s'abandonnent au sommeil hivernal; aux premiers froids ils se retirent dans des grottes, des ruines, ou des clochers, se suspendent nombreux en des coins abrités et s'engourdissent jusqu'au printemps. Les espèces sont nombreuses et présentent des formes variées, depuis notre petite pipistrelle jusqu'aux roussettes de grande taille. D'après leur nourriture préférée, on a divisé ces animaux en deux groupes, qui sont :

1° Chéiroptères *Insectivores :* Oreillard.
2°   —   *Frugivores :* Roussette.

❀ Les Chéiroptères ou Chauves-souris portent une membrane qui enveloppe les membres antérieurs et qui leur permet de voler; leur dentition rappelle celle des Insectivores; ils sont velus, nocturnes, et se suspendent par les griffes. Ces animaux ont le sens du tact très développé.

71. Types principaux. — Les Chauves-souris *insectivores* sont essentiellement utiles à l'homme : elles se nourrissent d'insectes nuisibles. Les espèces de nos pays appartiennent à ce groupe, dans lequel on peut citer l'*Oreillard* (*fig.* 99), caractérisé par le développement extraordinaire des oreilles, dont la longueur dépasse les 2/3 de la longueur du corps; il occupe l'Europe entière et une partie de l'Asie. La *Pipistrelle* est très commune en Europe; elle porte des petites oreilles pointues et reste active une partie de l'hiver. A ce groupe appartiennent encore les *Vampires* (*fig.* 100), de l'Amérique méridionale. On a beaucoup exagéré l'inconvénient qu'auraient ces espèces de

sucer le sang des animaux endormis ; le fait
a été constaté, mais il est rare.

Le groupe des *frugivores* comprend les
Roussettes d'Australie et de Malaisie. L'espèce la plus grande est le *Kalong*, dont l'envergure atteint 1 mètre ; sa tête offre quelque
ressemblance avec celle du renard, la queue
n'existe pas. Cette chauve-souris vit dans les
forêts, suspendue aux branches des arbres
durant le jour, chassant pendant la nuit,
ajoutant à son alimentation de fruits la chair
de petits animaux : oiseaux, poissons, etc.

✿ *Les Chauves-souris insectivores sont
utiles à l'homme. L'*Oreillard, *aux oreilles dé-
mesurées, et la* Pipistrelle *sont d'Europe ; les*
Vampires *sont américains et de grande taille.
Les frugivores comprennent les* Roussettes
d'Australie et de Malaisie.

6° ORDRE DES RONGEURS

Type : *Lapin.*

72. Caractères et divisions. — Cet ordre
est important à la fois par le nombre des espèces et la variété des formes et des mœurs.
Le *Lapin* et tous les Rongeurs sont essentiellement caractérisés par une dentition incomplète, privée de canines (*fig.* 101) ; les deux
incisives de chaque mâchoire, légèrement recourbées, sont très longues ; et les molaires,
uniformes et serrées les unes contre les autres,
en sont séparées par un grand vide appelé
barre ; cette disposition très nette est invaria-
ble et permet de reconnaître immédiatement
un rongeur. Les incisives sont parfois canne-
lées, souvent émaillées par devant de jaune ou
de rouge ; elles possèdent la propriété de grandir
d'une manière continue ; elles croissent ainsi
à mesure qu'elles s'usent à leur extrémité libre,
ce qui est fort heureux, car le frottement des
incisives inférieures sur les supérieures durant
la mastication, joint à l'habitude de ronger
le bois, les use rapidement. Quant aux molaires, elles sont plates avec des replis trans-
versaux. La disposition de l'articulation permet au maxillaire inférieur des mouvements
très étendus d'avant en arrière. En étudiant
les caractères des Carnivores nous avons cons-

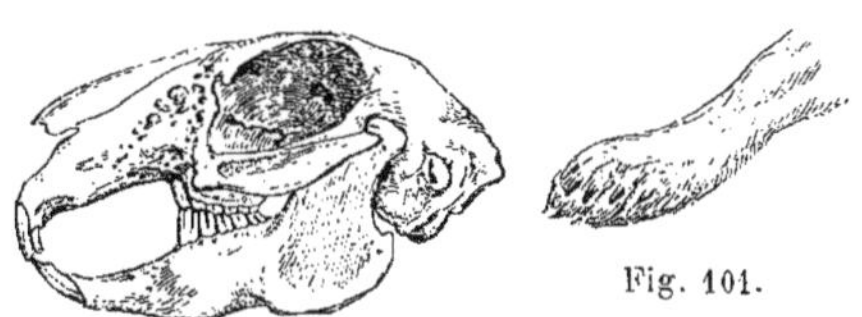

Fig. 101.

Crâne et patte de *Rongeur.* (Lapin.)

taté une disposition en paire de ciseaux (52) ;
ici il s'agit d'une *râpe.*

Tous ces animaux sont nuisibles à l'agriculture ; leurs formes sont nombreuses ; nous
dirons quelques mots des groupes suivants :

1° Famille des *Écureuils.*
2°   —   *Loirs* et des *Castors.*
3°   —   *Rats.*
4°   —   *Lièvres.*
5° Rongeurs exotiques.

✿ *Les* Rongeurs *sont caractérisés par l'absence de dents canines ; un vide appelé* barre
*sépare les incisives très longues des molaires
uniformes. Ils sont tous très* nuisibles *à l'agriculture.*

73. Famille des Écureuils. — La famille des
Écureuils comprend les *Écureuils* proprement
dits, agiles et grimpeurs, et les *Marmottes,* pa-
resseuses et souterraines. Chez tous ces animaux les clavicules sont très fortes, ce qui est
justifié par les différentes fonctions des membres antérieurs, qui leur servent pour porter
à la bouche ou faire leur toilette. Parmi les
nombreuses espèces d'écureuils répandues sur

Phot. Ch. Reid.

Fig. 102. — *Écureuil commun ;* long., 22 cm.

4

le globe, nous distinguerons notre joli *Écureuil commun* (*fig.* 102), à la robe rougeâtre, aux beaux et grands yeux, à la queue touffue ; sa tête est petite et arrondie, ses oreilles grandes et ornées de pinceaux. Il habite toujours les forêts, vit dans les arbres, dans les branches desquels il bondit avec une adresse prodigieuse ; il

Fig. 103.

Marmotte des Alpes ;
long., 45 cm.

se nourrit des jeunes pousses de certains arbres et aime beaucoup les faînes ou fruits du hêtre, ainsi que les œufs des oiseaux ; à ces différents titres il est nuisible. Il se fait un nid dans les trous des vieux arbres et mange l'hiver les provisons qu'il a faites en belle saison.

Les *Marmottes* sont trapues et ont la queue courte ; elles sont essentiellement terricoles. La *Marmotte des Alpes* (*fig.* 103) est assez répandue dans toutes les montagnes de l'Europe centrale ; son pelage est brunâtre ; elle habite les hauts pâturages qui s'étendent au-dessus de la zone des forêts. Les terriers de ces animaux sont profonds et conduisent à une sorte de chambre confortablement garnie de mousse sèche. C'est là qu'elles passent l'hiver à l'état de sommeil ; durant cette période, la fonction respiratoire se ralentit et leur température s'abaisse. L'alimentation et les jeux se pratiquent au dehors, dans l'herbe fleurie, sous la protection de vieilles sentinelles dont les sifflements à l'approche du danger font rentrer toutes les Marmottes dans leurs trous. Les montagnards les chassent pour leur chair.

✿ *L'Écureuil habite les forêts, se fait un nid dans les trous des vieux arbres et se nourrit de jeunes pousses. La* Marmotte des Alpes *habite les montagnes, se creuse des terriers profonds et ne se risque au dehors que sous la garde de vieilles sentinelles.*

74. Famille des Loirs et des Castors. —
Les *Loirs* sont très voisins des écureuils ; ils sont également jolis, leur tête est plus allongée ; ces animaux sont arboricoles. Le *Loir* de nos bois (*fig.* 104) porte une belle queue touffue, son pelage est gris. Ses mœurs et sa nourriture sont celles de l'écureuil ; cependant il fait quelques provisions et s'abandonne à un sommeil hivernal entrecoupé de réveils. Proche parent des loirs, le *Muscardin* (*fig.* 105), dont la taille est celle d'une souris, est un de nos plus jolis Rongeurs ; il recherche de préférence les noisetiers, dans lesquels il se fait un nid ; il s'apprivoise facilement.

Les *Castors* (*fig.* 106), autrefois répandus sur les bords des fleuves de l'Europe, ont été traqués pour leur fourrure, leur chair et le *castoréum*, sécrétion odorante produite par deux glandes spéciales, et utilisée autrefois en pharmacie. On ne trouve plus ces animaux qu'en Sibérie et en Amérique du Nord ; cependant il en reste encore quelques groupements dans certains îlots du bas Rhône. Le corps est trapu, la tête grosse, les pieds postérieurs palmés en vue de la natation ; la queue aplatie est recouverte d'écailles ; les narines et les orifices auditifs peuvent se fermer dans l'eau. La fourrure est douce, brune et appréciée. Lorsque les Castors se sentent en sécurité, ils construisent des digues en travers des petits cours d'eau avec des troncs d'arbres qu'ils abattent en les rongeant à la base ; ils perfectionnent ces constructions et les consolident avec de la terre gâchée à l'aide de leur queue ; ils établissent ainsi une série de biefs ou étendues d'eau séparées entre elles avec niveau in-

Fig. 104. — *Loir ;* long., 15 cm.

Fig. 105.

Muscardin ; long., 8 cm

variable; leurs terriers s'ouvrent sous l'eau et aboutissent à des salles de repos soigneusement garnies de mousse, et à des chambres réservées aux provisions. En certaines parties de l'Amérique du Nord, le cours de quelques rivières a été bouleversé du fait de ces industrieux Rongeurs.

❊❊ *Le* Loir *présente à peu près les mœurs de l'écureuil. Le joli* Muscardin *fait son nid dans les noisetiers. Le* Castor, *disparu de nos pays, a les pieds postérieurs palmés, la queue aplatie; il construit des digues dans les petites rivières; son terrier s'ouvre sous l'eau.*

75. Famille des Rats. — Cette nombreuse famille est omnivore; elle n'offre pas de caractères généraux très nets, car elle comprend des formes très différentes; nous ne parlerons que de quelques espèces; toutes sont nuisibles. Le *Rat noir* occupait autrefois l'Europe; il habitait les égouts, les caves, les greniers, s'installait dans les navires et gagnait ainsi d'autres continents et s'y multipliait. Un autre rat plus gros, le rat *Surmulot* (*fig.* 108, A), occupait l'Asie; il se mit à envahir la Russie dans la première moitié du xviiie siècle; sa grande fécondité l'obligea de s'étendre encore et il couvrit l'Europe entière en faisant au Rat noir une guerre acharnée. Comme les peuples malheureux, ce dernier quoique innombrable fut vaincu, décimé, supprimé pour ainsi dire, et le Surmulot l'a remplacé partout.

Fig. 107. — *Hamster;* long., 30 cm.

Transporté par les navires, le vainqueur envahit actuellement l'Amérique du Nord. Les rats sont extrêmement dangereux parce qu'ils peuvent transporter et transmettre par leurs puces les germes de certaines maladies infectieuses, comme la peste. Depuis 1902 la destruction de ces rongeurs est obligatoire à bord des navires qui reviennent de pays contaminés.

La *Souris ordinaire* (*fig.* 108, B) est un fort joli petit animal, qui montre une grande pro-

Fig. 106. — *Castors* travaillant; long., 65 cm.

preté et fait sa toilette avec beaucoup de soin; elle habite les villes, notamment les caves et les greniers, et évite les rats. Dans les campagnes on trouve encore le *Mulot,* la gentille *Souris rousse* et la *Souris naine.* Cette dernière se construit un petit nid aérien dans les blés. Les *Campagnols* (*fig.* 108, C) sont plus trapus que les précédents; leur tête est plus arrondie, la queue est courte. Cet animal est remarquable par des invasions inattendues et par des disparitions que l'on ne s'explique pas encore. Le *Rat d'eau* est également nuisible, il est carnivore; il se creuse des galeries sur le bord des ruisseaux. Signalons encore le *Hamster* (*fig.* 107), commun dans l'Allemagne, et depuis quel-

Fig. 108. — A, *Rat surmulot;* long., 30 cm.; B, *Souris;* long., 7 cm.; C, *Campagnol;* long., 9 cm.

Fig. 109. — *Lièvre;* long., 50 cm.

Fig. 110.
Lapin; long., 40 cm.

Fig. 111. — *Cabiai;* long., 1 m. 20.

ques années dans le nord de la France; il porte des abajoues qui lui servent à transporter le grain dans son terrier.

❀ *Le* Rat noir, *autrefois innombrable dans nos pays, a été détruit et supplanté par le* Surmulot, *qui habite les égouts. La gentille* Souris, *très propre, cherche sa vie dans les caves et les greniers. Le* Campagnol *est plus trapu; le* Rat d'eau *est aquatique; le* Hamster *est commun en Allemagne.*

76. Famille des Lièvres. — Cette famille est caractérisée par la présence d'une seconde paire d'incisives supérieures qui sont placées en arrière et contre les incisives visibles. Les lièvres et les lapins font partie de ce groupe, d'ailleurs peu nombreux. Le *Lièvre (fig.* 109) est remarquable par la longueur des membres postérieurs, qui lui facilitent la rapidité de la course en montant; il possède 5 doigts en avant et 4 en arrière; les oreilles sont aussi longues que la tête, parfois plus; il vit solitaire, ne fait pas de terrier, et habite aussi bien la plaine que les forêts ou les montagnes. Le *Lapin (fig.* 110) vit en société et se creuse des terriers à plusieurs ouvertures dans les terrains sableux; il est particuliè-

rement nuisible. Il paraît être l'ancêtre du *Lapin domestique.*

❀ *Les* Lièvres *et les* Lapins *portent une deuxième paire d'incisives supérieures en arrière des premières; leurs membres postérieurs sont très longs. Le Lapin seul se creuse un terrier.*

77. Rongeurs exotiques. — Le *Cabiai (fig.* 111) est caractérisé par la présence de petits sabots aux pieds; c'est le plus grand des Rongeurs : son poids atteint 50 kilos. Il fréquente les eaux, porte aux pieds des membranes natatoires et habite les rives des fleuves de l'Amérique du Sud. Le *Cobaye* ou *Cochon d'Inde,* que l'on élève souvent avec les lapins, descend vraisemblablement d'un Rongeur du Paraguay qui lui ressemble beaucoup. Le *Chinchilla (fig.* 183) vit dans les montagnes sud-américaines; il est très recherché pour la finesse de sa fourrure. Le *Porc-épic (fig.* 112) est le plus curieux des Rongeurs; il habitait autrefois les rivages de la Méditerranée; on ne le trouve plus guère qu'en Asie Mineure. La partie supérieure de son corps est recouverte de longs piquants blancs et noirs entremêlés de grosses soies rudes; comme le hérisson, cet animal s'enroule sur lui-même en cas de danger; il est nocturne et se creuse des terriers. La *Gerboise (fig.* 113) est remarquable par la longueur de ses membres postérieurs; sa queue très longue se termine par un pinceau. C'est un joli

Fig. 112. — *Porc-épic;* long., 50 cm.

animal, agile et sauteur, et commun dans les steppes de l'Afrique du Nord.

Fig. 113. — *Gerboise;* long., 17 cm.

✤ *Le* Cabiai *est le plus gros des Rongeurs; il est aquatique. Le* Chinchilla *est chassé pour sa fourrure. Ces deux animaux sont de l'Amérique du Sud. Le* Porc-épic, *localisé en Asie Mineure, est recouvert de longs piquants. L'élégante* Gerboise, *des steppes d'Afrique, a les membres postérieurs démesurément longs.*

7° ORDRE DES ÉDENTÉS

Type : *Tatou.*

78. Caractères; Fourmilier, Pangolin. — Le *Tatou* et les autres mammifères Édentés sont très mal nommés, car ils ont presque tous des dents; il est vrai que leur dentition est incomplète, mais ils ne sont pas les seuls dans ce cas. Ce qui les distingue, c'est que leurs dents n'ont ni *racines,* ni *émail.* Les Édentés portent en outre des griffes très grandes, disposées pour fouiller le sol (*fig.* 114), et enveloppant la dernière phalange des doigts comme le font les sabots des Ongulés (**80**). Aucun ne vit en Europe; nous citerons dans cet ordre les formes les plus intéressantes.

Le *Fourmilier* ou *Tamanoir* (*fig.* 116) est privé de dents; il est le plus grand des Édentés; sa tête longue et mince, terminée par une bouche presque invisible, peut paraître bizarre, mais l'ensemble est remarquable par la belle fourrure noire retombante et la merveilleuse queue disposée en panache. Sa démarche

Fig. 114. — Crâne et patte *d'Édenté.* (Tatou.)

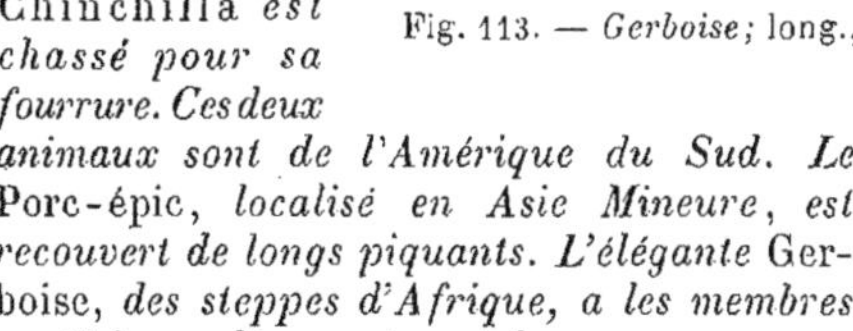

Fig. 115. — *Pangolin;* long., 60 cm.

est lente et ses membres antérieurs s'appuient sur le sol par le bord externe des extrémités; c'est un habitant des steppes de l'Amérique du Sud; il se nourrit de fourmis dont il s'empare en plongeant dans les fourmilières sa langue vermiforme, c'est-à-dire longue et cylindrique, imprégnée de salive gluante. Le *Pangolin* (*fig.* 115) est reconnaissable aux larges écailles cornées et imbriquées qui lui recouvrent le dessus et les côtés du corps, ainsi que la queue. Comme le précédent, il est privé de dents, et se nourrit de fourmis de la même manière. Cet animal, qui habite l'Afrique et les Indes, grimpe assez facilement aux arbres.

✤ *Les* Édentés *sont caractérisés soit par l'absence de dents, soit par des dents privées de racines et d'émail. Le* Fourmilier, *de l'Amérique du Sud, et le* Pangolin, *de l'Afrique et des Indes, n'ont pas de dents. Ils se nourrissent de fourmis; le second est recouvert d'écailles.*

79. Tatous, Paresseux. — Les *Tatous* (*fig.* 118), originaires de l'Amérique du Sud, sont caractérisés par une carapace osseuse recouverte de matière cornée et présentant trois divisions : la tête, la partie antérieure du corps et la partie postérieure portent chacune une carapace; la queue, très petite, est

Fig. 116. — *Fourmilier* ou *Tamanoir;* long., 1 m. 10.

Fig. 117. — *Paresseux;* long., 55 cm.

Fig. 118. — *Tatou;* long., 50 cm.

également cornée. L'ensemble est très flexible durant la vie et permet à l'animal de s'enrouler à la manière des hérissons. Le ventre n'est pas protégé. La tête est conique et plate sur le front; la langue est courte, ainsi que les pattes. Ils sont nocturnes et habitent des terriers. Le *Tatou géant,* qui mesure un mètre de longueur, a 100 molaires dans ses mâchoires, de sorte que c'est un Édenté qui porte le plus de dents de tous les mammifères terrestres.

Les *Paresseux* (*fig.* 117), ainsi appelés de la lenteur de leurs mouvements, sont arboricoles, herbivores, et habitent l'Amérique du Sud. Leur tête est ronde et les articulations du cou permettent à l'animal de la retourner complètement. Les griffes sont énormes et recourbées, ce qui leur facilite la suspension aux branches sans effort; ils restent ainsi suspendus longtemps à des branches horizontales, ayant le dos en bas et en parfaite immobilité.

❀ *Les* Tatous, *originaires de l'Amérique du Sud, ont une carapace flexible; l'espèce géante porte 100 molaires. Dans le même pays, les* Paresseux, *aux mouvements lents, sont arboricoles, herbivores, et se suspendent aux branches à l'aide de leurs énormes griffes.*

8° ORDRE DES PACHYDERMES

Type : *Sanglier.*

80. Caractères des Ongulés. — Tous les animaux que nous avons étudiés portent au bout des doigts des petits ongles ou des griffes; ce sont des *onguiculés* (*fig.* 62, 93, 101 et 114). Nous allons parler maintenant de très nom-

breux herbivores caractérisés par un ou plusieurs grands ongles appelés *sabots* qui enveloppent complètement l'extrémité du ou des doigts ; ces animaux sont des *ongulés.* Les Ongulés ont été divisés d'après le nombre de leurs sabots, car ce nombre est très variable : le cheval ne porte en effet qu'un sabot par pied, le bœuf en porte 2, le rhinocéros 3, l'hippopotame 4, et l'éléphant 5 (*fig.* 119). On a donc formé un premier groupe renfermant toutes les espèces qui ont à chaque pied un nombre *pair* de sabots : c'est le groupe des *Paridigités.* On en a établi un autre pour ceux qui en ont un nombre *impair* : c'est celui des *Imparidigités.* Enfin une troisième division a été réservée aux Ongulés pourvus d'une trompe. Il en est résulté les quatre ordres suivants, annoncés plus haut (**37**), savoir : les *Pachydermes* et les *Ruminants*, qui sont paridigités, puis les *Imparidigités*, et enfin les *Proboscidiens* pour les Ongulés à trompe.

❀ *Les* Ongulés *portent aux pieds de grands ongles ou* sabots; *ceux qui en ont un nombre pair sont des* Paridigités, *comme les Pachydermes et les Ruminants; les autres sont des* Imparidigités, *sauf les Ongulés à trompe, qui sont des* Proboscidiens.

81. Caractères des Pachydermes : Hippopotame. — Le *Sanglier* et les animaux de cet ordre sont d'abord caractérisés par l'épaisseur de leur peau, qui recouvre elle-même une couche de *lard;* cette peau est souvent presque nue. Leur dentition est complète, leurs molaires aplaties (*fig.* 122). Chacun de leurs pieds porte 4 doigts, mais chez l'hippopotame ces quatre doigts sont presque égaux et touchent le

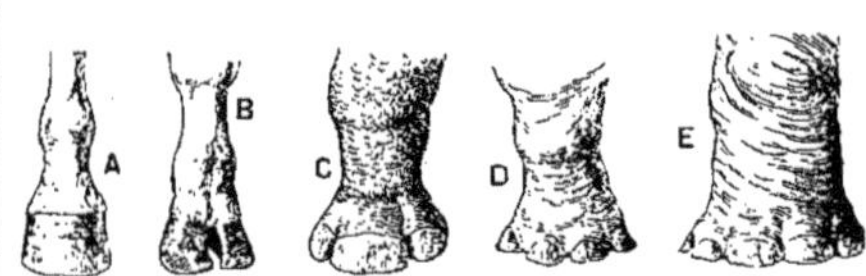

Fig. 119. — Pieds d'*Ongulés :* A, de cheval; B, de bœuf; C, de rhinocéros; D, d'hippopotame ; E, d'éléphant.

sol ; tandis que chez les Porcins tels que le sanglier deux doigts seulement portent à terre, les deux autres étant plus courts (*fig.* 122). Cette différence justifie deux familles : celle des *Hippopotames* et celle des *Porcins*.

L'*Hippopotame* (*fig.* 120 et 121) est un des plus gros mammifères : son poids atteint 2 500 kilogrammes ; c'est un des rares animaux parfaitement laids. Il habite les fleuves du centre de l'Afrique et n'est agile que dans les eaux, car sur la terre il est lourd et paresseux. Ses pieds sont munis, entre leurs 4 doigts ongulés, de petites membranes natatoires ; la queue est très courte. Le cerveau est fort petit, l'ossature de la tête est très développée en avant, formant des maxillaires puissants, armés de fortes dents. Les dents de la mâchoire inférieure sont formidables : les deux incisives internes sont dirigées en avant et obliques ; les canines sont énormes, recourbées en défenses et recouvertes d'émail. Les molaires en sont séparées par un vide analogue à la barre des Rongeurs. L'Hippopotame est herbivore et nocturne. On le chasse pour sa peau.

✿ *Les* Pachydermes *sont caractérisés par l'épaisseur de la peau : ce sont les Hippopotames et les Porcins. L'*Hippopotame *est énorme, ses pieds sont palmés pour la natation, ses canines inférieures sont recourbées en défenses. Il est herbivore, nocturne et habite l'Afrique.*

82. Famille des Porcins. — Les *Porcins* sont caractérisés par les canines supérieures dirigées en haut et contre lesquelles viennent s'user les canines inférieures également dirigées en haut et recourbées en défenses. Ce caractère est des plus visibles chez le sanglier (*fig.* 122) ; il n'y a que chez le pécari qu'il n'existe pas. Le museau est terminé en *groin* ou *boutoir*, c'est-à-dire en une surface arrondie, plate et percée de deux trous qui sont les narines. Ce groin très résistant sert à tous les Porcins pour fouiller la terre et y trouver des éléments de nourriture. Les oreilles sont droites et bien ouvertes, et il est à remarquer qu'elles ne sont tombantes que chez

Fig. 120. — *Hippopotame ;* long., 4 mètres.

Fig. 121. — *Hippopotame du Nil,* bâillant.

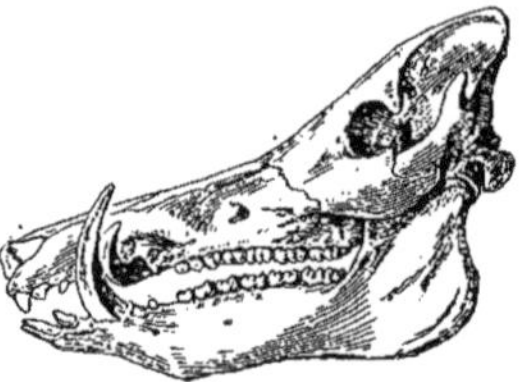

Fig. 122.
Crâne et pied de *Porcin*.
(Sanglier.)

le *Cochon domestique* (*fig.* 127); nous avons déjà fait la même remarque pour le chien (**59**). La peau est garnie de soies très raides. Ces animaux sont nocturnes et omnivores; ils préfèrent les forêts humides et sont nuisibles par leur habitude de retourner la terre des cultures.

Les *Sangliers* (*fig.* 123) occupent l'Europe et l'Asie; celui d'Europe n'est plus répandu comme autrefois; faisant tort à l'agriculture, il a été chassé, décimé, et on ne le rencontre plus en bandes nombreuses. Un Porcin extraordinaire est le *Phacochère*, d'Afrique (*fig.* 124 et 128): ses défenses sont énormes et quatre excroissances verruqueuses ajoutent à la laideur de sa face. Une autre espèce très curieuse de cette famille est le *Babiroussa* (*fig.* 125) des îles Célèbes : ses défenses sont longues et très recourbées; celles qui correspondent à ses canines supérieures viennent lui toucher le front de leurs pointes. Les *Pécaris* (*fig.* 126) sont des Porcins américains. Le *Cochon domestique* (*fig.* 127) descend de différentes espèces de sangliers de l'Ancien conti-

nent; il est élevé pour sa chair, ou plus exactement, pour la totalité de son individu. Il est omnivore dans la plus grande acception du terme, mangeant tout et ne reculant pas devant les aliments les plus grossiers et les plus dégoûtants. Tout ce que l'on retire de sa dépouille n'en est pas moins succulent : jambons, jambonneaux, salé, boudins, andouilles, saucisses, pieds, etc., représentent la préparation des différentes portions de l'animal. Cette industrie très active est la *charcuterie*, qui a pris un grand développement dans tous les pays. Le poil du Cochon sert dans la brosserie.

Fig. 124. — *Phacochère;*
taille du sanglier.

Fig. 125. — *Babiroussa;*
taille d'un petit âne.

Fig. 126. — *Pécari;* long., 70 cm.

Fig. 127. — *Cochon domestique;*
taille variable.

Fig. 123.
Sanglier et ses marcassins ; long., 1 m. 40.

✿ *Les* Porcins *sont caractérisés par leurs canines recourbées en défenses et leur museau terminé en* groin *ou* boutoir. *Le* Sanglier *d'Europe dévaste les cultures; le* Phacochère, *d'Afrique, se distingue par la grosseur de ses défenses et ses énormes verrues; le* Babiroussa *a des défenses très longues. Le* Cochon *domestique est élevé pour sa chair.*

Phot. Gambier Bolton.

Fig. 128. — Tête de *Phacochère*.

9° ORDRE DES RUMINANTS

Type : *Bœuf*.

83. Appareil digestif. — Le caractère principal du *Bœuf* et des autres Ruminants est dans la structure de leur *estomac* qui leur permet de faire remonter à la bouche les aliments avalés. Fréquemment poursuivis par les carnassiers, les Ruminants sauvages ne jouissent guère de la tranquillité, chère aux êtres paisibles; ils sont parfois obligés d'avaler rapidement une assez grande quantité d'herbages, soit en prévision d'une fuite possible, soit dans l'intention d'aller digérer en lieu sûr et abrité. Or, leur estomac (*fig.* 129) est divisé en quatre poches : 1° la *panse*, grand réservoir à parois épaisses qui reçoit les aliments à peine mâchés; ceux-ci y pénètrent par le cardia, et c'est pendant qu'ils s'y ramollissent que le Ruminant va chercher la sécurité nécessaire ; 2° le *bonnet*, petit compartiment dans lequel remonte peu à peu le chargement de la panse avant de parvenir dans la bouche où s'achève la mastication ; 3° le *feuillet*, dans lequel descendent les aliments mâchés devenus presque liquides; en effet, dans cet état, ils ne peuvent plus provoquer l'ouverture du cardia, qui les reconduirait à la panse ; 4° la *caillette*, où est sécrété le suc gastrique et qui correspond à notre estomac. Les Ruminants sont encore remarquables par la longueur de l'intestin, longueur justifiée par la digestion plus lente des végétaux crus et aussi par la grande quantité d'herbe qu'ils doivent absorber; l'intestin du bœuf atteint 40 mètres.

❧ L'estomac des Ruminants *est divisé en quatre poches, dont deux principales : la* panse, *qui est un réservoir pour les herbages insuffisamment mâchés, et la* caillette, *où se produit la digestion stomacale. Avant d'arriver à la caillette les aliments reviennent de la panse dans la bouche pour être complètement mâchés. L'intestin des Ruminants est très long.*

84. Autres caractères; divisions. — En dehors des particularités de leur tube digestif, les Ruminants sont caractérisés par deux doigts à chaque pied, et ces deux doigts sont articulés aux deux

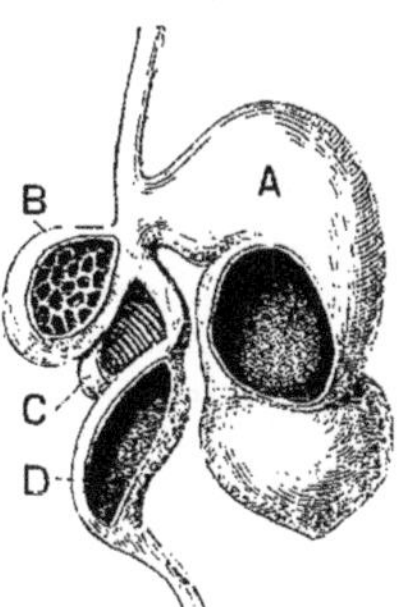

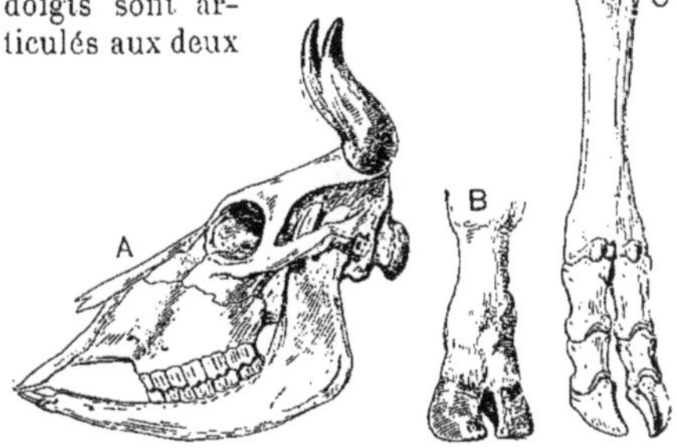

Fig. 129. — Estomac de *Ruminant :*

A, panse; B, bonnet; C, feuillet; D, caillette.

Fig. 130. — A, crâne, et B, pied de *Ruminant* (Bœuf); C, canon.

métatarsiens ou aux deux métacarpiens *sou-dés* et formant un seul os appelé *canon* (*fig.* 130, C) ; cette soudure est invisible ou bien à peine indiquée par une rainure. La dentition est complète chez les Ruminants sans cornes et incomplète chez les autres par l'absence d'incisives et de canines à la mâchoire supérieure (*fig.* 130, A). A la mâchoire inférieure les incisives sont séparées des molaires par une *barre*. L'articulation de la mâchoire est disposée pour lui permettre un mouvement latéral de droite à gauche, mouvement de *meule*, nécessaire à la trituration des végétaux. Tous les Ruminants, sauf les chevrotains et les chameaux, portent des cornes ; il y a trois sortes de cornes, qui vont nous constituer des éléments de classification : les unes, en effet, sont *pleines* et *caduques*, c'est-à-dire tombant périodiquement pour faire place à de nouvelles ; c'est le cas des bois du cerf. D'autres sont *creuses* et *persistantes*, comme chez le bœuf ; d'autres encore sont *pleines, persistantes,* mais très petites et recouvertes par la *peau* comme chez la girafe. Nous allons donc étudier :

1º Famille des *Cervidés :*   Cerf.
2º   —   *Cavicornes :* Bœuf.
3º   —   *Girafidés :*   Girafe.
4º   —   *Camélidés :* Chameau.

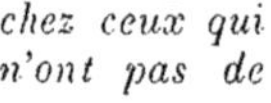

❀ *Les deux métatarsiens et les deux métacarpiens des Ruminants sont soudés en un seul os appelé* canon. *La dentition est complète chez ceux qui n'ont pas de*

Fig. 131. — *Cerf commun;*
long., 2 mètres.

Fig. 132. — *Chevreuil;*
long., 1 m. 10.

Fig. 133. — Attelage de *Rennes*, en Laponie ;
hauteur de l'animal au *garrot,* 1 m. 10.

cornes, et incomplète chez les autres. Leur classification est basée sur la structure de leurs cornes.

85. Cervidés à bois arrondis. — Chez les Cervidés, les cornes pleines ou *bois* n'existent généralement que chez le mâle ; celui-ci possède souvent des canines supérieures. Ces animaux portent des glandes spéciales ou *larmiers* qui sécrètent une matière huileuse et s'ouvrent au-dessous de l'angle interne des yeux. Ils ont les jambes très fines et sont d'excellents coureurs ; on les chasse dans les forêts, où ils sont tous localisés ; ils paraissent assez peu intelligents. Nous parlerons d'abord des Cervidés à *bois arrondis :* Cerfs et Chevreuils.

Le *Cerf commun* (*fig.* 131), que l'on ne détruit qu'avec mesure, afin d'en conserver pour la cruelle chasse à courre, est remarquable par la dureté et les dimensions de ses bois qui tombent et repoussent chaque année avec une branche nouvelle ou *andouiller.* La teinte de l'animal est gris roux, l'organe de l'ouïe est très développé. Des espèces voisines existent en différents pays. Notre *Chevreuil* (*fig.* 132) est de moindre taille ; ses bois, plus petits, ne se ramifient qu'avec l'âge. Il vit en troupes dans les forêts ; sa chair est excellente et supérieure à celle du Cerf.

❀ *Les* Cervidés *ont des cornes pleines et dures appelées* bois, *et qui tombent chaque année; ils sont construits pour*

Fig. 134. — Groupe de *Daims* en demi-liberté; longueur, 1 m. 40.

la course. Le Cerf commun *a de grandes cornes branchues. Le* Chevreuil *en a de petites qui se ramifient avec l'âge. L'un et l'autre vivent dans nos forêts.*

86. Cervidés à bois palmés.

— Ces Cervidés sont représentés par un certain nombre d'espèces. Le *Daim (fig.* 134), disparu d'Europe où il était commun, ne se retrouve plus qu'en demi-liberté dans certaines grandes propriétés; c'est un animal fort gracieux, au pelage tacheté de blanc sur fond roux; ses bois commencent par des andouillers et se terminent largement palmés. Le *Renne (fig.* 133), répandu aux temps préhistoriques dans une grande partie de l'Europe, notamment en France, est maintenant retiré dans les régions polaires; c'est une bête rustique, aux membres forts, aux sabots larges; c'est le seul Cervidé dont la femelle porte des bois. Les bois du Renne sont très irréguliers; leur caractère principal est le retour en avant de l'un des premiers andouillers : celui-ci s'avance au-dessus de la ligne médiane du nez et se termine palmé; il est des plus utiles à l'animal, qui s'en sert pour rejeter la neige du sol à gauche et à droite et atteindre les herbes dont il se nour-

rit. On trouve le Renne à l'état domestique chez les Lapons, qui l'utilisent comme bête de trait pour leurs traîneaux; ils se nourrissent aussi de sa chair et s'habillent de sa peau. Un Cervidé des plus curieux est l'*Élan (fig.* 135), détruit depuis longtemps en Europe centrale et localisé dans le Nord; il est le plus grand de la famille que nous étudions. Ses bois sont très forts, formés d'andouillers à la base et très largement palmés à leur extrémité. A côté de la famille des Cervidés on peut signaler les *Chevrotains,* notamment le *Porte-musc;* cet animal est privé de cornes et habite les montagnes de l'Asie. On le chasse avec activité pour le *musc* qu'il porte dans une poche spéciale, et dont le prix est assez élevé.

Fig. 135. — *Élan;* haut., 1 m. 80.

Fig. 136. — *Chamois;* long., 1 mètre.

Fig. 137. — *Gazelle;* hauteur, 65 cm.

Fig. 138. — *Chèvre;* taille variable.

❀ *Le* Daim *a des bois palmés. Le* Renne *des forêts du Nord est domestiqué par les Lapons. L'*Élan *est le plus grand Cervidé; ses bois palmés sont énormes. Le* Chevrotain porte-musc, *voisin des Cervidés, habite les montagnes d'Asie.*

87. **Cavicornes : Famille des Antilopidés.** — Ce groupe est essentiellement caractérisé

Phot. Gambier Bolton.

Fig. 139. — Antilope *Gnou;* taille du poney.

par des cornes creuses enboîtant chacune une protubérance osseuse du front, et analogues au sabot. Selon les espèces, ces cornes sont l'apanage du mâle ou bien appartiennent aux deux sexes. Le chamois, la chèvre, le mouton, le bœuf font partie de ce groupe, que l'on a divisé en quatre familles, passant parfois insensiblement de l'une à l'autre, et qui sont :

1° Famille des	*Antilopidés :*	Chamois.
2° —	*Capridés :*	Chèvre.
3° —	*Ovidés :*	Mouton.
4° —	*Bovidés :*	Bœuf.

Les *Antilopidés* ont des cornes minces et souvent allongées et n'ont pas de barbe au menton; ils comprennent de très nombreuses espèces, toutes fort belles. Le *Chamois* (*fig.* 136), que l'on appelle *Izard* dans les Pyrénées et dont les cornes petites et noires sont recourbées en arrière, habite les hautes montagnes de l'Europe. Autrefois commun dans les Alpes, il y a beaucoup diminué. Rien n'est plus gracieux que de voir ces animaux traverser en troupe les immenses champs de neige; car si leur corps est un peu massif, leur agilité est très grande. Lorsqu'ils paissent, une vieille femelle surveille les environs et les avertit en cas de danger. On les chasse pour leur peau, utilisée dans l'industrie des gants. Chez la *Gazelle* (*fig.* 137), les cornes sont recourbées en lyre, les yeux grands et doux; c'est un animal fort joli, plus svelte que le chamois; il occupe les steppes de l'Afrique du

Phot. Ch. Reid.

Fig. 140. — *Moutons domestiques* en troupeau; taille variable.

Nord; on l'apprivoise assez facilement. Le *Gnou* (*fig.* 139), du sud de l'Afrique, présente une tête et des cornes de buffle, une crinière de cheval et un corps d'antilope; c'est un animal des plus bizarres et de caractère farouche.

❋ *Les* Cavicornes *ont des cornes creuses et emboîtées sur une protubérance osseuse.* *Les* Antilopidés *sont : le* Chamois, *localisé dans les hautes montagnes; la gracieuse* Gazelle, *qui occupe les steppes de l'Afrique du Nord; et le* Gnou, *qui habite l'Afrique australe.*

88. Familles des Capridés et des Ovidés. —

Les *Capridés* ou *Chèvres* sont caractérisés extérieurement par la barbiche au menton; leur queue est courte et dressée; les deux sexes portent des cornes fortes, recourbées en arrière et aplaties latéralement. Ce sont des animaux très agiles, habitant les montagnes et sautant de rocher en rocher avec une grande facilité. Il existe plusieurs espèces de chèvres en divers pays. La *Chèvre domestique* (*fig.* 138) ou « vache du pauvre » est un animal fort utile aux pauvres gens à qui il fournit son lait, mais qu'il faut surveiller lorsqu'il cherche sa nourriture, car il aime les jeunes pousses et peut contribuer au déboisement des montagnes. Certaines espèces d'Asie donnent une laine très estimée : la chèvre de *Cachemire* notamment. A côté des chèvres, il faut signaler les *Bouquetins*, remarquables par la grosseur de leurs cornes arquées et l'absence de barbe. Ils habitent la partie orientale de la chaîne des Alpes. Les *Mouflons* (*fig.* 141) se rapprochent des moutons; ce sont le *Mouflon à manchettes* de l'Atlas et le *Mouflon d'Europe*, que l'on trouve encore en Corse et en Sar-

Fig. 141. — *Mouflons :*
A, de Corse, longueur, 1 m. 20 ; B, d'Asie, taille d'un fort poulain ; C, à manchettes de l'Atlas, hauteur, 1 mètre.

daigne. La première espèce est caractérisée par une sorte de crinière qui débute avec la barbe, recouvre le poitrail et habille les membres antérieurs. Les cornes des mâles sont très

Fig. 142. — *Buffle d'Europe*; hauteur au garrot, 1 m. 75.

grosses et recourbées ; ils habitent les montagnes escarpées.

Les *Ovidés* ou *Moutons* n'ont pas de barbe, leurs jambes sont grêles, leurs cornes sont plus ou moins enroulées et appartiennent généralement aux deux sexes. Notre *Mouton domestique* (*fig.* 140), complètement abruti par l'élevage, ne donne aucune idée des espèces sauvages, qui sont intelligentes. L'homme l'élève pour son alimentation; il fait de la chair de cet animal une consommation énorme; il lui soustrait aussi sa laine pour en faire des tissus avec lesquels il se vêt. La race la plus estimée à ce point de vue

Fig. 143. — *Bison d'Amérique*; hauteur, 1 m. 85.

Fig. 144. — A, *Yack*; hauteur, 1 m. 50; B, *Bœuf musqué*; hauteur, 1 m. 60.

est le *Mérinos* (*fig.* 187), originaire d'Espagne.

✤ *Les* Capridés *ou* Chèvres *portent une barbiche au menton et affectionnent les montagnes ; le* Bouquetin *existe encore dans les Alpes orientales; le* Mouflon *porte une abondante crinière. Les* Ovidés *ou* Moutons *n'ont pas de barbe.*

89. Famille des Bovidés : Buffle, Bison. —

Les *Bovidés* ont des cornes très fortes, lisses, et à section circulaire ; ce sont les plus trapus des Cavicornes; leur front est très large, leur museau est nu, leur queue est longue et terminée par un pinceau; ils vivent en troupeaux nombreux. Ce groupe présente une espèce de passage au groupe des Moutons : c'est le *Bœuf musqué* (*fig.* 144, B). Il comprend en outre le buffle, le bison, le yack, le zébu, et le bœuf domestique. Le *Buffle* d'Europe (*fig.* 142) est originaire des Indes ; il s'est répandu en Égypte, où il est domestiqué. En Italie, il affectionne les régions marécageuses; il n'y est qu'à demi sauvage, car on utilise parfois sa force musculaire pour le labourage des terres. Sa peau fournit un cuir très résistant. Le *Bison* a le front très bombé et des cornes petites ; l'espèce d'Europe répandue naguère en Russie peut être considérée comme disparue. L'espèce américaine est le *Bison d'Amérique* (*fig.* 143), dont les troupeaux innombrables arrêtèrent parfois la marche des trains de chemin de fer. Une crinière épaisse recouvre la tête et toute la partie antérieure du corps, une bosse plus développée que chez l'espèce européenne repose sur les épaules. Les chasseurs ont fait de cet animal une effrayante consommation ; il a été traqué et massacré partout. Sa chair est excellente, son cuir de bonne qualité.

✤ *Les* Bovidés *sont trapus, avec front large et museau nu : le* Buffle *est domestiqué en Égypte et à demi sauvage en Italie; sa peau fournit un cuir résistant. Le* Bison *d'Amérique porte une bosse et une épaisse crinière ; il est devenu assez rare.*

90. Yack, Zébu, Bœuf. —

Le *Yack* (*fig.* 144, A) est le plus long des Bovidés; il se distingue par sa longue crinière et ses manchettes soyeuses ;

cette toison qui pend tout le long du corps est complétée par la queue, également longue et touffue. Il habite les montagnes du Tibet et préfère une altitude élevée de 4 000 à 6 000 mètres. Les Tibétains l'utilisent comme bête de somme, ce qui le met à l'abri de la disparition complète. Le *Zébu,* appelé aussi *bœuf à bosse* (*fig.* 146), est originaire des Indes ; il est répandu dans ce pays, puis dans certaines parties de l'Afrique et à Madagascar. Partout il est plus ou moins domestiqué et utilisé comme bête de somme ou de trait, puis comme monture, car il galope comme le cheval. Enfin, sa chair est de bonne qualité. Quant au *Bœuf domestique* (*fig.* 145), répandu en Europe et si soigneusement amélioré en France, en Angleterre, etc., il paraît descendre de l'*Aurochs,* très commun au temps de l'homme préhistorique ; mais il est évidemment le résultat de différents mélanges. L'homme a obtenu par des croisements de fort belles races élevées dans un but d'alimentation, car la chair de cet animal est de première qualité. La vache est précieuse par son lait.

❧ *Le* Yack *habite les hautes montagnes du Tibet ; c'est la bête de somme de ce pays. Le Zébu ou* bœuf à bosse *est bête de somme aux Indes, il est élevé pour sa chair à Madagascar. Le Bœuf domestique fournit des races précieuses pour l'alimentation.*

Fig. 146.

Zébu ; hauteur, 1 m. 25.

Fig. 147.

Okapi ; long., 2 mètres.

91. Famille des Girafidés. — Cette famille ne comprend qu'un genre et qu'une espèce : la *Girafe* (*fig.* 148). La tête de cet animal est fort petite ; elle est couronnée par deux cornes velues et se termine en avant par des lèvres mobiles aptes à cueillir le feuillage des arbres avec la collaboration active de la langue, qui est très longue. Ses yeux sont grands et doux ; sa dentition est celle des Cavicornes. Le cou est démesurément long ; mais, comme nous l'avons dit plus haut pour tous les Mammifères (**23**), il ne compte, malgré ses dimensions, que 7 vertèbres, ce qui le fait peu

Fig. 145. — *Bœuf domestique ;* taille variable.
(Race normande.)

Fig. 148. — *Girafes ;*
hauteur totale, 5 m. 50.

Fig. 149. — *Dromadaire;* hauteur, 2 m. 20.

Fig. 150. — *Chameau;* hauteur, 2 m. 25.

flexible. Le corps s'incline d'avant en arrière. La Girafe marche l'*amble,* c'est-à-dire qu'elle déplace en même temps ses deux pieds droits ou ses deux pieds gauches. La teinte de sa robe est jaune sur le dos, blanche sous le ventre. Ce Ruminant habite le centre et le sud de l'Afrique, où il est devenu plus rare, car il a été décimé par les chasseurs. Il ne peut saisir les végétaux du sol qu'en écartant largement ses jambes antérieures. La girafe ne vit pas longtemps en captivité.

On a découvert au Congo, en 1900, un animal assez curieux, l'*Okapi* (*fig.* 147), dont le cou très long et la langue préhensile rappellent la girafe et dont les jambes sont ornées de bandes analogues à celles du zèbre. Il n'a pas de cornes et ne porte ni incisives, ni canines à la mâchoire supérieure. Son squelette présente beaucoup de rapports avec celui de l'*Helladotherium,* animal fossile trouvé en Grèce.

✿ *La* Girafe *porte des cornes très petites et velues; son cou est très long, sa langue préhensile; elle marche l'amble et habite l'Afrique. L'*Okapi, *récemment découvert au Congo, se rapproche de la Girafe.*

92. Famille des Camélidés : Chameaux. —

Ces animaux se distinguent par des sabots très peu développés qui laissent aux pieds une grande souplesse; ensuite les doigts reposent horizontalement : il en résulte une largeur du pied qui permet au chameau de marcher sur le sable du désert sans s'y enfoncer; ils sont encore caractérisés par une dentition complète et par l'absence de cornes. Les Camélidés comprennent les *Chameaux* et les *Lamas.*

Les *Chameaux* sont des modèles de courage, de sobriété, d'endurance : leur front est bombé, leurs larges narines s'ouvrent avant l'extrémité du museau et leurs lèvres sont longues et pendantes; le cou est assez long. Le corps, relativement court, est surmonté d'une ou deux masses graisseuses connues sous le nom de *bosses;* on reconnaît le bon état de ces animaux à la fermeté de leur bosse. Les jambes ont des articulations noueuses, les genoux portent des callosités. L'estomac ne présente que trois poches, à cause de la fusion du feuillet et de la caillette; le grand développement de la panse, qui est munie de plus de 800 cellules pouvant contenir de l'eau, explique la faculté qu'ils présentent de rester plusieurs jours sans boire.

Cette famille comprend deux espèces : le *Chameau à deux bosses,* de l'Asie Centrale, et le *Chameau à une bosse* ou *Dromadaire,* qui habite l'Afrique du Nord et l'Asie Mineure; ces animaux sont partout domestiqués. Le *Chameau à deux bosses* (*fig.* 150) est utilisé comme bête de somme; les hivers assez rigoureux qu'il subit expliquent sa fourrure plus épaisse. Le *Dromadaire* (*fig.* 149) est représenté par plusieurs races; la plus estimée au Sahara est employée comme monture : c'est le *méhari* des Touareg; ses jambes sont fines et sa course rapide. D'autres races servent au labourage (*fig.* 180) ou bien comme bêtes de somme; sans ces merveilleux auxiliaires, les caravanes ne pourraient faire aucun trafic à travers le désert.

✿ *Les* Camélidés *n'ont pas de cornes. Les* Chameaux *ont un estomac disposé pour contenir une provision d'eau, ce qui explique leur*

Fig. 151. — *Alpaca;*
haut. au garrot, 1 mètre.

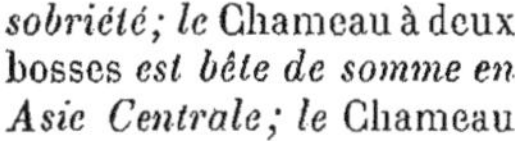

Fig. 152. — *Lama;* haut., 75 cm.

Fig. 153. — *Vigogne;* haut., 70 cm.

sobriété; le Chameau à deux bosses *est bête de somme en Asie Centrale; le* Chameau à une bosse *ou* Dromadaire, *de l'Afrique, est la monture des Touareg et la bête de somme des caravanes.*

93. Lamas. — Les Lamas sont de plus petite taille que les chameaux; ils n'ont pas de bosse, leurs jambes sont plus grêles, leur fourrure est plus abondante; ils habitent l'Amérique du Sud. Le *Lama* proprement dit (*fig.* 152) est employé comme bête de somme pour traverser la Cordillère; c'est un animal fort doux lorsqu'il est bien traité; la chair des jeunes est estimée. L'*Alpaca* ((*fig.* 151) est un peu moins grand; il intéresse l'industrie par sa laine fine et soyeuse; aussi fait-il l'objet d'un élevage qui lui permet de vivre à demi sauvage sur les hauts plateaux durant la plus grande partie de l'année. Quand vient l'époque de tondre ces animaux, ce n'est qu'avec de très grandes peines que l'on arrive à les rassembler. La *Vigogne* (*fig.* 153) vit à l'état sauvage à une altitude voisine de 4 000 mètres; c'est une espèce très agile, plus petite encore que les précédentes et chassée pour la belle qualité de sa laine.

✽ *Les* Lamas *sont des Camélidés de petite taille, sans bosse, et à fourrure; ils habitent l'Amérique du Sud. Le* Lama *proprement dit est la bête de somme des Cordillères; l'Alpaca et la* Vigogne *sont estimés pour la qualité de leur laine.*

10° ORDRE DES IMPARIDIGITÉS

Type : *Cheval.*

94. Famille des Équidés. — Le *Cheval* et les animaux de l'ordre des Imparadigités sont caractérisés par le nombre impair des doigts; ce sont des herbivores, comme le Tapir, le Rhinocéros et le Cheval. Aussi les a-t-on divisés en 3 familles, qui sont :

1° Famille des *Équidés :*   Cheval.
2°   —   *Tapiridés :*   Tapir.
3°   —   *Rhinocéridés :* Rhinocéros.

Les membres de la famille des Équidés sont caractérisés par un seul doigt à chaque pied; leurs jambes sont longues et fines; ils sont construits pour la course. La tête est allongée et aplatie sur les côtés et sur le front (*fig.* 154); le cerveau est petit, le cou assez long est fort; le poil très court et serré. Ils portent une crinière et leur queue est ornée d'une grosse touffe de crins. Les Équidés ont

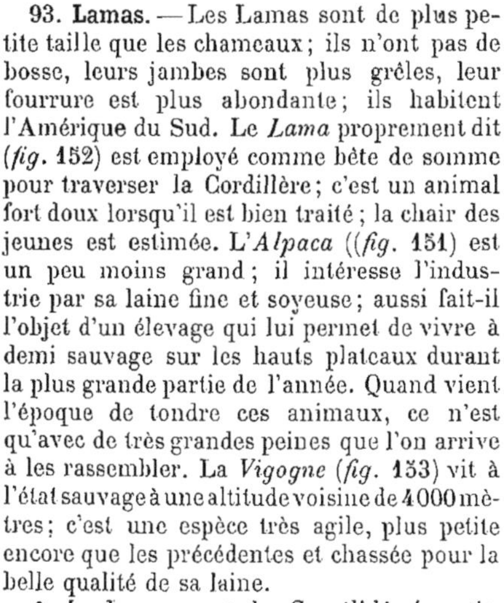

Fig. 154.
Crâne et pied d'*Équidé* (Cheval).

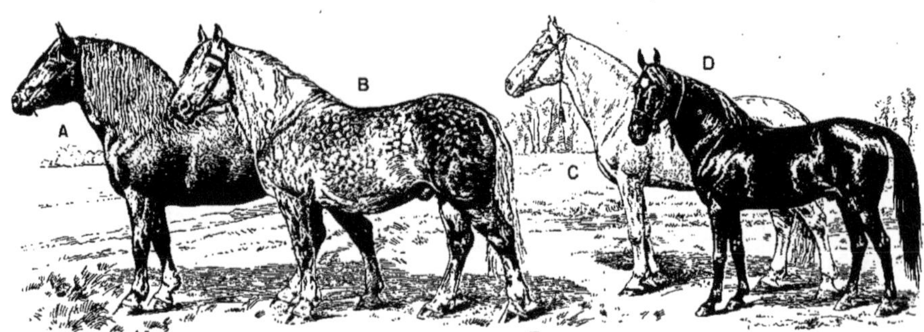

Fig. 155. — Chevaux de *trait* : A, ardennais; B, percheron; C, trotteur Orloff.
Cheval de *selle* : D, arabe; hauteur au garrot, 1 m. 60 à 2 mètres.

la dentition complète, ils portent 6 incisives coupantes à chaque mâchoire et des canines; une *barre* assez longue sépare ces dents des molaires ; ces dernières présentent à leur surface des saillies contournées et émaillées qui facilitent l'écrasement des aliments. Les incisives s'usent avec l'âge et leur degré d'usure est assez régulier pour permettre de reconnaître l'âge du cheval jusqu'à 10 ans. La section de la dent présente, en effet, une couronne entourant une sorte de cavité ou *cornet dentaire* qui va se rétrécissant; l'âge de l'animal est donc d'autant plus avancé que la section du cornet apparaît plus étroite (*fig.* 156). Dans le pied de ces animaux, le canon, formé en avant par le métacarpe et en arrière par le métatarse, est très volumineux; il porte les 3 phalanges du doigt unique; la dernière phalange s'élargit de façon à collaborer au remplissage du sabot. Nous allons successivement dire quelques mots des espèces suivantes : cheval, âne, mulet, zèbre.

✽ *Les* Imparidigités *sont caractérisés par le nombre impair des doigts. Les* Équidés *ont un*

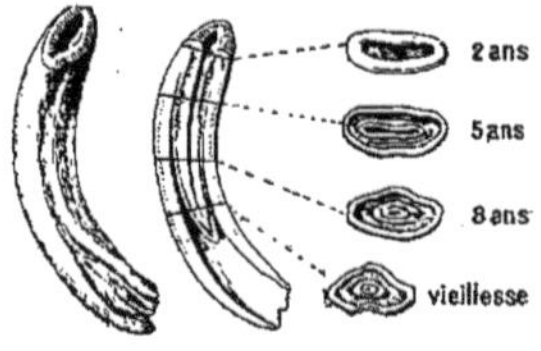

Fig. 156. — Incisive de cheval, et coupe montrant les sections d'usure.

seul doigt à chaque pied ; leurs jambes longues et fines sont construites pour la course ; ils portent une crinière et une queue touffue. On reconnaît leur âge à l'usure de leurs incisives.

93. Cheval. — Les chevaux sauvages, maintenant très localisés, vivent en troupeaux dans les pays de plaines; ils y trouvent les vastes étendues qui leur plaisent, ainsi que leur nourriture. Ces animaux montrent lorsqu'ils sont attaqués un grand courage : ils entourent leurs poulains pour les protéger, ou bien les font fuir devant eux. Il en existe encore en Amérique (*fig.* 33) et en Asie centrale. Ce bel animal, fait pour la liberté entière et les grands espaces, l'homme l'a volé à la Nature et en a fait un martyr : à peine est-il né, qu'il l'attache entre les deux brancards d'un véhicule quelconque, et c'est entre ces deux brancards qu'il doit subir une vie de mauvais traitements, une vie de souffrances, et qu'il mourra d'épuisement. L'égoïsme de l'homme a des effets singulièrement abominables. Pour l'usage que l'on en veut faire, on divise les races de chevaux en trois catégories, qui sont : le *cheval de selle* pour la cavalerie, le *cheval de trait léger* pour les petites voitures, et le *cheval de gros trait* pour le gros transport. Les races sont très nombreuses (*fig.* 155); en France, les plus estimées sont les races boulonnaise, ardennaise, bretonne, percheronne, normande. A l'étranger, les races arabe

Fig. 157. — *Ane domestique;* hauteur, 1 m. 50.

Fig. 158. — *Mulet;* hauteur, 1 m. 65.

et anglaise sont remarquables. Les plus belles races sont élevées dans des *haras :* ces établissements comportent de bons pâturages dans lesquels les chevaux reçoivent des soins en rapport avec les services que l'on exigera d'eux ; c'est l'âge d'or auquel succède l'ère des coups de fouet.

❁ *Les* Chevaux *sauvages vivent en troupeaux dans des plaines d'Asie centrale et d'Amérique. L'homme en a obtenu des races de* selle *et de* trait *dont beaucoup ont une assez grande valeur. Les jeunes sont élevés dans des établissements appelés* haras.

96. Ane, Mulet, Zèbre. — L'Ane se distingue facilement du cheval par ses grandes oreilles, sa tête moins fine, sa queue osseuse plus longue, sa plus petite taille; son pelage est généralement gris ou brunâtre ; deux bandes plus foncées et croisées dessinent une croix sur ses épaules. Notre *Ane domestique* (*fig.* 157) paraît descendre de l'âne d'Égypte et d'Abyssinie. Il est sobre, patient, résigné et perpétuellement battu; c'est le « cheval du pauvre », et le pauvre, qui cependant connaît le mieux la souffrance, n'en manifeste pas plus de commisération pour la pauvre bête : l'âne aussi est un martyr. On l'utilise comme animal de *trait* dans les pays plats et comme *bête de somme* dans les pays montagneux.

Le *Mulet* (*fig.* 158) ne représente pas une *espèce :* c'est le produit du croisement de l'âne et de la jument. Il réunit les qualités de ces deux animaux, car sa force égale celle du cheval ; sa sobriété égale celle de l'âne et son endurance est des plus remarquables. Nous trouvons encore deux types : celui de *trait* et celui

de *bât ;* ce dernier est plus svelte; il fait la bête de somme, son pied est solide et sûr dans les sentiers les plus mauvais, et même au bord des précipices. Le *Zèbre* (*fig* 159) est remarquable par la beauté de sa robe; il est entièrement tigré de bandes noires sur fond clair; Ses jambes sont ornées de petits anneaux noirs jusqu'au sabot. Il vit dans les régions montagneuses de l'Afrique méridionale.

❁ *L'Ane, aux grandes oreilles, est plus petit que le cheval; il est patient et courageux. Le Mulet résulte du croisement de l'âne et de la jument dont il possède les qualités réunies. Le Zèbre habite l'Afrique du Sud.*

Fig. 159. — *Zèbre;* hauteur, 1 m. 40.

Fig. 160. — *Tapir du Brésil.*

97. Tapir, Rhinocéros. — Le *Tapir du Brésil* (*fig.* 160) a une petite trompe très mobile qui constitue pour lui un organe de tact. Il est massif, a le front bombé, les jambes assez courtes et le ventre gros, il porte 4 doigts en avant et trois en arrière : c'est une forme de transition. Il recherche les forêts marécageuses, est bon nageur, paisible et nocturne. Il est chassé pour sa chair qui est excellente et pour sa peau dont on fait du cuir.

Les Rhinocéridés sont appelés *nasicornes*, à cause de la présence d'une ou deux cornes sur le nez de ces animaux. Les Rhinocéros sont énormes et lourds ; leurs jambes sont courtes avec des pieds à 3 doigts égaux ; leur peau est extrêmement épaisse et comporte de gros replis qui dessinent les principales divisions du corps. La corne nasale est très épaisse à la base, pleine et résistante : c'est un instrument puissant pour arracher les arbres et une arme terrible pour éventrer l'ennemi, quelles que soient sa taille et sa force. La lèvre supérieure est longue et préhensile ; les canines manquent et une barre sépare les incisives des molaires. Le *Rhinocéros d'Afrique* porte deux cornes (*fig.* 162), l'une étant située derrière l'autre. Une variété de cette espèce préfère habiter les régions de steppes ; sa corne antérieure peut

Fig. 161. — *Rhinocéros unicorne;* long., 3 m. 50.

Fig. 162. — *Rhinocéros bicorne;* long., 3 mètres.

atteindre 1 mètre de longueur. Le *Rhinocéros d'Asie* habite les Indes, il n'a qu'une corne (*fig.* 161). Sa peau est plus épaisse ; on en fait des boucliers et de solides lanières.

❀ *Le* Tapir *du Brésil porte une petite trompe mobile. Les* Rhinocéros *ont une peau très épaisse et des jambes courtes; la lèvre supérieure est préhensile. L'espèce* d'Afrique *porte sur le nez deux cornes; l'espèce* d'Asie *n'en porte qu'une.*

11° ORDRE DES PROBOSCIDIENS

Type : *Éléphant.*

98. Caractères principaux. — Voici des animaux qui nous rappellent les mammifères monstres dont on ne retrouve plus que les restes fossiles : ce sont les *Éléphants.* Leur taille est énorme ; ils sont massifs, leurs membres ressemblent à des colonnes, leurs doigts sont invisibles extérieurement, leurs pieds sont des masses charnues portant en avant 5 sabots aplatis. Le développement extraordinaire de leur nez forme une trompe ou *proboscis*, qui constitue un organe de préhension et de tact; cette trompe est percée dans toute sa longueur de deux tubes dont les orifices sont les narines; elle se termine par une sorte de petit doigt charnu, mobile et

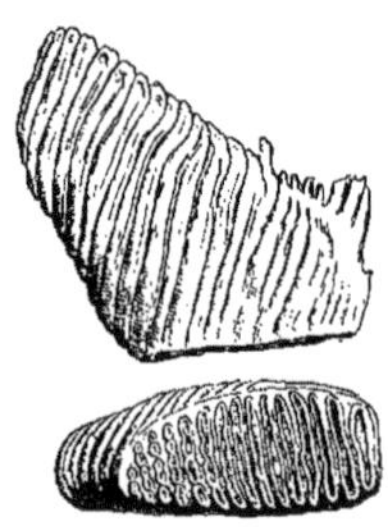

Fig. 163. — *Molaire* d'éléphant avec les saillies émaillées de la surface travaillante.

préhensile. La dentition est incomplète par absence totale de canines, puis par absence d'incisives à la mâchoire inférieure; des défenses d'ivoire, très développées chez les mâles, représentent les deux incisives de la mâchoire supérieure. Les molaires, au nombre de 4, sont énormes; leur surface travaillante atteint une longueur de 0ᵐ,40 sur 0ᵐ,10 de largeur (*fig.* 163); elles s'usent avec le temps et sont remplacées par de nouvelles, d'arrière en avant. La peau est très épaisse, plissée, clairsemée de gros poils. Ces animaux vivent en troupes, préférant les forêts et recherchant le voisinage de l'eau; ils sont essentiellement herbivores, s'attaquent à différents arbres et causent des dommages considérables; lorsqu'une région forestière est ainsi détruite, ils émigrent vers d'autres lieux. En dehors de cet inconvénient, ils sont pacifiques, vivent entre eux paisiblement, montrant une grande sollicitude pour les jeunes. Les troupeaux sont guidés par un vieux mâle qui veille à la sécurité générale avec toutes les ressources de son expérience. Il existe deux espèces d'éléphants bien différenciées : l'*Éléphant d'Afrique* et l'*Éléphant des Indes*.

✿ *Les membres des* Proboscidiens *ressemblent à des colonnes. Leur nez est une* trompe *longue et puissante; leurs incisives très développées forment de grandes défenses d'ivoire. Ils vivent en troupes, guidées par un vieux mâle.*

99. Éléphants d'Afrique et des Indes.

— L'*Éléphant d'Afrique* (*fig.* 165) est le

Phot. Gambier Bolton.

Fig. 164. — *Éléphant des Indes;* hauteur, 3 à 4 mètres.

plus gros des mammifères terrestres; il habite les parties centrale et méridionale de ce continent. Son front est plat, ses oreilles très grandes lui servent souvent d'éventails, ses défenses sont énormes et peuvent atteindre chacune un

Phot. Ch. Reid.

Fig. 165. — *Éléphant d'Afrique;* hauteur, 3 m. 50 à 4 m. 50.

Fig. 166. — Troupeaux d'*Éléphants sauvages* qui viennent d'être *capturés* et poussés dans un enclos où des Éléphants dressés les tiennent en respect. (La scène se passe au Siam.)

poids de 50 kilos. Cet animal n'est pas domestiqué, il ne vit qu'à l'état sauvage et il est l'objet d'une chasse exagérée à cause de son ivoire. Cette substance donne lieu à un commerce très actif, dont l'avenir est naturellement lié à l'existence de l'animal ; or, ce dernier, perpétuellement traqué, décimé, diminue énormément et est appelé à disparaître complètement de l'Afrique. L'*Éléphant des Indes* (*fig.* 164) est un peu moins gros ; son front est fortement bombé, ses oreilles sont plus petites, ses défenses moins développées. On ne le détruit pas, on en fait un animal domestique des plus précieux : c'est une bête de somme pour le gros transport, patiente, intelligente, et sachant accomplir adroitement la besogne qui lui est demandée (*fig.* 167). Malheureusement, on ne peut pas compter sur la reproduction de ces animaux et c'est aux troupeaux sauvages qu'il faut aller en emprunter pour remplacer les pertes de la domestication (*fig.* 166). On s'en empare avec mille difficultés ; une fois liés à un arbre solide, on les mate en les privant de nourriture et en les entourant d'éléphants domestiques qui font leur éducation. L'Éléphant des Indes habite toute l'Asie tropicale au sud de l'Hima-

Fig. 167. — *Éléphant des Indes* travaillant à déplacer des madriers.

laya, l'île de Ceylan et les îles de la Sonde. *L'Éléphant d'Afrique* est le plus gros des mammifères terrestres ; son front est plat, ses oreilles très grandes, ses défenses énor-

mes ; il vit à l'état sauvage et est chassé pour son ivoire. L'Éléphant des Indes a le front très bombé et des oreilles plus petites ; il est domestiqué comme bête de somme.

VIII. — TABLEAU-RÉSUMÉ DES ONGULÉS.

	ORDRES.	FAMILLES.	SUBDIVISIONS.	EXEMPLES.
Nombre *pair* de doigts.	PACHYDERMES. Peau épaisse, dentition complète.	**Hippopotamidés,** 4 doigts égaux	1.	1. *Hippopotame.*
		Porcins, 4 doigts, dont 2 petits	2.	2. *Cochon, Sanglier.*
	RUMINANTS. Estomac *composé ;* 2 doigts principaux portés par le *canon ;* dentition incomplète chez ceux qui ont des *cornes.*	**Cervidés,** Cornes pleines caduques ou *bois.*	à bois arrondis	3. *Cerf, Chevreuil.*
			à bois palmés	4. *Daim, Renne.*
		Cavicornes, Cornes creuses persistantes.	Antilopidés	5. *Chamois, Gazelle.*
			Capridés	6. *Chèvre, Mouflon.*
			Ovidés	7. *Mouton.*
			Bovidés 8.	8. *Bœuf, Yack, Zébu.*
		Girafidés, Cornillons pleins, persistants.	9. *Girafe.*	
		Camélidés, Pas de cornes ; estomac à 3 poches, dentition complète.	de l'Ancien continent. 10.	10. *Chameau.*
			du Nouveau continent	11. *Lama, Vigogne.*
Nombre *impair* de doigts.	IMPARIDIGITÉS. 1 ou 3 doigts.	**Équidés,** 1 doigt 12.		12. *Cheval, Ane, Zèbre.*
		Tapiridés, 4 doigts en avant, 3 en arrière		13. *Tapir.*
		Rhinocéridés, 3 doigts égaux 14.		14. *Rhinocéros.*
	PROBOSCIDIENS. 5 doigts ; nez prolongé en *trompe.*	15.		15. *Éléphant.*

12ᵉ ORDRE DES CÉTACÉS

Type : *Baleine.*

100. Caractères principaux. — La Baleine et les autres Cétacés sont des mammifères essentiellement marins. Ils sont *pisciformes,* c'est-à-dire à forme de poisson ; leurs membres antérieurs (*fig.* 168) sont disposés pour la natation ; ils n'ont pas de membres postérieurs.

La queue a la forme de celle des poissons, mais, au lieu d'être un gouvernail vertical, elle est horizontale. Leur peau est nue et

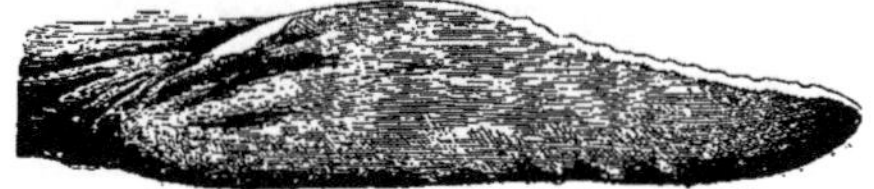

Fig. 168. — *Membre-nageoire de cétacé.*

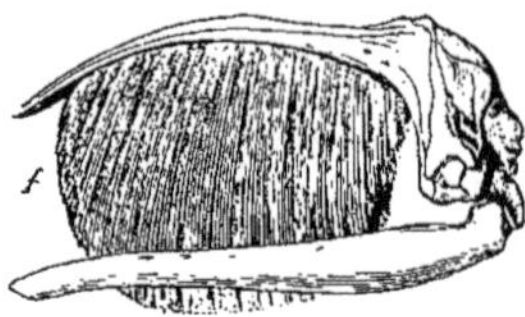

Fig. 169. — Crâne de baleine, avec les *fanons* f.

Fig. 171. — *Dauphin;* long. totale, 2 m. 50.

leurs narines ou *évents* s'ouvrent au milieu du front. Leurs mamelles sont *abdominales*. Malgré leur respiration pulmonaire, les Cétacés ne peuvent vivre hors de l'eau et ceux qui échouent sur un rivage ne savent pas y retourner et meurent infailliblement. Il faut signaler en outre l'absence d'oreilles externes et l'extrême petitesse des yeux. Une disposition particulière des fosses nasales et du larynx permet aux Cétacés de respirer en plaçant leurs évents à fleur d'eau et de se nourrir dans l'eau sans que ce liquide pénètre dans les voies respiratoires. Les yeux, toujours latéraux, sont placés plus ou moins en arrière; c'est ainsi que ceux de la baleine sont situés au coin de la bouche. Le cerveau est très petit, relativement à la masse du corps. Le système circulatoire est conformé pour permettre aux Cétacés de rester jusqu'à dix minutes sous l'eau sans respirer. Chaque fois qu'ils reviennent à la surface, ils rejettent violemment l'acide carbonique de leurs poumons par leurs évents et, comme ce gaz est mélangé de vapeur d'eau, il produit de loin l'effet de jets liquides; c'est à cause de cette expiration particulière que l'on désigne ces animaux sous le nom de *souffleurs*. Tous les Cétacés vivent en troupes, et sont carnivores. Les uns ont des *dents*, comme le Marsouin; les autres en sont privés, ce qui est le cas de la Baleine. Chez celle-ci, les dents sont remplacées par un système de lames cornées, ser-

rées les unes près des autres, et appelées *fanons* (*fig.* 169); ces lames constituent une sorte de tamis à l'aide duquel l'animal crible sa nourriture. Nous allons étudier ces deux groupes.

Les Cétacés *ont la forme du poisson et sont nus; leurs mamelles sont abdominales; ils n'ont que deux membres antérieurs, disposés en nageoires. Leur queue est horizontale. Leurs narines ou évents s'ouvrent au milieu du front; c'est par les évents qu'ils expirent l'acide carbonique et la vapeur d'eau de leurs poumons. Ils sont tous carnivores; les uns ont des dents, les autres des fanons.*

101. Cétacés à dents. — Parmi les animaux de ce groupe, on remarque le dauphin, le marsouin, le cachalot et le narval. Le *Dauphin commun* (*fig.* 171), répandu dans la Méditerranée, a le front bombé et le museau enforme de bec aplati; sa nageoire dorsale est assez grande; ses petites dents coniques peuvent atteindre le nombre de 200. Il détruit un grand nombre de poissons, notamment le hareng et le maquereau. Le *Marsouin* (*fig.* 170), commun sur les côtes de France, habite l'Océan et les mers septentrionales; il remonte parfois le cours des fleuves pour varier sa nourriture; ses dents tranchantes sont au nombre de 100. C'est un animal fort nuisible, qui vient chercher le poisson jusque dans les filets des pêcheurs; c'est à sa voracité que l'on attribue la diminution des sardines sur nos côtes. Ainsi que le dauphin, il s'amuse à suivre les navires, occupant l'attention des passagers par ses bonds et ses mouvements gracieux; il est chassé pour l'huile que l'on en extrait.

Le *Cachalot* habite principalement l'Océan Pacifique; il est remarquable par l'énormité de sa tête et de son corps. La mâchoire inférieure est garnie de fortes dents d'ivoire coniques. On chasse le Cachalot pour obtenir

Fig. 170. — *Marsouin;* long. totale, 2 mètres.

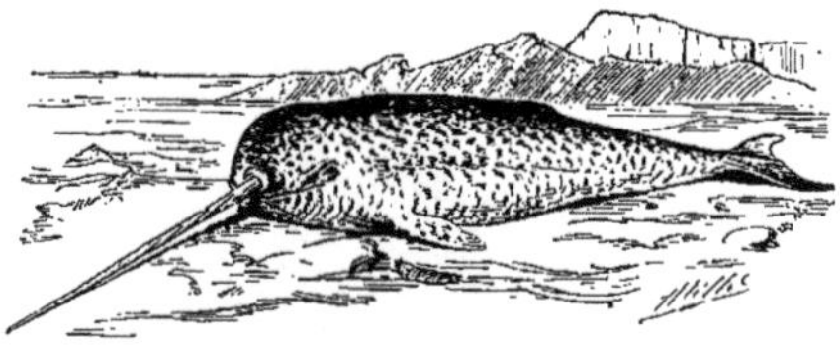

Fig. 172. — *Narval*; long. totale, 5 mètres.

une sorte de graisse liquide que l'on recueille dans son crâne et qui fournit le produit improprement nommé *blanc de baleine*. On retire également de l'huile du lard de cet animal et, enfin, c'est dans ses intestins que l'on trouve l'*ambre gris* concrétionné, résidu digestif dont la présence est due aux mollusques céphalopodes (**204**) dont il se nourrit. Le *Narval* (*fig.* 172) est caractérisé par l'absence complète de nageoire dorsale et par sa dentition. Le mâle ne porte que deux dents à la mâchoire supérieure; la femelle n'en porte aucune. La dent gauche du mâle se développe ordinairement pour former une longue et puissante défense d'ivoire absolument droite, ce qui entraîne une asymétrie assez curieuse de la face ; c'est sur cet organe que s'est édifiée autrefois la légende de la *licorne*. Alors que les Cétacés sont tous noirâtres, le Narval est blanchâtre avec taches brunes ; il vit en troupes dans les mers du Nord.

❀ *Le* Dauphin *de la Méditerranée et le* Marsouin *des côtes de France sont agiles et nuisibles. L'énorme* Cachalot *de l'Océan Pacifique porte à la mâchoire inférieure de fortes dents d'ivoire; son crâne fournit le* blanc de baleine. *Le* Narval *des mers du Nord est armé d'une longue défense d'ivoire qui est une dent très développée.*

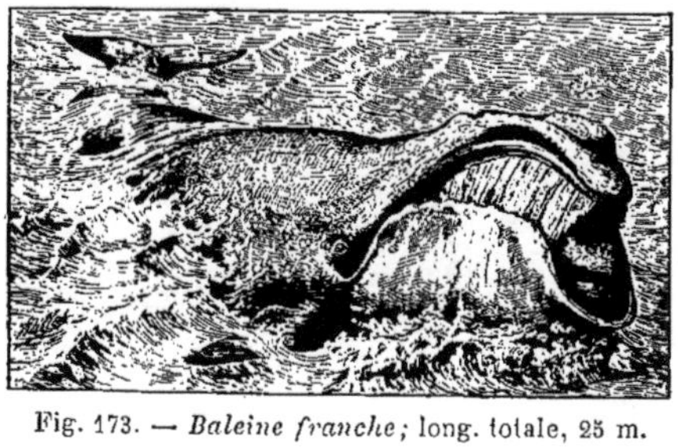

Fig. 173. — *Baleine franche*; long. totale, 25 m.

102. Cétacés à fanons. — Ces animaux sont caractérisés par la grandeur de la bouche, qui doit contenir les *fanons* et une langue volumineuse (*fig.* 173). Les fanons, fixés à la mâchoire supérieure (*fig.* 169), peuvent atteindre le nombre de deux cents de chaque côté ; leur longueur est de près de 5 mètres chez une baleine de grande taille. Comme nous l'avons dit, il s'agit d'une sorte de tamis, de peigne, ne laissant passer que des petits animaux capables de franchir l'œsophage; la taille du hareng paraît représenter le maximum de grosseur. Deux Cétacés de ce groupe sont à citer : le Rorqual et la Baleine. Le *Rorqual* est le plus gros de tous les Mammifères et par conséquent de tous les animaux; sa taille atteint 35 mètres. Il fréquente les côtes septentrionales et occidentales de la Scandinavie; il est caractérisé par le ventre plissé et la présence d'une petite nageoire dorsale. C'est un animal actif et agile, s'amusant à bondir comme le font les marsouins ; il ne représente que peu de valeur. Il n'en est pas de même de la *Baleine franche* (*fig.* 173), chassée, décimée dans toutes les mers, et devenue presque rare. Elle était commune autrefois sur les côtes de France et les pêcheurs se nourrissaient de sa chair. Ce mammifère n'a pas le ventre plissé et ne porte pas de nageoire dorsale; sa taille est inférieure de quelques mètres à celle du Rorqual; il est plus trapu et moins agile. On le chasse pour l'huile et pour les fanons. C'est avec les fanons que l'on fabrique les *baleines* de parapluies et de corsets.

❀ *Les* fanons *sont fixés à la mâchoire supérieure ; ils servent à tamiser les aliments. Le* Rorqual, *des côtes de Scandinavie, est le plus gros de tous les animaux. La* Baleine franche, *des mers polaires, est chassée pour son huile et ses fanons.*

13° ORDRE DES SIRÉNIDES

Type : *Lamantin.*

103. Caractères et types principaux. — Le *Lamantin* (*fig.* 174) et les autres Sirénides se rapprochent des Cétacés par la queue horizontale, par les nageoires pectorales et aussi par l'absence de membres postérieurs et d'oreilles

Fig. 174. — *Lamantin;* long. totale, 2 m. 50 à 3 m.

externes; ils s'en différencient par la présence de mamelles sur la poitrine, de dents molaires, de narines situées à l'extrémité du museau, par l'absence complète de nageoire dorsale et par l'existence de poil. Comme les phoques, ils se traînent plus ou moins sur le sol; en outre, ils sont herbivores. Leur aspect général paraît intermédiaire entre les phoques et les cétacés. Ces animaux sont marins; mais ils ont l'habitude de fréquenter les grands fleuves. Nous parlerons de deux espèces. Le *Lamantin* (*fig.* 174) porte des ongles rudimentaires aux 4 doigts de ses nageoires. Il habite les côtes orientales de l'Amérique du Sud; on le rencontre fréquemment dans les fleuves du Brésil et dans les lacs avec lesquels ils communiquent; on le chasse pour sa peau, sa graisse et sa chair. Le *Dugong* occupe l'Océan Indien et certaines mers qui en dépendent; il n'a pas d'ongles; il fréquente les baies solitaires où abondent les algues, qu'il préfère, et y vit en troupes.

❀ *Les* Sirénides *ressemblent aux Cétacés par la queue horizontale et par l'absence de membres postérieurs. Mais leurs mamelles sont pectorales, leurs narines placées au bout du museau, et ils sont herbivores. Le* Lamantin, *des côtes du Brésil, et le* Dugong, *de l'Océan Indien, sont chassés pour leur peau, leur graisse et leur chair.*

14° ORDRE DES MARSUPIAUX

Type : *Kangourou.*

104. Caractères. — Le *Kangourou* et les autres animaux de cet ordre sont avant tout caractérisés par une poche abdominale dans laquelle les petits, incomplètement formés au moment de leur naissance, achèvent leur croissance : c'est la poche *marsupiale* ou *marsupium*. Un exemple montrera l'utilité de cette

Fig. 175.
Opossum; long., 50 cm.

conformation : le Kangourou géant présente à peu près la taille de l'homme, et son petit est si peu développé au moment de sa naissance qu'il ne mesure alors que 2 centimètres. Aussitôt né, la mère le place dans le marsupium, où il trouve les mamelles. Un autre caractère de ce groupe est de comprendre des carnivores, des insectivores, des rongeurs, des herbivores et même des espèces à pouce opposable comme les lémuriens; ces animaux sont coureurs, sauteurs, grimpeurs ou fouisseurs; les marsupiaux, on le voit, constituent à eux seuls une sorte de *classe* particulière. Leurs dents sont nombreuses; leurs pieds ont cinq doigts onguiculés; leur fourrure est douce. Le cerveau est petit, l'intelligence très limitée.

La famille des *Sarigues*, répandue dans les deux Amériques, est composée d'animaux assez petits et nocturnes; leur tête est allongée, leurs oreilles grandes, leur queue prenante, et

Fig. 176. — *Kangourou;* hauteur assis, 2 mètres.

Phot. Gambier Bolton.

Fig. 177. — Groupe de *Kangourous* prenant leurs ébats.

le pouce des membres postérieurs est opposable. La *Sarigue* proprement dite ou *Opossum* (*fig.* 175) porte une poche marsupiale incomplète et formée seulement de deux replis de la peau ; c'est la plus grande espèce du genre, elle occupe l'Amérique du Nord. Sa dentition est complète ; elle se nourrit d'œufs et d'oiseaux. Au moment de sa naissance le petit est de la grosseur d'un pois. Tous les autres marsupiaux sont australiens. Le *Kangourou* (*fig.* 176 et 177) est remarquable par le développement de son arrière-train, la puissance de ses membres postérieurs et de sa queue ; cette conformation lui permet de faire des bonds considérables. Il vit par troupes dans les immenses prairies solitaires, évitant le voisinage de l'homme ; il est herbivore.

✿ *Les* Marsupiaux *sont caractérisés par la poche* marsupiale, *où se trouvent les mamelles et dans laquelle les petits achèvent leur croissance. Les* Sarigues, *des deux Amériques, sont nocturnes ; elles ont la queue prenante et le pouce opposable. Le* Kangourou *des prairies d'Australie est herbivore et remarquable par la puissance de ses membres postérieurs et de sa queue.*

15° ORDRE DES MONOTRÈMES

Type : *Ornithorhynque.*

105. Caractères et types principaux. — Les quelques rares espèces comprises dans cet ordre présentent de nouveaux caractères qui nous font atteindre le dernier échelon de la classe des Mammifères. En effet, les Monotrèmes sont *ovipares* et n'ont pas de mamelles, mais ils ont des glandes lactaires dont les conduits s'ouvrent à la surface de la peau. La bouche porte un bec corné ; enfin les excréments liquides et solides s'échappent par un seul orifice ou *cloaque.* En outre, par la disposition des trois os de leur épaule ils se rapprochent des oiseaux (113). L'*Ornithorhynque* (*fig.* 178) a les membres courts ; ses extrémités sont munies de membranes natatoires, qui sont débordantes aux membres antérieurs ;

Fig. 178. — *Ornithorhynque;*
long., 40 cm.

Fig. 179. — *Échidné;*
long., 30 cm.

sa fourrure est grise. Le bec corné, large et aplati, rappelle celui des canards; il possède 4 dents cornées. Cet animal est essentiellement aquatique et habite un terrier s'ouvrant sous l'eau. L'*Échidné* (*fig.* 179) dont on a reconnu deux ou trois espèces insectivores ressemble au hérisson (**69**) par sa forme, ses piquants et par la faculté de se rouler en boule. Il rappelle certains Édentés par la petite langue gluante à l'aide de laquelle il attrape les fourmis (**78**). Le bec est long et mince; les dents n'existent pas, ses griffes très longues et leur disposition font de l'Échidné un fouisseur. Cet animal habite les régions montagneuses; il est nocturne et passe le jour dans son terrier. Les Monotrèmes sont particuliers à l'Australie.

✻ *Les* Monotrèmes, *d'Australie, sont ovipares; ils ont des glandes lactaires sans mamelles et leur bouche porte un bec corné. L'*Ornithorhynque *a quatre dents cornées; il est aquatique. L'*Échidné *porte des piquants comme le hérisson et se nourrit de fourmis comme le fourmilier; il est privé de dents.*

IX. — TABLEAU-RÉSUMÉ DE LA CLASSIFICATION DES MAMMIFÈRES.

	ONGLES.	DENTITION.			CARACTÈRES DIVERS.	ORDRES.	EXEMPLES.
Pas de poche ventrale.	ONGUICULÉS. Ongles.	Complète.	Molaires plates		Pouce opposable...	1. PRIMATES.	*Chimpanzé.*
			— tranchantes.	Terrestres......		2. CARNIVORES.	*Chat.*
				Aquatiques......		3. PINNIPÈDES.	*Phoque.*
			— à pointes..	Terrestres......		4. INSECTIVORES.	*Hérisson.*
				Aériens........		5. CHÉIROPTÈRES.	*Oreillard.*
		Incomplète.	Pas de canines; incisives fortes, à croissance continue.............			6. RONGEURS.	*Lapin.*
			Pas de canines, pas d'incisives, parfois pas de dents............			7. ÉDENTÉS.	*Tatou.*
	ONGULÉS. Sabots.	Complète...............			2 ou 4 doigts.....	8. PACHYDERMES.	*Sanglier.*
		Incomplète chez ceux à cornes..			2 doigts principaux; estomac composé.	9. RUMINANTS.	*Bœuf.*
		Complète...............			1 ou 3 doigts......	10. IMPARIDIGITÉS.	*Cheval.*
	Ni ongles ni sabots.	Incomplète; pas de canines; pas d'incisives inférieures......			5 doigts; une trompe.	11. PROBOSCIDIENS.	*Éléphant.*
		Une seule sorte de dents, ou pas (carnassiers)...........		2 membres.	poisson.	12. CÉTACÉS.	*Baleine.*
		Incomplète (herbivores)......			Forme de phoque.	13. SIRÉNIDES.	*Lamantin.*
Poche ventrale.	Ongles.	Variable avec le régime......			Pas de cloaque....	14. MARSUPIAUX.	*Kangourou.*
		Pas de dents; un bec........			Un cloaque......	15. MONOTRÈMES.	*Ornithorhynque.*

Fig. 180. — Dromadaires employés au *labourage* dans l'Afrique du Nord.

DISTRIBUTION GÉOGRAPHIQUE ET UTILISATION

106. Distribution géographique. — La distribution géographique des animaux ne résulte pas du hasard; elle dépend de trois conditions principales : climat, facilité de locomotion, et nourriture. Les *climats* ont une grande action sur ce que l'on appelle l'*aire de dispersion* d'une espèce animale. L'étude des fossiles, ou débris des animaux disparus que l'on retrouve dans les terrains, nous apprend, par exemple, que certains genres vivant actuellement dans la zone tropicale prospéraient dans nos pays à une époque bien antérieure à l'apparition de l'homme; c'est l'abaissement progressif de la température, la modification du climat qui les ont poussés peu à peu vers le sud. La facilité de *locomotion* a également une influence très sensible : les espèces qui peuvent franchir les obstacles naturels tels que chaînes de montagnes, déserts, cours d'eau ou bras de mer,

occupent des surfaces importantes; cependant ces espèces sont plutôt rares parmi les mammifères, lesquels préfèrent tourner l'obstacle s'ils y sont absolument obligés. La *nourriture*, enfin, aura une action très grande sur des animaux carnivores, frugivores ou herbivores : les premiers et les seconds devront rester localisés là où existe le gibier ou les fruits qui leur sont indispensables; au contraire, les derniers trouveront des herbages sur des étendues bien plus considérables. Quant aux omnivores, qui se contentent d'aliments très variés, leur aire de dispersion peut être immense, comme celle du rat. Nous devons ajouter que les espèces mammifères, envisagées séparément, habitent presque toujours une surface assez bien limitée, ce qui permet de fixer la *faune* d'une région, ou ensemble des espèces animales propres à cette région.

❊ *La distribution géographique des animaux dépend du* climat *auquel correspond leur organisation; de leurs moyens de* locomotion *qui leur facilitent plus ou moins les déplacements ; et du genre de leur* nourriture, *qu'ils ne peuvent trouver qu'en certaines régions limitées.*

107. Régions zoologiques. — Comme le démontre notre *Planisphère*, la connaissance de la distribution géographique des animaux terrestres a permis de diviser les continents en 6 *régions* zoologiques, qui sont, pour l'Ancien continent, les régions Paléarctique, Éthiopienne, Orientale et Australienne; pour le Nouveau continent, les régions Néarctique et Néotropicale. Ces régions sont subdivisées chacune en *4 provinces ;* le nom de « province » est encore réservé aux terres polaires. Dans la région Paléarctique, la province Européenne englobe la plus grande partie de la France, qui compte 102 espèces de mammifères. La province Méditerranéenne est caractérisée par les Camélidés, la province Sibérienne par le yack et le loup, et la province Mandchourienne par le tigre. La région Éthiopienne, séparée de la région Paléarctique par le désert du Sahara, compte le gorille, le chimpanzé, l'éléphant, l'hippopotame, la girafe; une de ses divisions est la province Malgache caractérisée par les Lémuriens. La région Orientale comprend l'orang-outan, le gibbon, le tigre, l'éléphant d'Asie. La région Australienne est caractérisée par les Marsupiaux et les Monotrèmes. En Amérique, la région Néarctique n'est pas sans rapports avec la région Paléarctique, ce qui peut faire supposer qu'une communication existait aux temps géologiques entre l'Ancien et le Nouveau continent par les îles Aléoutiennes. La région Néotropicale, séparée de la précédente

par les steppes du Mexique septentrion> s'en différencie nettement ; elle compte [singes à queue prenante, puis jaguar, c> guar, lama, vigogne, tatou, fourmilier, par> seux, etc.

❧ *Les continents sont divisés en 6 régi> zoologiques, qui sont les régions Paléarctiq> Éthiopienne, Orientale, Australienne, Néa> tique et Néotropicale. Elles sont subdivis> chacune en 4 provinces zoologiques.*

108. Mammifères utiles à l'homme. Avant de quitter l'ordre des Mammifère> est indispensable de grouper les anim> utiles à l'homme et les animaux qui lui s> nuisibles. Après avoir fait observer disc> tement que l'homme est nuisible à pres> tous les animaux, nous signalerons ceux> lui sont utiles pour son alimentation, ses tements, ses entreprises, ses jeux, etc. Pa> les *viandes* de boucherie nous remarquon> bœuf, le mouton et le cheval ; la charcut> repose exclusivement sur le cochon dom> tique. Le lièvre, le lapin, le cerf, le chevre> le mouflon, le bouquetin, la marmotte s> couramment consommés en Europe. En A> rique du Nord, citons le bison; en Ar> rique du Sud, les singes atèles, le cabiai> tapir; en Afrique, l'hippopotame et le zé> dans les régions polaires, le renne. La vac> la chèvre, la brebis, l'ânesse donnent l> *lait,* dont il est fait une très grande cons> mation.

Les bêtes à *fourrure,* chassées pour> commerce des vêtements de luxe, sont n> breuses; rappelons les singes atèles d'A> rique, le lynx du Nord, le renard d'Europe> renard blanc polaire ou Isatis (*fig.* 181), pui> marte d'Euro> la zibeline de> bérie (*fig.* 1> l'hermine, le> son (*fig.* 184)> loutre d'Eur> et la loutre > rine. Ajouton> raton de l'A> rique du N>

Fig. 181. — *Renard blanc;* long., 65 cm.

Fig. 182. — *Zibeline;* long., 50 cm.

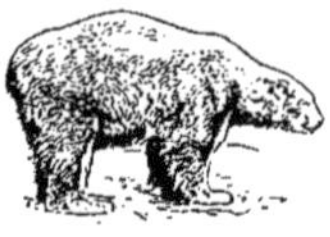

Ours blanc

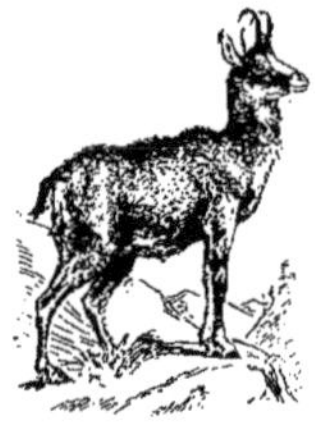

Chamois

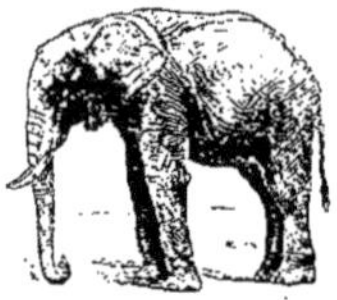

Éléphant d'Afrique

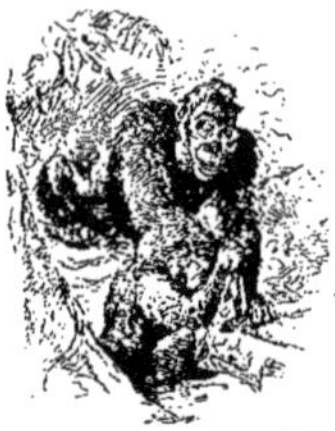

Orang-Outang

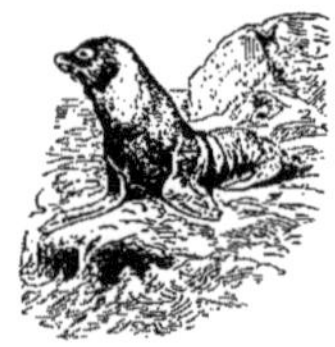

Otarie

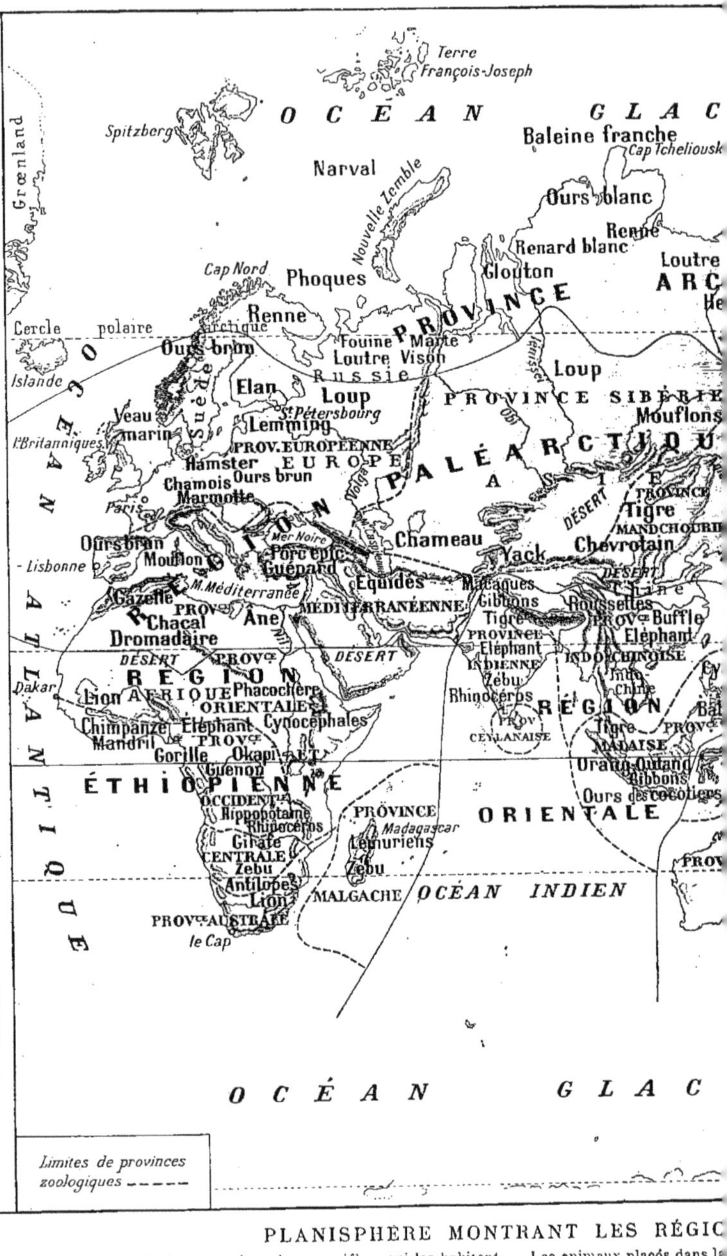

PLANISPHÈRE MONTRANT LES RÉGIC

avec l'indication des principales espèces de *mammifères* qui les habitent. — Les animaux placés dans la

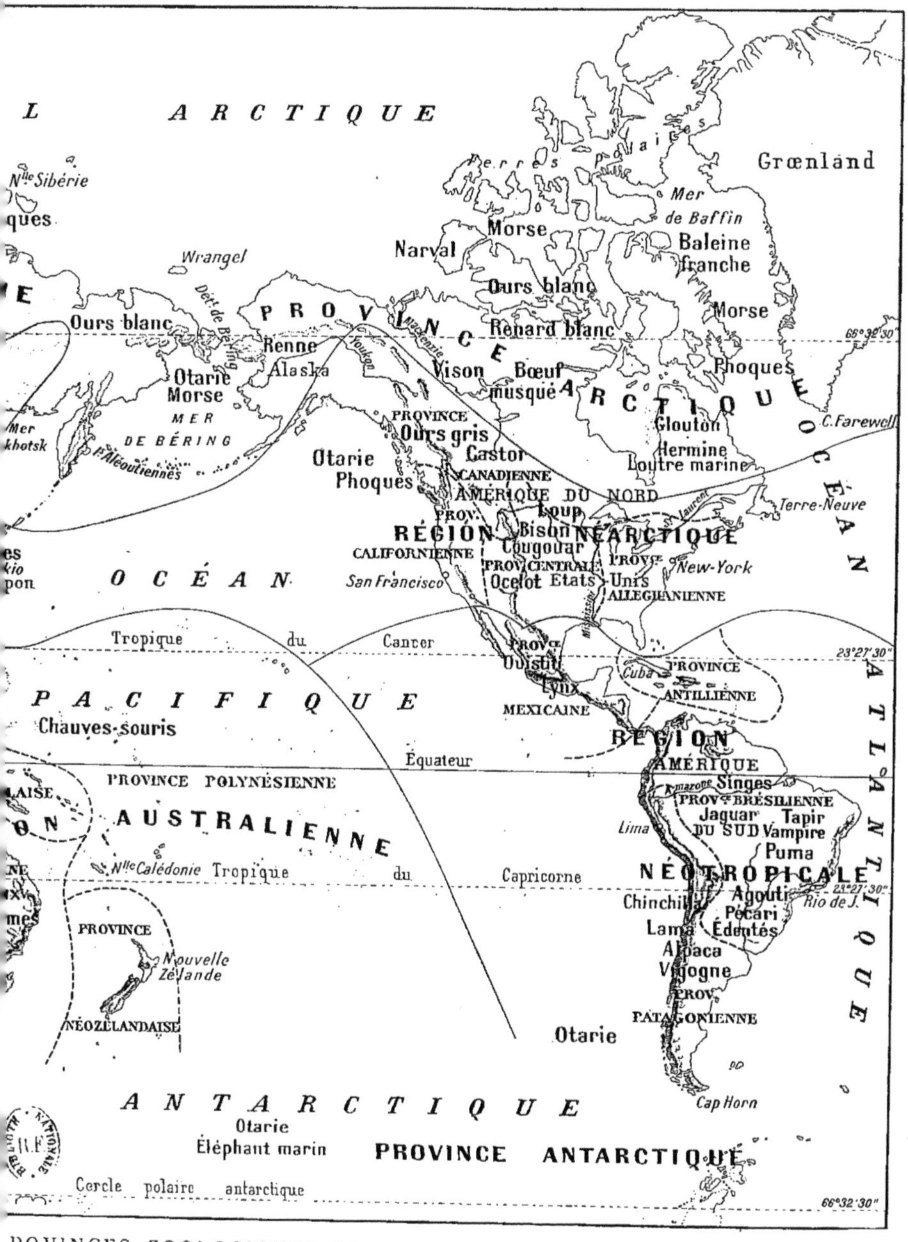

ROVINCES ZOOLOGIQUES DU MONDE
che sont empruntés aux trois *régions zoologiques* de l'Ancien continent et aux deux *Provinces polaires*.

l'ours blanc polaire, l'ours brun, les phoques, notamment les otaries ; et le chinchilla (*fig.* 183), rongeur de l'Amérique du Sud. Signalons enfin le lièvre et le lapin dont la fourrure est utilisée dans la fabrication du feutre. Dans le vêtement, entrent encore la laine et le cuir ; la *laine* est fournie par les moutons, parmi lesquels se trouve la race mérinos (*fig.* 187), puis par la chèvre de Cachemire, l'alpaca et la vigogne. L'homme utilise encore le crin du cheval, les soies du sanglier et du cochon, les piquants du hérisson et du porc-épic. Le *cuir* résulte de la préparation de la peau du bœuf, du buffle, du bison et de la chèvre. Celui du chamois, de l'hippopotame, du tapir et du rhinocéros sert aussi à différents usages.

✿ *La* viande *du bœuf et du mouton tient une grande place dans l'alimentation, ainsi que le* lait *de vache et de chèvre.*

Les bêtes à fourrure *sont nombreuses. On tond chaque année la* laine *des moutons. La préparation de la peau de plusieurs bovidés donne le* cuir.

109. Autres mammifères utiles.—Le chien de berger (*fig.* 188) est utile aux *bergeries ;* un chien de garde tel que le dogue (*fig.* 186)

Fig. 183. — *Chinchilla ;* long., 23 cent.

Fig. 184. — *Vison ;* long., 40 cm.

l'est aux *propriétés.* Pour la *chasse*, l'homme emploie le chien d'arrêt, le chien courant et le furet. En Afrique du Nord, les Arabes utilisent le guépard (*fig.* 185) dans la chasse aux gazelles. Comme *bêtes de selle,* citons le cheval, le mulet d'Europe, le dromadaire méhari du nord de l'Afrique et le zébu de Madagascar. Comme *bêtes de trait,* le cheval, l'âne, le mulet et le zébu pour les voitures ; le bœuf domestique, le buffle et le dromadaire (*fig.* 180) pour le labourage ; le renne pour les traîneaux, et le chien pour les véhicules très légers. Comme *bêtes de somme,* signalons : en Europe, l'âne et le mulet ; en Asie, le yack, le zébu et l'éléphant ; en Afrique, le chameau et le dromadaire et, en Amérique, le lama. Un certain nombre d'animaux sont utiles à l'homme parce qu'ils *détruisent* les animaux *nuisibles :* parmi les insectivores les plus actifs se trouvent le hérisson d'Europe, les musaraignes, la taupe et les chauves-souris. Parmi les destructeurs de rongeurs nous trouvons également le hérisson, puis le chat ; parmi ceux qui s'attaquent aux reptiles venimeux se placent encore le *Hérisson d'Europe,* qui est l'animal le plus *utile* de notre faune, puis le putois

Fig. 185. — *Guépard ;* long. 90 cm.   Fig. 186.—*Dogue ;* haut., 80 cm.   Fig. 187. — *Mérinos ;* haut., 70 cm.

Fig. 188. — *Chiens de berger.*

et les mangoustes ou ichneumons. On retire encore de certains animaux différents produits nécessaires à l'industrie. La baleine, le cachalot, les sirénides et les phoques fournissent de la *graisse* et de l'*huile*. Le bœuf, le buffle et le rhinocéros donnent de la *corne;* la baleine en donne sous forme de fanons. L'éléphant, l'hippopotame, le morse, le cachalot et le narval portent de l'*ivoire* de qualités assez différentes et plus ou moins utilisées. Enfin quelques substances animales sont employées en *pharmacie*, comme le castoréum du castor; ou dans la *parfumerie*, comme le musc du chevrotain et l'ambre gris du cachalot.

✿ *Le chien est employé pour la chasse et la garde. Le cheval, l'âne, le mulet sont utilisés comme bêtes de selle, de trait ou de somme. Le hérisson est grand destructeur d'animaux nuisibles. Les cétacés fournissent de la graisse et de l'huile, les bovidés de la corne, l'éléphant de l'ivoire; etc.*

110. Animaux nuisibles à l'homme. —

Les animaux nuisibles le sont de différentes manières : ils peuvent l'être en détruisant des végétaux ou des animaux utiles à l'homme, ou bien en dégradant les propriétés et en compromettant l'hygiène. Les animaux nuisibles à l'*agriculture* sont avant tout les rongeurs, comme la souris rousse, la souris naine, le campagnol, le hamster, le lapin; signalons aussi le sanglier d'Europe et le cerf. En Asie, ce sont les singes entelles et l'ours des cocotiers; en Afrique, les guenons. Les *forêts* souffrent beaucoup de l'écureuil, du loir, de la chèvre; l'éléphant fait d'immenses dégâts dans les forêts de l'Asie et de l'Afrique.

Les carnivores font de très grands ravages; il en est même qui s'attaquent délibérément à l'*homme*, tels que le tigre des Indes et l'ours gris d'Amérique. Les *bergeries* ont tout à craindre du loup et de l'ours brun en Europe, de la panthère en Afrique (*fig.* 189) et du couguar en Amérique. Les *basses-cours* doivent être mises à l'abri de la genette, de la fouine, du putois et du renard. Parmi les destructeurs de *poissons*, il faut citer d'abord le dauphin et le marsouin; ce dernier est l'auteur de la crise sardinière de nos côtes et les autorités maritimes en ont ordonné la chasse; on est obligé d'en dynamiter les bandes jusque dans la baie de Brest. La loutre d'Europe et la musaraigne d'eau contribuent au dépeuplement de nos rivières. Le rat noir, le surmulot et la souris commune dégradent les *propriétés* et s'attaquent aux provisions contenues dans les caves et les greniers; le surmulot doit être l'objet d'une destruction active au nom de l'*hygiène*, car il se multiplie avec une grande rapidité; il est, en outre, le véhicule de certaines épidémies, notamment de la peste.

✿ *Les principaux animaux nuisibles à l'agriculture sont les rongeurs. Le loup et l'ours brun s'attaquent aux bergeries; la fouine et le putois, aux basses-cours. Le dauphin et le marsouin détruisent le poisson qui entre dans l'alimentation de l'homme. Le surmulot s'attaque aux provisions et transporte la peste.*

Fig. 189. — *Panthère d'Afrique;* long., 1 m. 15.

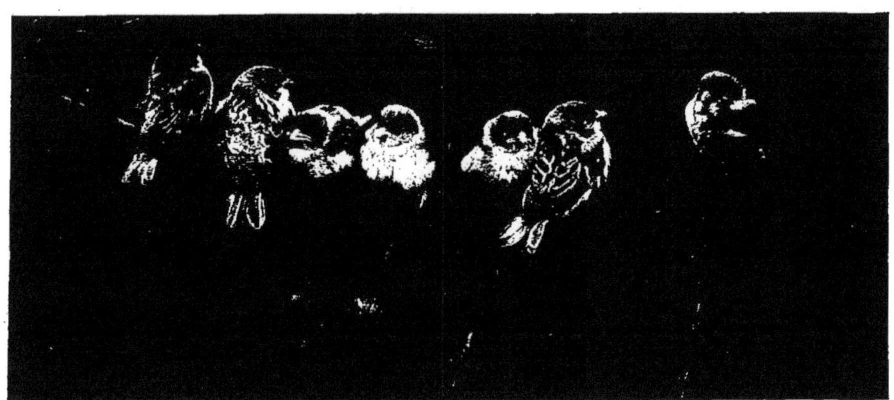

Phot. Ch. Reid.

Fig. 190. — Jeunes *Moineaux,* sur une branche de mélèze.

CLASSE DES OISEAUX

Type : *Coq.*

111. Caractères, digestion. — Alors que les Mammifères sont vivipares, les Oiseaux sont *ovipares :* ils pondent des *œufs* et les couvent jusqu'à l'éclosion des jeunes. La protection de la peau est assurée par des *plumes ;* les membres antérieurs sont généralement organisés pour le *vol,* et la bouche porte un *bec* corné privé de dents. En dehors de ces caractères, les Oiseaux ont un cœur à quatre cavités, une température *constante* plus élevée que celle des Mammifères, une respiration pulmonaire, et quelques particularités anatomiques dont il va être parlé.

L'*appareil digestif* des Oiseaux comprend : la bouche, l'œsophage, l'estomac, et l'intestin qui s'ouvre extérieurement par un cloaque (*fig.* 191). Le bec est un étui corné dont les deux parties s'appellent *mandibules ;* il renferme les os maxillaires ; sa forme est extrêmement variable et répond ainsi aux besoins de chaque genre. La langue est cornée et très peu muscu-

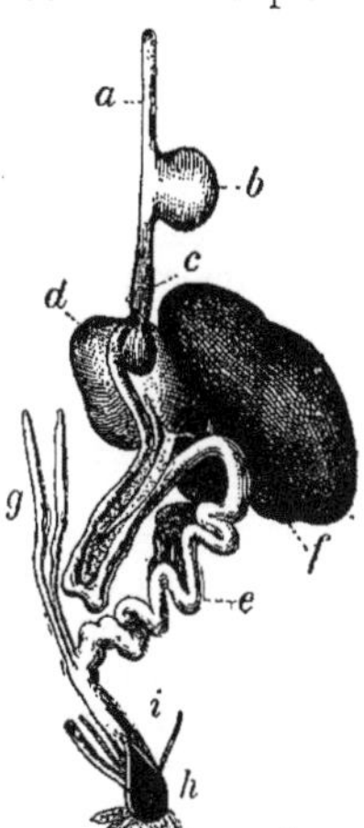

Fig. 191. — *Tube digestif* d'un oiseau.

a, œsophage ; *b,* jabot ; *c,* ventricule succenturié; *d,* gésier ; *e,* intestin grêle ; *f,* foie ; *g,* cæcums ; *h,* cloaque ; *i,* gros intestin.

leuse, sauf chez quelques espèces. L'œsophage présente un renflement qui est le *jabot ;* ce jabot n'est qu'un réservoir d'attente dans lequel les aliments rapidement avalés s'amollissent.

L'estomac comprend deux parties : c'est d'abord le *ventricule succenturié,* dans lequel les aliments entrent en contact avec le suc gastrique ; mais ce suc ne paraît agir que dans la seconde partie ou *gésier.* Cet organe, très épais chez les granivores, agit par contraction de ses parois sur les aliments; il les broie, travail qui se trouve facilité par la présence d'une quantité variable de petits cailloux. Tout le monde a vu le contenu d'un gésier de poulet ou de dindon; on y a même trouvé des petites pièces de monnaie avalées par l'animal dans le but d'assurer sa digestion.

✿ *Les Oiseaux sont oviparcs, couverts de plumes, avec membres antérieurs organisés pour le vol ; leur bouche porte un bec. Dans l'appareil digestif, le jabot est un réservoir d'attente, le ventricule succenturié fournit le suc gastrique et le gésier réalise la digestion stomacale.*

112. Circulation, respiration. — *L'appareil circulatoire* des Oiseaux est semblable à celui des mammifères, sauf pour l'aorte qui se recourbe du côté droit au lieu de se recourber du côté gauche. Les globules sanguins sont elliptiques et biconvexes.

L'appareil respiratoire comprend la trachée-artère, les bronches, les poumons et les *sacs aériens*. La trachée-artère, souvent très longue, débute à sa partie supérieure par un *larynx* rudimentaire et sans voix, et se termine à la base par un larynx muni de cordes vocales, que l'on appelle *syrinx*, et qui est l'organe de la voix et du chant ; le syrinx est principalement développé chez les oiseaux chanteurs. Les bronches portent une partie de leurs ramifications dans les poumons, ces ramifications se terminent dans les alvéoles pulmonaires ; d'autres ne font que traverser les poumons pour atteindre les sacs aériens ; ces derniers organes sont de grandes poches indépendantes les unes des autres et réparties au nombre de 9 ; ils communiquent avec les os creux (**113**). Le rôle des sacs aériens consiste à faciliter le vol et la respiration. Ils facilitent le vol parce qu'ils sont gonflés d'air chaud, lequel est plus léger que l'air froid ; ils transforment ainsi l'oiseau en une sorte de montgolfière. Ils collaborent ensuite à la respiration durant le vol en assurant la ventilation des poumons par un mouvement alternatif de dilatation et de contraction, que le très petit volume des poumons rend nécessaire.

✿ *Les globules sanguins des Oiseaux sont elliptiques et biconvexes. L'appareil respiratoire comporte un second larynx ou syrinx, organe de la voix, ainsi que 9 sacs aériens alimentés d'air par les bronches ; ces sacs contribuent à la légèreté de l'animal et à la ventilation des poumons durant le vol.*

113. Squelette. — Les oiseaux possèdent des os creux et remplis d'air, ou os *pneumatiques*, dont le nombre varie avec la puissance du vol. Les oiseaux qui volent le mieux et le plus longtemps ont tous leurs os creux, sauf les phalanges et les omoplates ; mais chez toutes les espèces les os longs sont toujours creux. L'animal est ainsi plus léger et possède une réserve respiratoire qui s'ajoute à celle des sacs aériens. La colonne vertébrale présente quelque intérêt (*fig.* 192) : rappelons-nous que chez les mammifères le nombre des vertèbres cervicales ne varie pas, il est toujours égal à 7 ; au contraire, le nombre de leurs vertèbres caudales est très variable. Chez les Oiseaux c'est l'opposé : le nombre des vertèbres cervicales oscille de 9 (moineau) à 24 (cygne), et c'est dans la région caudale que leur nombre varie à peine. Un autre caractère très important du squelette est la disposition des

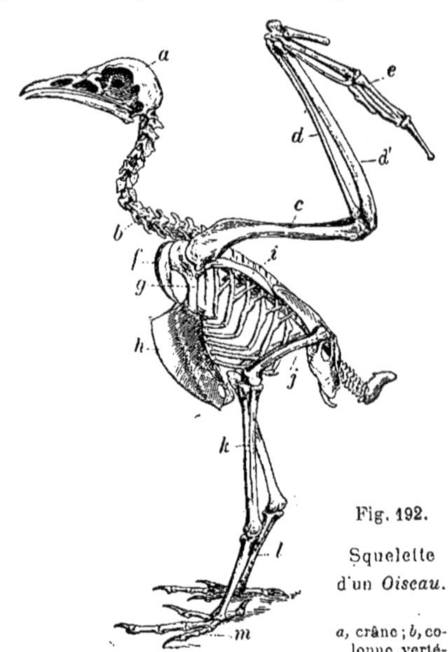

Fig. 192.

Squelette d'un *Oiseau*.

a, crâne ; b, colonne vertébrale ; c, humérus ; d, radius ; d', cubitus ; e, main ; f, fourchette ; g, os coracoïde ; h, sternum ; i, omoplate ; j, fémur ; k, tibia ; l, tarso-métatarsien ; m, doigts.

membres antérieurs en *ailes* (*fig.* 192). Pour que le vol soit possible, il faut que ces membres aient un point d'appui très ferme et que leurs muscles moteurs soient puissants. Le point d'appui est fourni par la disposition du sternum et des trois os qui constituent la ceinture scapulaire : *omoplate, os coracoïde, clavicule.* Le sternum se rattache aux côtes non par des cartilages, mais par des os ; il est très large et traversé dans le sens de sa longueur par une crête nommée *carène* ou *bréchet.* En arrière, s'allongent les omoplates, qui s'appuient sur le sternum par l'intermédiaire d'un os gros et résistant qui est l'os coracoïde ; elles se soutiennent en outre l'une par l'autre au moyen des claviculés qui se réunissent pour former la *fourchette ;* cette disposition, jointe à la force des muscles moteurs, explique la puissance et la durée du vol chez les Oiseaux. Les membres inférieurs sont construits comme ceux des mammifères, mais un os unique représente la soudure de tous les os du tarse et du métatarse (*fig.* 192, *l*).

✻ Le squelette est caractérisé par des os creux et remplis d'air, ou os pneumatiques, en communication avec les sacs aériens. La disposition des os de la ceinture scapulaire, et notamment la présence des os coracoïdes sur les côtés, assure un solide appui aux membres antérieurs ou ailes.

114. Cerveau, sens. — Le cerveau des Oiseaux est beaucoup plus simple que celui des mammifères ; il ne présente qu'un petit nombre de circonvolutions et sa surface est lisse.

Le sens du *goût* paraît assez peu développé, ce qui est dû en partie à l'enveloppe cornée de la langue. L'*odorat* ne semble affiné que chez les carnassiers ou rapaces. L'*ouïe* est privée de pavillon ; l'orifice du conduit auditif est toujours dissimulé sous les plumes ; l'oreille moyenne ne contient qu'un seul osselet, appelé *columelle.* La *vue* est le sens le plus perfectionné ; l'œil présente deux caractères principaux : un *anneau osseux* formé de plusieurs petites plaques entoure la sclérotique, et trois paupières protègent la

partie antérieure du globe : la paupière supérieure est immobile et l'inférieure est mobile ; la troisième est douée d'un mouvement horizontal, elle est clignotante et intervient lorsque la vue doit être protégée contre les effets d'une lumière trop vive.

✻ Le cerveau présente peu de circonvolutions. L'ouïe est privée de pavillon. La vue est très puissante ; l'œil est protégé par trois paupières, et un anneau osseux entoure la sclérotique.

115. Plumes, vol. — Nous avons parlé du vol à propos de la structure des membres antérieurs ; nous allons y revenir en décrivant les plumes, sans lesquelles l'oiseau ne pourrait s'élever dans l'air. Les grandes plumes ou *pennes* (*fig.* 193) se composent d'une *racine* fixée dans la peau, et d'une *hampe* creuse qui se continue par une *tige* pleine ; de la tige partent des *barbes*, et de chaque barbe des *barbules* accrochées entre elles, ce qui produit un ensemble à la fois léger et résistant. Les pennes d'un oiseau varient de forme, de résistance et de dimension (*fig.* 194) ; il en existe 2 types principaux : les *rémiges*, qui sont rigides et assurent aux ailes, lorsqu'elles se déploient, une large surface d'action sur les couches d'air, et les *rectrices*, rigides aussi, qui complètent la queue et en

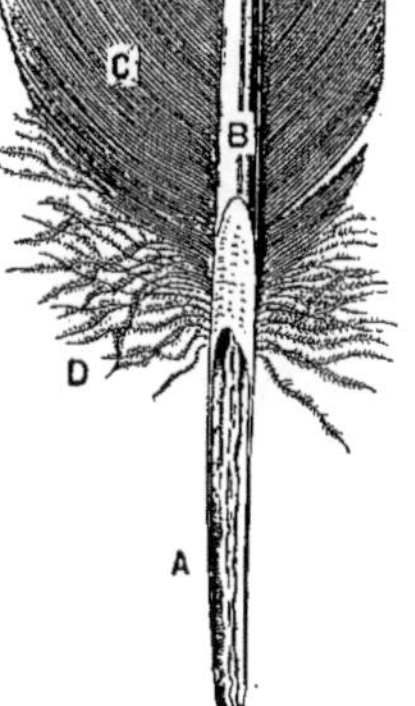

Fig. 193. — Anatomie d'une *grande plume.*

A, hampe creuse ; B, tige pleine ; C, barbes ; D, barbes écartées les unes des autres, et montrant les barbules.

Fig. 194.
Répartition des *plumes.*

A, rémiges ;
B, rectrices ;
C, tectrices.

font un gouvernail efficace; en outre existent les *tectrices,* non rigides, imbriquées sur le corps entier, et le *duvet,* que l'on découvre aisément en soulevant les tectrices, et dont la propriété isolante empêche le rayonnement et la déperdition de la chaleur animale. A la légèreté et à la disposition des membres antérieurs s'ajoute la forme effilée du corps pour expliquer la facilité du vol. Les oiseaux qui volent le plus rapidement et le plus longtemps, ou *grands voiliers,* ont de grandes rémiges (**131**); ce sont certains oiseaux de mer tels que les frégates, albatros, mouettes, puis l'aigle, enfin les migrateurs comme les cigognes et les martinets. Le vautour, le condor s'élèvent à des altitudes considérables sans paraître gênés par la raréfaction progressive de l'air.

✿ *Les quatre types de plumes sont : les* rémiges *ou plumes rigides des ailes; les* rectrices *ou plumes rigides de la queue; les* tectrices, *imbriquées sur le corps, et le* duvet *placé sous les tectrices. Les rémiges sont développées principalement chez les Oiseaux* grands voiliers.

116. Œuf, incubation. — Les œufs de tous les Oiseaux ont la même structure; ils se composent du *jaune* ou *vitellus* et du *blanc* ou *albumine (fig.* 195). Ces parties essentielles sont enveloppées dans une double *membrane coquillière* protégée extérieurement par une *coquille* solide de nature calcaire. Entre les deux membranes coquillières, et situé au gros bout de l'œuf, se trouve

ménagé un petit espace dit *chambre à air.* Le jaune est une réserve de substances grasses nutritives, sur lesquelles on aperçoit une petite tache blanche qui est l'embryon; celui-ci se développe peu à peu, grossissant à mesure que diminuent les provisions de jaune et de blanc; c'est la période d'*incubation* au bout de laquelle se produit l'*éclosion.* Sa durée varie avec les espèces; elle est ordinairement de 13 à 15 jours pour les petites espèces (serin, etc.), de 18 jours pour le pigeon, de 21 pour la poule, de 29 pour la cane, de 31 pour l'oie, de 56 pour l'autruche. Le développement de l'embryon (*fig.* 196) exige une température constante égale à celle de l'animal; aussi les femelles ne cessent-elles de couver leurs œufs afin que cette température soit constante. De tout temps on a pratiqué l'incubation artificielle; les appareils modernes dits « couveuses » sont très perfectionnés, et une source de chaleur sans émanations y est assurée par la circulation de l'eau chaude.

✿ *Les œufs comprennent le* jaune *et le* blanc *ou albumine, qui sont des substances nutritives; puis la* chambre à air, *la membrane coquillière et la coquille. La petite tache blanche visible dans le jaune représente l'embryon. Le temps qui sépare la ponte de l'éclosion est la période d'*incubation.

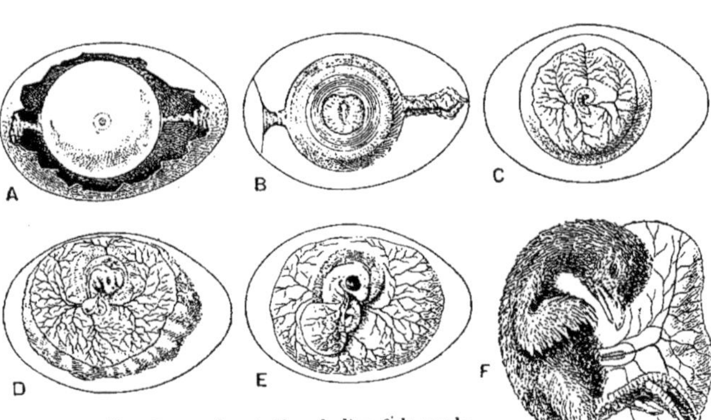

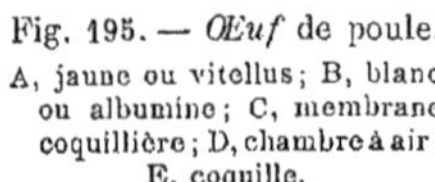

Fig. 195. — *Œuf* de poule.
A, jaune ou vitellus; B, blanc ou albumine; C, membrane coquillière; D, chambre à air; E, coquille.

Fig. 196. — Incubation de l'*œuf* de poule.

A, avant l'incubation; B, 2ᵉ jour; C, 4ᵉ jour; D, 5ᵉ jour; E, 6ᵉ jour; F, 19ᵉ jour.

117. Nids. — La plupart des oiseaux déposent leurs œufs dans un nid; chaque espèce a le sien, aussi existe-t-il une variété infinie de matériaux employés, de formes et d'emplacements. Les formes, souvent bien originales, et l'emplacement choisi, répondent à des besoins de sécurité, car les ennemis des oiseaux sont nombreux.

Certains oiseaux placent leur nid sur le sol, d'autres à une faible hauteur, dans les haies par exemple, d'autres dans les arbres élevés. La perdrix, la caille, le faisan, l'alouette, le placent dans les champs. Les aigles recherchent les rochers inaccessibles. Les mouettes choisissent les anfractuosités des falaises à pic. Le nid du cygne sauvage est une sorte de radeau flottant. Les hirondelles affectionnent les corniches et les encoignures des monuments et des vieilles maisons; l'hirondelle de rivage creuse avec ses petites pattes des trous profonds dans la paroi des carrières de sable fin et y dépose ses œufs. Une variété d'Asie, l'hirondelle salangane, maçonne son nid avec des algues; ce nid constitue un mets délicat recherché par les Chinois. Ceux de la mésange à longue queue, du pinson (*fig.* 198), de la fauvette, sont de véritables petits chefs-d'œuvre que l'on trouve dans les buissons; celui de la pie est défendu par des épines; celui du corbeau est au sommet des grands arbres; celui de la fauvette couturière (*fig.* 197) se balance entre deux feuilles solidement cousues. Les pics et les toucans préfèrent les trous des vieux troncs d'arbres. Parmi les nids les mieux tissés il faut citer celui du tisserin (*fig.* 200),

Fig. 197.
Nid de Fauvette couturière.

Fig. 198.
Nid de Pinson, avec femelle.

qui est suspendu à l'extrémité d'une branche. Le républicain groupe ses nids en une large colonie (*fig.* 199). Les cigognes accumulent de menues branches au sommet des cheminées, dans certaines villes d'Allemagne, et y déposent leurs œufs (*fig.* 236). L'intérieur d'un nid offre toujours le confortable qu'exige le bien-être des petits.

Certains jeunes n'ont besoin que fort peu de temps des soins de leurs parents, ils courent bientôt; ce sont les petits *précoces* (poussins [*fig.* 221], canards). D'autres exigent une sollicitude prolongée : ils naissent faibles, aveugles, sans duvet, et ne se développent que lentement; leurs parents doivent leur assurer l'alimentation sous forme de becquées fréquentes et ils ne s'habituent à voler qu'après maints tâtonnements; ce sont les petits *nourriciers* (serin, pigeon). C'est dans cette catégorie d'oiseaux que l'on trouve les nids les plus moelleux; ils sont garnis de fin duvet.

✤ *Les nids offrent toutes les variétés de formes, de matériaux employés, d'emplacements et de perfection; il en est qui sont merveilleusement tissés. Ils visent tous le bien-être et la sécurité des jeunes, qui, selon les espèces, sont* précoces *ou* nourriciers.

Fig. 199. — *Nid colonial* du Républicain.

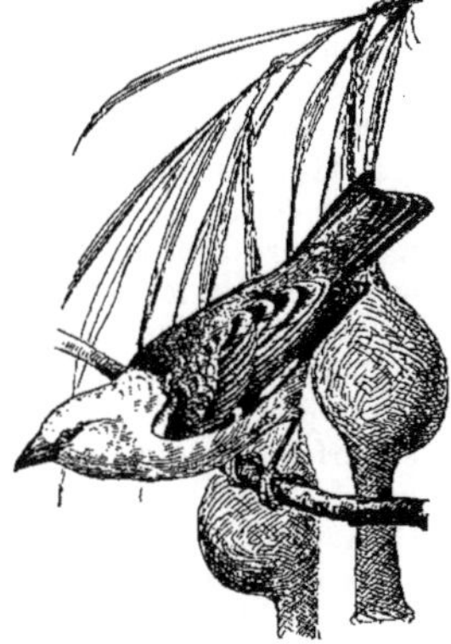

Fig. 200. — *Nids* du Tisserin.

Phot. Dalton.

Fig. 201. — Photographie instantanée d'un grand *lâcher de pigeons*.

118. Migrateurs. — A côté des nombreuses espèces sédentaires se placent les oiseaux voyageurs ou *migrateurs*. Les migrations se produisent aux changements de saison : à l'approche de l'hiver, ces animaux s'en vont vers des climats plus doux, non seulement pour fuir une température qui va s'abaisser, mais surtout pour trouver leur nourriture. Les insectivores, notamment les hirondelles, sont obligés d'habiter là où peuvent vivre les insectes, lesquels sont très sensibles au froid. Les canards sauvages, qui fréquentent les lacs et les marécages, émigrent pour éviter les grandes gelées qui les priveraient d'eau. En dehors de ces espèces, les principaux oiseaux migrateurs sont les cigognes, les grues, les oies sauvages, les corneilles, les étourneaux, les martinets, les hirondelles, etc. Tous ces animaux reviennent à leur point de départ dès le printemps ; ils retrouvent leur région et parfois leur nid, ce qui indique de leur part une faculté d'*orientation* très remarquable. C'est chez le pigeon messager que cette faculté est le plus développée : transportés à des centaines de kilomètres dans des paniers fermés, ils retrouvent leur direction après quelques instants d'hésitation (*fig.* 201) et s'envolent en droite ligne vers leur colombier.

❀ *Les oiseaux migrateurs s'enfuient à l'approche de l'hiver vers des contrées plus clémentes, où ils trouveront leur nourriture. Leur faculté d'orientation est très grande; elle est développée surtout chez le* pigeon messager.

119. Classification. — La classe des Oiseaux, plus homogène au point de vue anatomique que certains ordres de mammifères, est représentée à la surface du globe par plus de 12 000 espèces, extrêmement variées de forme et d'aspect. En effet, l'aigle, le pic, le pigeon, le coq, la cigogne, le canard, le moineau et l'autruche offrent une très grande variété de taille, de forme, de couleur et de mœurs; en outre, la forme du bec et des pattes intervient dans la classification. On a divisé cette classe de Vertébrés en 8 ordres, qui sont :

1° Ordre des *Rapaces* :   Aigle.
2°   —   *Grimpeurs* :   Pic.
3°   —   *Colombins* :   Pigeon.
4°   —   *Gallinacés* :   Coq.

5° Ordre des *Échassiers* : Cigogne.
6° — *Palmipèdes* : Canard.
7° — *Passereaux* : Moineau.
8° — *Coureurs* : Autruche.

Les sept premiers ordres comprennent tous les Oiseaux ayant une carène ou bréchet et possédant la faculté de voler ; on les réunit sous le nom de *Carinates*. Les Oiseaux du huitième ordre, celui des *Coureurs*, n'ont pas de bréchet, le sternum est plat, et leurs membres antérieurs, insuffisamment développés, ne leur permettent pas de voler.

✿ *La classe des Oiseaux a été divisée en 8 ordres. Seuls, ceux de l'ordre des* Coureurs *sont privés de bréchet et ne peuvent voler.*

1° ORDRE DES RAPACES

Type : *Aigle.*

120. Groupe des Aigles. — L'*Aigle* et les autres Rapaces sont essentiellement carnassiers ; ils ont un bec crochu et les 4 doigts de chacun de leurs pieds, où *serres*, portent de fortes griffes recourbées (*fig.* 202). On les a divisés en deux sous-ordres : celui des Rapaces *diurnes* pour les oiseaux qui chassent durant le jour, et celui des Rapaces *nocturnes* pour ceux qui recherchent leur nourriture pendant la nuit. Le premier sous-ordre comprend des types de grande taille extrêmement nuisibles, aux yeux écartés, aux plumes rigides, au vol bruyant, appartenant aux groupes des *Aigles* et des *Vautours*.

Dans le premier groupe nous remarquerons quelques genres. L'*Aigle* (*fig.* 203) habite les hautes montagnes de l'Europe, Alpes et Pyrénées ; il s'y nourrit parfois de jeunes chamois et ne craint pas de saisir dans les hauts pâturages les agneaux et les chevreaux. Chez l'*Aigle impérial*, l'envergure, ailes déployées, égale 2ᵐ,50, exceptionnellement 3 mètres. Le *Faucon* (*fig.* 204), de taille bien

Fig. 202. — Tête et pied de *Rapace* (Aigle).

Fig. 203. — *Aigle* femelle et ses *aiglons* ; long., 1 mètre. (Pour les Oiseaux, la longueur comprend la queue.)

moindre, est un petit animal fort courageux, au vol rapide, et qui affectionne les régions montagneuses ; de tout temps on l'a dressé pour la chasse, mais c'est au Moyen âge que l'art de la *fauconnerie* fut le plus en honneur.

L'*Épervier* ressemble beaucoup au faucon ; il est plus petit et habite nos régions. Ces animaux ont la vue très perçante ; ils mangent des petits rongeurs. Le *Milan* est plus gros ; sa queue est fourchue, ses ailes très longues. De taille presque égale, la *Buse* est beaucoup plus paresseuse. Ces deux genres habitent les bois et les régions marécageuses d'Europe.

✿ *Les Rapaces sont carnassiers, ont un bec crochu et 4 doigts à chaque pied ou serre. Les espèces* diurnes *du groupe des* Aigles

Fig. 204. — *Faucon* ; long., 40 cent.

Fig. 205. — *Vautours :*
A, *fauve;* long., 1 m. 20 ; B, *de l'Inde.*

sont, en Europe, l'Aigle proprement dit, le Faucon dressé pour la chasse, l'Épervier, puis le Milan et la Buse, habitants des bois.

121. Groupe des Vautours. — Ces animaux ont le cou long, presque nu, et orné d'une forte collerette de duvet à la base. Ils volent très haut et longtemps ; leur vue est extrêmement puissante. Le passage des Aigles aux Vautours est représenté par le *Gypaète* (*fig.* 206), dont le cou est encore couvert de plumes ; c'est le plus grand rapace de l'Ancien continent : son envergure atteint 4 mètres. Les chamois, les moutons, les veaux, s'il en rencontre, ont tout à craindre de cet animal. Le *Vautour fauve* (*fig.* 205, A) existe dans les Alpes et les Pyrénées ; il dépasse à peine la taille d'une oie. Le *Condor* (*fig.* 207) est le plus grand oiseau connu ; il porte sur le bec et au cou des excroissances charnues qui le rendent fort laid. Son vol est puissant : on l'a

Fig. 206.
Gypaète; long., 1 m. 40.

vu planer dans les Andes américaines à des altitudes de 7 000 mètres. Il ne se nourrit guère que de proies abandonnées, de cadavres, de chair corrompue. Enfin, le *Serpentaire* d'Afrique est ainsi nommé de la chasse qu'il fait aux serpents venimeux.

✽ *Les espèces* diurnes *du groupe*

Fig. 207. — *Condor;*
long., 1 m. 20.

des Vautours *ont le cou nu, avec collerette de duvet. Ce sont : le Gypaète et le Vautour fauve, d'Europe ; le Condor, des Andes, qui s'élève jusqu'à 7 000 mètres, et le Serpentaire, de l'Afrique, qui détruit les serpents venimeux.*

122. Rapaces nocturnes. — Voici des animaux très calomniés ; nous en trouvons ainsi quelques-uns dans la série zoologique. Ce sont cependant des oiseaux ayant une fort jolie tête, avec de beaux et grands yeux de chat, et qui rendent bien des services à l'homme en détruisant un grand nombre de petits rongeurs nuisibles. Leur bec est très court et fendu largement, la queue courte également, les plumes soyeuses, le vol silencieux.

Nous remarquerons les *Hiboux* et les *Chouettes* (*fig.* 208). Les premiers se reconnaissent à deux aigrettes de plumes placées sur la tête et qui semblent des oreilles de chat. Le *Grand-Duc* (*fig.* 209) atteint la plus grande taille ; c'est un animal fort et courageux : on l'a vu s'attaquer à l'aigle. Le *Moyen-Duc* ou *Hibou* proprement dit (*fig.* 210) est moins gros, et le *Petit-Duc* ne dépasse pas la taille du merle. Parmi les Chouettes, citons la *Hulotte* ou *Chat-huant* dont le nom est tiré de son cri : *hou ou ou ;* elle détruit certains reptiles. La *Chevêche*, de la grosseur du Petit-Duc, est abondante en France. L'*Effraie* (*fig.* 211) est ainsi nommée de l'effroi qu'elle produit chez

Fig. 208. — Groupe de jeunes *Chouettes.*
Phot. Ch. Reid.

Fig. 209.
Grand - Duc ;
long., 60 cm.

les ignorants, qui lui attribuent des méfaits dont elle est innocente ; il y a là des superstitions qu'il faudra des siècles pour détruire.

✤ *Les Rapaces* nocturnes *ont le bec court et largement fendu. Ce sont les* Hiboux *(Grand-Duc, Moyen-Duc, Petit-Duc) et les* Chouettes *(Hulotte, Chevêche, Effraie). Toutes ces espèces sont utiles à l'homme, sauf le Grand-Duc.*

2° ORDRE DES GRIMPEURS

Type : *Pic.*

123. Types principaux. — Cet ordre est formé des *Grimpeurs* proprement dits et des *Perroquets*. Les premiers ont le bec droit, comme les pics et les coucous ; les seconds ont le bec très fort avec mandibule supérieure très recourbée et la langue épaisse (*fig.* 212). Les uns et les autres ont à chaque patte 2 doigts dirigés en avant et 2 en arrière : leurs extrémités sont ainsi nettement préhensiles.

Les *Pics* (*fig.* 213) sont ainsi appelés parce qu'ils se servent de leur bec comme d'un pic pour frapper le bois et effrayer les larves des insectes qui pourraient s'y trouver et dont ils se nourrissent ; ils grimpent aisément aux troncs des arbres en s'accrochant à l'écorce ; leur queue résistante leur sert de point d'appui. Les *Coucous* (*fig.* 214), dont le nom rappelle le cri, égayent les bois au printemps. La femelle porte ses œufs dans le nid de différents passereaux ; cette habitude est due à la lenteur de la ponte : il lui serait impossible, en effet, de soigner des jeunes et de couver des œufs en même temps. A ce groupe appartiennent aussi les *Toucans*, au bec démesuré, habitants de l'Amérique du Sud.

Les *Perroquets* (*fig.* 215) sont des oiseaux fort intelligents ; ils ont une mémoire extraordinaire et s'apprivoisent très facilement. Pour grimper ils s'aident de leur bec, exercice qu'ils pratiquent couramment en cage. Ce groupe comprend : les *Perroquets* proprement dits, auxquels il est si facile

Fig. 210. .*Hibou ;*
long., 35 cm.

Fig. 211. — *Effraie ;*
long., 35 cm.

Fig. 212. — Tête et pied de *Grimpeur* (Perroquet).

Fig. 213. — *Pic vert ;*
long., 30 cm.

Fig. 214. — *Coucou;* long., 25 cm.

d'apprendre à parler ; les gracieuses *Perruches*, principalement localisées dans l'Amérique du Sud ; les *Cacatoès* (*fig.* 215, B), dont la tête est ornée d'une huppe et qui habitent l'Australie, et les *Aras* (*fig.* 215, A), au plumage merveilleux, reconnaissables à leurs joues *nues*, et qui habitent l'Amérique Centrale et le Brésil. Étant granivores, les Perroquets sont nuisibles à l'agriculture.

❀ *Les* Grimpeurs *ont à chaque pied 2 doigts en avant et 2 en arrière. Les uns ont le bec droit :* ce sont les Pics, *qui attaquent le bois,* et les Coucous, *qui déposent leurs œufs dans le nid de certains passereaux. Les* Perroquets, *Perruches, Cacatoès, Aras, ont le bec très fort et recourbé, avec langue épaisse.*

Fig. 215. — *Perroquets :*
A, *Ara;* long., 65 cm. ; B, *Cacatoès;* long. ; 40 cm. ;
C, *Jaco;* long., 30 cm. ; D, E, F, types divers.

3° ORDRE DES COLOMBINS

Type : *Pigeon.*

124. Types principaux. — Le Pigeon et les autres oiseaux de cet ordre sont voisins des Gallinacés (**125**) ; ils s'en différencient par leur bec assez faible et renflé à la base, et par la puissance de leur vol ; ils possèdent 3 doigts en avant et 1 en arrière (*fig.* 216). Leurs petits naissent faibles et presque nus, leur mère les nourrit d'une sécrétion laiteuse de son jabot. La plus grande espèce d'Europe est le *Pigeon ramier* (*fig.* 217), qui reste en France de mars à octobre, où il fréquente volontiers les jardins publics. Le *Pigeon messager* est celui auquel nous avons fait allusion plus haut (**118**), et dont le merveilleux instinct d'orientation et le vol rapide sont utilisés pour le transport des dépêches. Le *Pigeon domestique* descend du *Biset;* sa domestication se pratiquait déjà dans l'Égypte ancienne ; sa chair est très estimée.

Deux autres espèces assez connues sont le *Pigeon-paon,* qui développe sa queue en éventail comme le fait le paon, et le *Pigeon boulant,* dont une grande dilatation du jabot explique l'énormité de la gorge. Les *Tourterelles* (*fig.* 218), au petit roucoulement mélancolique, sont représentées en France par deux espèces, dont l'une habite le Midi ; l'autre, originaire d'Afrique, s'apprivoise et s'élève en cage facilement.

Fig. 216.
Tête et pied
de *Colombin*
(Pigeon).

Fig. 217. — *Ramier;* long., 30 cm.

Fig. 218. — *Tourterelles*; long., 20 cm.

✿ *Les Colombins sont caractérisés par le bec faible et renflé à la base et la puissance du vol. On y remarque : le Pigeon ramier, commun en France ; le Pigeon messager, au merveilleux instinct d'orientation et au vol rapide ; le Pigeon domestique ou Biset ; les Tourterelles.*

4° ORDRE DES GALLINACÉS

Type : *Coq.*

125. Coq, Faisan, Paon. — Le Coq et la Poule, ainsi que les autres Gallinacés, ont un bec très résistant et de fortes pattes munies de 3 doigts en avant et d'un en arrière (*fig.* 219); ce dernier est inséré un peu plus haut que les premiers ; son extrémité seule touche le sol. Des ongles puissants leur permettent de gratter le sol pour y chercher leur nourriture. Au-dessus du doigt postérieur, les

Fig. 220. — *Coq* et *poule* de Houdan ; long., 50 à 60 cm.

mâles ont un éperon ou *ergot*, qui est une arme offensive ou défensive. Les Gallinacés volent mal ; ils marchent vite et sont sédentaires. Dans la plupart des espèces le mâle est très différent de la femelle ; son plumage est souvent fort beau.

Le *Coq* et la *Poule* domestiques (*fig.* 220 et 221) sont les plus répandus de cet ordre ; ils paraissent descendre d'espèces venues des Indes et sont élevés pour la qualité de leur chair et aussi pour les œufs que la poule produit. Leurs petits sont *précoces;* on désigne sous le nom de *poulets* les jeunes destinés à l'alimentation. Les races les plus estimées sont celles de Houdan (*fig.* 220) pour la ponte, et du Mans pour la chair. Le *Faisan* (*fig.* 223), sauvage ou élevé dans nos forêts, est originaire de l'Asie centrale ; le mâle est remarquable par les belles plumes de sa queue.

Fig. 219. — Tête et pied de *Gallinacé* (Coq gaulois).

Fig. 221. — *Poule* et ses poussins.

Fig. 222. — *Pintade;*
long., 45 cm.

Le *Faisan doré* et le *Faisan argenté* de la Chine sont d'une grande beauté. La *Pintade* (*fig.* 222) habite l'Afrique; celle qui est domestiquée en France est originaire d'Arabie; son cri est peu agréable. Le *Paon* (*fig.* 224), originaire des Indes, s'est bien acclimaté chez nous; c'est un superbe oiseau, ornement des parcs et des jardins. Parfois cet animal redresse les plumes rectrices de sa queue, lesquelles soulèvent à leur tour en éventail les longues plumes dites « de couverture » qui sont ocellées : le Paon fait alors la *roue* pour le plaisir des yeux.

✿ *Les Gallinacés sont caractérisés par la force des* pattes *pour marcher et des* ongles *pour gratter le sol. Dans un premier groupe on remarque: le Coq et la Poule domestiques,*

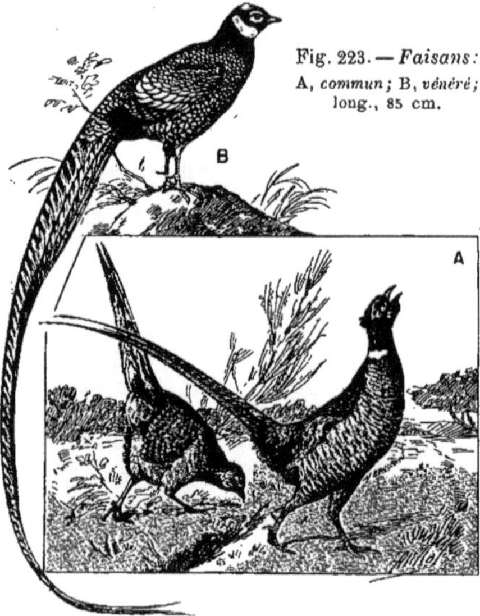

Fig. 223. — *Faisans:*
A, *commun;* B, *vénéré;*
long., 85 cm.

Fig. 224. — *Paons;* long., 2 mètres.

élevés pour les œufs et la chair; le Faisan, de nos forêts; la Pintade; le Paon, magnifique par la beauté de ses plumes.

126. Tétras, Dindons. — Le type du groupe des Tétras est le *Coq de bruyère,* devenu bien rare et localisé maintenant dans les forêts de l'est de l'Europe ; la grande espèce atteint la grosseur du dindon. La *Gelinotte,* dont la chair est estimée, habite la région des Vosges et des Ardennes. C'est encore pour la qualité de leur chair que sont chassées les perdrix et la caille. Les *Perdrix* sont représentées en France par trois espèces : la *Perdrix rouge* (*fig.* 228, B) est méridionale, la *Perdrix grise* (*fig.* 228, A) est septentrionale, et la *Bartavelle* recherche les montagnes. Ces oiseaux vivent en familles ou *compagnies;* les œufs sont déposés sur le sol des champs, mais cette absence de nid n'implique pas l'indifférence des parents, et l'on cite souvent le courage du mâle, qui, au péril de sa vie, attire sur lui l'attention du chasseur pendant que la femelle s'enfuit d'un autre côté avec ses petits. La *Caille* (*fig.* 227) est un oiseau migrateur; elle passe l'hiver en Afrique et la belle saison en Europe. La traversée bi-annuelle de la Méditerranée représente pour ces animaux un grand effort; ils ne l'entreprennent qu'avec un vent favo-

Fig. 225. — *Dindons :*
A, *domestique ;* long., 80 cm. ; B, *ocellé.*

rable et arrivent au rivage bien fatigués.
Les *Dindons* (*fig.* 225) sont originaires de
l'Amérique du Sud, où ils vivent encore à
l'état sauvage dans les forêts. Ils furent accli-
matés en Europe, dès le XVI° siècle, par les
Espagnols qui les avaient trouvés domestiqués
chez les Mexicains. En France, le Dindon
apparut comme volaille de ferme sous le
règne de François Ier ; les variétés domestiques fournissent une chair excellente. Le
mâle fait parfois la roue comme le paon,
mais le résultat est beaucoup moins brillant.
Les excroissances verruqueuses qui pendent
de sa tête et de son cou ne contribuent pas
à sa beauté.

❊ *Le groupe des Tétras comprend : le Coq
de bruyère, la Gelinotte, les Perdrix qui
vivent en compagnies dans les champs, la
Caille qui traverse la Méditerranée à chaque
migration. Les Dindons, originaires de l'Amérique du Sud, sont domestiqués en Europe.*

5° ORDRE DES ÉCHASSIERS

Type : *Cigogne.*

127. Échassiers à bec comprimé. — La *Cigogne* et les différentes espèces d'Échassiers
sont caractérisées par la longueur de leurs
pattes nues, de leur cou et de leur bec (*fig.* 226) ;
ces animaux habitent généralement les régions
humides, mar-
chent dans
l'eau et peu-
vent recueillir
leur nourriture
sur le fond.
Les formes
sont nombreu-
ses ; on peut
les distribuer

Fig. 226. — Tête et pied
d'*Échassier* (Cigogne).

dans quatre groupes : selon qu'ils présentent
un *bec comprimé,* ou de *grands doigts,* ou un
bec long, ou bien un *bec tranchant.*

Les Échassiers à *bec comprimé* constituent
le passage des Gallinacés aux Échassiers. Le
pouce ou doigt d'arrière est rudimentaire, ou
absent comme chez les Coureurs. Ce groupe
comprend la *Grande Outarde* (*fig.* 229), qui est
le plus gros oiseau d'Europe ; elle vit en bandes
dans les steppes humides de l'Europe orientale.
L'*Outarde canepetière,* de la grosseur d'une
poule, existe dans le centre de la France ; la
chair de l'une et de l'autre est des plus estimées. Les Pluviers, dont le cou est assez court,
comprennent le *Vanneau,* migrateur, qui passe
la belle saison dans les
Pays-Bas et l'hiver en

Fig. 227.
Caille ; long., 20 cm.

Fig. 228. — *Perdrix :*
A, *grise ;* B, *rouge ;* long., 30 cm.

Fig. 229. — *Outardes* mâle et femelle ;
longueur, 1 mètre.

France, et les *Pluviers* proprement dits, dont le nom est dû au cri qu'ils poussent à l'approche de la pluie ; ces espèces sont très utiles à l'homme parce qu'elles détruisent les vers et nombre d'insectes nuisibles. Il existe sur les bords du Nil un petit Pluvier intéressant qui trouve sa nourriture jusque dans la gueule des crocodiles (*fig.* 230) ; lorsque ces reptiles se reposent ayant les mâchoires ouvertes, il y pénètre et leur cure les dents sans être inquiété.

Fig. 230. — *Pluvian* ou Pluvier du Nil ; taille du pigeon.

❀ Les Échassiers sont caractérisés par la longueur des pattes, du cou et du bec ; ils fréquentent les lieux humides. Le groupe des Échassiers à bec comprimé comprend la Grande outarde et l'Outarde canepetière, le Vanneau et le Pluvier, utiles à l'homme.

128. Types à grands doigts et à long bec. — Les Échassiers à *grands doigts* ont le vol assez lourd, cependant ils sont migrateurs ; ils offrent encore quelques rapports avec les Gallinacés. Ce sont la *Poule d'eau*, dont les pieds sont légèrement palmés et qui habite les étangs encombrés de roseaux ; le *Râle d'eau* (*fig.* 231) et le *Râle de genêt* (*fig.* 232), celui-ci très peu aquatique.

Certains Échassiers ont un *bec long* et flexible, qui leur sert à fouiller la vase. La *Bécasse* (*fig.* 234), aux pattes courtes, habite les bois des régions montagneuses ; elle regagne les plaines à l'approche de l'hiver ; cet oiseau craintif est chassé pour l'excellence de sa chair. La *Bécassine* est plus petite, mais ses pattes sont un peu plus longues ; elle se trouve dans les régions marécageuses de l'Europe orientale ; elle vient jusqu'en France passer l'hiver. L'*Ibis*, au bec fin et recourbé, comprend une espèce qui fut révérée aux temps de l'Égypte ancienne : c'est l'*Ibis sacré* (*fig.* 233). L'*Ibis rose*, d'un très joli effet dans les jardins zoologiques, vient de l'Amérique méridionale. Les *Courlis*, communs en France d'avril à août, ressemblent aux Ibis.

❀ Les Échassiers à grands doigts sont la Poule d'eau de nos étangs

Fig. 231. — *Râle d'eau ;* long., 25 cm.

Fig. 232. — *Râle de genêt ;* long., 25 cm.

Fig. 233. — *Ibis sacré ;* long., 75 cm.

Fig. 234. — *Bécasse ;* long., 30 cm.

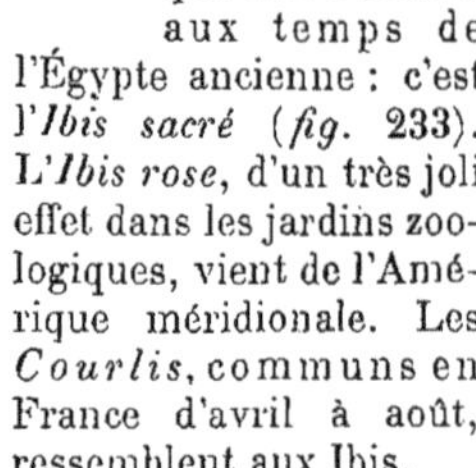

Fig. 235. — Groupe de *Flamants roses;* hauteur, 1 m. 45.

le *Râle d'eau* et le *Râle de genêt.* Les *Échassiers* à bec long *sont la Bécasse et la Bécassine, chassées pour leur chair, et les Ibis, dont une espèce fut révérée en Égypte.*

129. Échassiers à bec tranchant. — Ce groupe renferme les grands Échassiers, au bec *dur* et *coupant*, au cou très long; nous citerons les principaux. La *Cigogne* (*fig.* 236), dont le plumage est blanc et noir et le bec rouge, est l'amie des maisons en Allemagne et en Hollande; elle construit son nid sur les cheminées ou les clochers, ou bien dans les arbres, car il en est qui vivent dans des contrées marécageuses, au voisinage des forêts. Ces animaux émigrent chaque année entre l'Europe tempérée et l'Afrique pour trouver leur nourriture, principalement composée de reptiles, batraciens et insectes nuisibles.

Les *Grues* (*fig.* 237) sont aquatiques; elles vont et viennent entre l'Europe septentrionale et l'Afrique, suivant les saisons. Elles voyagent en troupes nombreuses disposées en triangle; au sommet du triangle se trouve un individu vigoureux qui conduit la troupe contre le vent et cède sa place à un autre lorsqu'il est fati-

gué. Le *Héron* (*fig.* 240) est reconnaissable aux plumes qui garnissent le dessus de sa tête et retombent sur son cou; il vit au bord des eaux et se nourrit de poissons. Le *Marabout* (*fig.* 241), au crâne dénudé, aux attitudes graves, méditatives et grotesques, possède sous la gorge un sac qui communique

Fig. 236. — *Cigogne* au nid, avec ses *cigogneaux;* hauteur, 1 m. 15.

avec l'œsophage et dans lequel prennent place les aliments en excès. Il est très vorace et fréquente en toute sécurité les villes de l'Inde, nettoyant les rues de leurs immondices. Le *Flamant* (*fig.* 235), dont le bec est recourbé à angle obtus, est perché sur de longues pattes roses aux pieds palmés ; il constitue le passage aux Palmipèdes. Son plumage est blanc, avec ailes rouges. Il est très commun en Égypte et apparaît en été dans le Midi de la France.

❉ *Les Échassiers à* bec tranchant *ont les pattes et le cou très longs. Tels sont : la Cigogne, familière des villes d'Allemagne ; les Grues, au vol puissant et aux formes gracieuses ; le Héron ; le Marabout des Indes et le Flamant d'Égypte.*

Fig. 237. — *Grue ;* haut., 1 m. 35.

6° *ORDRE DES PALMIPÈDES*

Type : *Canard.*

130. Palmipèdes à bec lamelleux. — Tous les oiseaux de l'ordre des Palmipèdes ont les pattes courtes et les pieds *palmés* en vue de la natation (*fig.* 239) ; une glande située près du cloaque sécrète un corps gras dont ils enduisent leur plumage pour le rendre imperméable ; on y a établi trois sous-ordres, selon qu'ils présentent un *bec lamelleux* ou de *grandes ailes*, ou bien qu'ils sont *privés d'ailes*.

Chez les Palmipèdes à *bec lamelleux* les lamelles du bec remplissent le rôle de tamis ; la vase peut s'échapper et la proie seule est avalée. Ces animaux ont la marche disgracieuse, l'aspect lourd, mais ils volent bien et sont migrateurs.

Parmi les Canards, on remarque le *Canard sauvage* (*fig.* 238), habitant le nord de l'Ancien continent et qui vient hiverner chez nous. Les troupes de ces

Fig. 238. — *Canard ;* long., 50 cm.

Fig. 239. — Tête et pied de *Palmipède* (Canard).

animaux prennent en l'air la forme d'un V dont la pointe est occupée par le guide ; cette disposition est analogue à celle des troupes de grues (**129**). Le Canard domestique présente une foule de variétés ; sa chair est savoureuse. La *Sarcelle* (*fig.* 244) est assez commune en France.

L'*Eider*, dont le duvet doux et léger est si recherché pour les édredons, ne

Fig. 240. — *Héron ;* haut., 1 mètre.

Fig. 241. — *Marabout ;* hauteur, 1 m. 50.

Fig. 242. — *Oie domestique ;* long., 80 cm.

Fig. 243. — Un vol de *Goélands* en mer.

quitte guère les terres du Nord. L'*Oie sauvage* émigre du Nord vers nos pays. L'*Oie domestique* (*fig.* 242) a longtemps fourni les plumes avec lesquelles on écrivait avant l'invention des plumes métalliques ; son duvet est recueilli et utilisé. Par le gavage forcé, on l'engraisse et on provoque un plus fort volume du foie qui sert dans la confection des pâtés de foie gras ; c'est là un procédé parfaitement barbare. Le *Cygne* (*fig.* 245)

est le plus beau de ce groupe. Il est l'ornement de nos pièces d'eau. A l'état sauvage, il émigre du Nord vers le Centre, à l'approche de l'hiver. Il existe en Australie une espèce entièrement noire, acclimatée en Europe.

✿ *Les Palmipèdes ont les pieds palmés en vue de la natation. Chez les Palmipèdes*

Fig. 244. — *Sarcelle;* long., 40 cm.

Fig. 245. — *Cygnes blancs;* long., 1 m. 30

Phot. Cb. Reid.

à bec lamelleux, *les lamelles du bec remplissent le rôle de tamis. Ce sont les Canards, la Sarcelle, communs en France, et l'Eider au précieux duvet ; puis les Oies et le Cygne.*

131. Palmipèdes à grandes ailes. — Les Palmipèdes à *grandes ailes* sont des oiseaux de mer au vol puissant ; ce sont par excellence les « grands voiliers ». Les *Mouettes* (*fig.* 246), ainsi que les *Goélands* (*fig.* 243 et 247), qui leur ressemblent avec une taille plus grande, sont communs sur nos côtes ; mais le voisinage de l'eau douce ne leur déplaît pas, ils remontent souvent les fleuves ; c'est ainsi que les mouettes sont nombreuses sur le lac de Genève. Le *Pétrel*, toujours en mer, est moins commun ; c'est l'oiseau des tempêtes, se plaisant dans la rafale et les embruns. Les *Albatros* des mers du Sud (*fig.* 251) et les *Frégates* des mers tropicales (*fig.* 248) sont d'infatigables voiliers ; ils restent loin des côtes durant plusieurs jours. L'envergure de l'Albatros atteint 5 mètres, celle de la Frégate 3 mètres. Cette dernière a le bec, les ailes et la queue extrêmement longs. Le *Cormoran* (*fig.* 249), largement répandu dans l'hémisphère nord, habite les rives des fleuves ; il y fait une grande

Fig. 246. — *Mouette ; long., 50 cm.*

Fig. 247. — *Goéland ; long., 65 cm.*

consommation de poissons. En Chine, on l'apprivoise afin d'utiliser son adresse à la pêche dans un but intéressé. Le *Pélican* (*fig.* 250), à la démarche embarrassée et lourde, a un énorme bec dont la mandibule inférieure porte une poche membraneuse qui constitue un sac à provisions.

❊ *Les Palmipèdes à* grandes ailes *sont des oiseaux de mer ; ce sont : Mouette, Goéland, Pétrel, Albatros, Frégate ; il faut ajouter le Cormoran et le Pélican.*

132. Types sans ailes ou plongeurs. — Leur caractère principal est la transformation des ailes en véritables nageoires ou, plus exactement, en *rames.* Ils plongent fréquemment pour rechercher leur nourriture, qui se compose de poissons. Au repos, leur corps est à peu près vertical, car les pattes sont placées très en arrière ; ils habitent les mers froides.

Le *Plongeon* (*fig.* 253) est ainsi appelé de la rapidité avec laquelle il plonge ; ses ailes lui permettent de temps en temps un vol de courte durée. Le *Grèbe* (*fig.* 252) se reconnaît à ses pieds curieusement lobés et à sa collerette ; son plumage, très serré, est utilisé comme fourrure. Le *Pingouin* (*fig.* 255, A), du nord de l'Atlantique, est de la grosseur d'un canard ; il niche dans les rochers ou sous les pierres et hiverne jusque dans la

Fig. 248. — *Frégate ; long.,* 1 mètre.

Fig. 249. — *Cormoran ; long.,* 80 cm.

Méditerranée; malgré ses ailes étroites, il vole assez bien et assez longtemps. Les *Manchots* (*fig.* 254 et 255, B) possèdent les ailes les plus atrophiées, les plus réduites; leurs pattes sont courtes et ils marchent maladroitement. De taille variable, ils ont un bec long, les ailes en lames de sabre, le corps allongé et le cou assez court. Leur corps est recouvert de petites plumes en forme d'écailles. Une grande espèce habite les mers australes; une autre pullule dans les mers du nord. On les y rencontre en multitude et l'homme prend plaisir à les y massacrer à coups de bâton, car ces pauvres bêtes sont incapables de se défendre.

❀ *Les Palmipèdes plongeurs ont les ailes transformées en rames; ils habitent les mers froides et plongent pour se nourrir de poissons. Ce sont le Plongeon, le Grèbe; les Pingouins fréquentent le nord de l'Atlantique. Les Manchots, des mers polaires, ont les ailes plus atrophiées.*

Fig. 250. — Groupe de *Pélicans*; long., 1 m. 80.

Fig. 251. — *Albatros*; long., 1 m. 40.

Fig. 252. — *Grèbe huppé*; haut., 50 cent.

Fig. 253. — *Plongeon*; long., 65 cm.

Fig. 254. — Groupe de *Manchots*.

Fig. 255. — A, *Pingouin;*
long., 40 cm.; B, *Manchot;* haut., 40 cm.

7° ORDRE DES PASSEREAUX

Type : *Moineau.*

133. Types à bec conique et à bec fendu.
— Voici un ordre dans lequel on a accumulé
des espèces qu'il n'était pas possible de placer
dans les autres ordres. Malgré leur extrême
variété, ces animaux offrent cependant quelques caractères à signaler : c'est ainsi qu'ils
sont généralement de petite taille ; leurs pattes
sont courtes avec trois doigts en avant et un
en arrière armés de longues griffes (*fig.* 257);
ils sont presque tous migrateurs et c'est
dans leur nombre que l'on remarque les
oiseaux *chanteurs.* On a
réparti les Passereaux en
quatre sous-ordres, selon
qu'ils ont un *gros bec
conique,* ou un *bec fendu,*
ou un *bec denté,* ou un
bec mince.

Parmi les Passereaux à

Fig. 257. — Tête et pied
de *Passereau* (Moineau).

Fig. 256. — *Alouettes :* A, *des champs;* B, *huppée;*
C, *hausse-col;* longueur, 14 à 18 cm.

gros *bec conique,* nous noterons celui que
nous connaissons le mieux, celui qu'on a
appelé le « Gamin de Paris » : le *Moineau
franc* (*fig.* 190 et 258, A). Dans les jardins
publics, il se familiarise facilement avec le
public, mais ne supporte pas la captivité. Le
Chardonneret, le *Pinson* (*fig.* 259), le *Bouvreuil* sont granivores, et l'*Alouette* (*fig.* 256)
est utile à l'homme par la quantité de bestioles
nuisibles qu'elle détruit. Citons encore : le *Serin* jaune des îles Canaries, hôte ordinaire des
cages ; puis, en Afrique, le *Tisserin* (*fig.* 200) au
nid artistement tissé, et le curieux *Républicain*
(*fig.* 199) qui édifie autour des troncs d'arbres
de véritables colonies en forme de parasols.

Les Passereaux à *bec fendu* ont le bec court,
mais largement fendu ; ils volent en l'ouvrant

Fig. 258. — *Moineaux :* A, *franc;* B, *friquet;*
C, *soulcie;* longueur moyenne, 15 cent.

Fig. 259. — *Pinson;*
long., 15 cm.

Fig. 260. — *Hirondelles* :
A, *de cheminée;* B, *de fenêtre;* long., 18 cent.

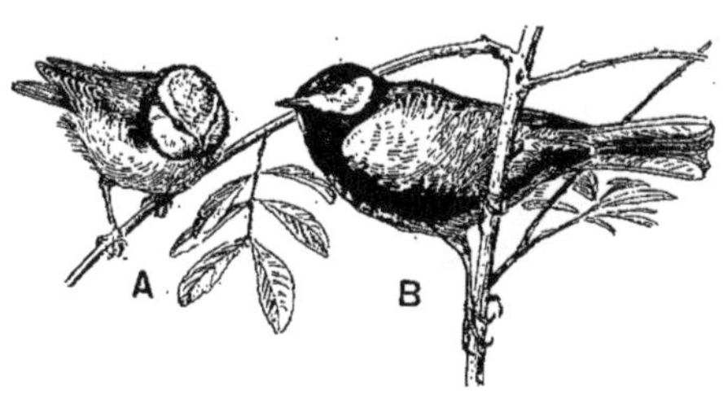

Fig. 261. — *Mésanges* :
A, *bleue;* B, *grande charbonnière;* long., 12 à 15 cm.

afin de saisir au passage les insectes dont ils se nourrissent. Telles sont les *Hirondelles*, dont trois espèces habitent notre pays en été : ce sont : l'*Hirondelle* de cheminée (*fig.* 260, A), celle de fenêtre (*fig.* 260, B) et celle de rivage. Les *Martinets* (*fig.* 262) sont plus forts ; leur vol est très rapide. L'*Engoulevent* (*fig.* 263) est nocturne, ce qui lui fait grand tort auprès des ignorants qui l'ont baptisé du nom de *crapaud volant.*

❀ *Les Passereaux, de petite taille, ont les pattes courtes armées de*

Fig. 262. — *Martinet;* long., 20 cm.

Fig. 263. — *Engoulevent;* long., 19 cm.

longues griffes; ils comprennent beaucoup d'oiseaux chanteurs. Ceux à bec conique *sont :* Moineau, Chardonneret, Pinson, Bouvreuil, Alouette. *Ceux* à bec fendu *sont :* Hirondelles, Martinets, Engoulevents.

134. Types à bec denté et à bec mince. — Les Passereaux à *bec denté* présentent la mandibule supérieure recourbée en une petite dent. Ce sont : notre *Merle* noir, au bec jaune; la *Grive*, à la chair délicate; l'*Étourneau;* le *Sansonnet;* les *Mésanges* (*fig.* 261),

Fig. 264. — *Bergeronnette;* long., 22 cm.

Fig. 265. — *Rossignol;* long., 18 cm.

Fig. 266. — *Fauvette;* long., 18 cm.

Fig. 267.
Pie; long., 40 cm.

Fig. 268.
Geai; long., 30 cm.

Fig. 269.
Martin-pêcheur;
long., 16 cm.

batailleuses avec les autres oiseaux, mais dévouées aux individus de leur espèce et les assistant lorsqu'ils sont blessés; puis la *Pie-grièche*, la *Bergeronnette* (*fig.* 264), etc. Près des espèces appartenant à ce sous-ordre, on peut placer le *Corbeau*, la *Corneille*, la *Pie* (*fig.* 267) et le *Geai* (*fig.* 268); leur bec est long et fort; ils sont carnassiers et plutôt nuisibles, car ils détruisent des oiseaux utiles. La Pie porte quelques plumes blanches sur son plumage noir; les ailes du Geai en portent des bleues.

Les Passereaux à *bec mince* ont le bec long; ils sont insectivores. Ils comptent dans leurs rangs un délicieux chanteur, le *Rossignol* (*fig.* 265). Cet oiseau arrive au printemps dans nos pays et s'envole en septembre pour hiverner en Afrique ou en Asie occidentale. Près du Rossignol, il faut citer le *Rouge-gorge*, puis la *Fauvette* (*fig.* 266), et le *Roitelet* qui est peut-être le plus petit oiseau d'Europe; les plus petits Passereaux habitent l'Amérique tropicale : ce sont les *Oiseaux-mouches*, dont les espèces sont nombreuses et la beauté remarquable. On peut placer ici le *Martin-pêcheur* (*fig.* 269), dont le plumage est fort beau; il recherche le bord de l'eau, niche dans les berges des ruisseaux et se nourrit de poisson; il a la curieuse habitude de garnir son nid, sorte de terrier, avec les arêtes de ses victimes.

❧ *Chez les Passereaux à bec denté la mandibule supérieure se termine par une petite dent; ce sont : Merle, Grive, Sansonnet,* *Mésange, Bergeronnette. Près de ces oiseaux on place le Corbeau, la Pie. Ceux à bec long et mince sont : Rossignol, dont le chant est si beau, Rouge-gorge, Fauvette. Le Martin-pêcheur peut être cité ici.*

8° ORDRE DES COUREURS

Type : *Autruche.*

135. Types principaux. — L'*Autruche* et les autres Coureurs remplacent l'inaptitude au vol de leurs membres antérieurs par la puissance des membres postérieurs. Le bréchet, qui constitue un point d'appui si utile aux voiliers, n'existe pas chez eux : le sternum est plat. Cet ordre ne compte que peu d'espèces; la plus connue est l'*Autruche* (*fig.* 272), qui ne porte à chaque pied que deux doigts dirigés en avant (*fig.* 270); c'est, en outre, le plus gros de tous les oiseaux. Elle vit en Afrique, en troupes souvent nombreuses; selon les régions, on la chasse ou on l'élève (*fig.* 271) pour les plumes de ses ailes et de sa queue, qui atteignent un prix assez élevé. Le *Nandou* (*fig.* 273), dont les plumes ont beaucoup moins de valeur, est une autruche d'Amérique; ses pieds portent

Fig. 270. — Tête et pied de *Coureur* (Autruche).

Fig. 271. — Troupeau d'*Autruches* domestiques au pâturage.

trois doigts. Il en est de même du *Casoar* (*fig.* 274) et de l'*Émeu*, habitants de l'Australie, parfois chassés pour leur chair ; le second est cependant recouvert de plumes grises estimées pour la grosse plumasserie. Tous ces animaux sont omnivores et rapides à la course. Un autre Coureur de la Nouvelle-Zélande et de la Tasmanie est l'*Aptéryx* ou *Kiwi* (*fig.* 275), dont les ailes sont absentes; sa taille n'est pas supérieure à celle de la poule. Ses plumes ont l'aspect de poils.

❉ *Les Coureurs ont des ailes* inaptes *au vol et les membres postérieurs puissants; ils n'ont pas de brechet. L'Autruche est sauvage ou domestiquée en Afrique; seule*

de cet ordre, elle ne porte que deux doigts à *chaque pied. Les autres Coureurs sont: le Nandou d'Amérique, le Casoar, l'Émeu d'Australie, et l'Aptéryx de la Nouvelle-Zélande.*

136. Protection des oiseaux. — En étudiant les Rongeurs, nous avons vu combien d'ennemis l'agriculture compte dans cet ordre. Lorsque nous étudierons

Fig. 272. — *Autruche;* hauteur, 2 m. 50.

Fig. 273. — *Nandou;* hauteur, 1 m. 50.

Fig. 274. — *Casoar;* hauteur, 1 m. 70.

les insectes, nous constaterons le nombre infini des êtres nuisibles aux plantes, et nous comprendrons mieux encore l'importance qu'il y a de protéger

Fig. 275. — *Aptéryx;* hauteur, 40 cm.

par tous les moyens les animaux qui les détruisent. En effet, l'homme ne peut rien par lui-même pour diminuer le nombre de ces ennemis. Les petits oiseaux, au contraire, par leur activité, leur faible taille, la puissance de leur vision et leur bon appétit détruisent chaque jour des légions d'insectes. C'est pourquoi les oiseaux utiles doivent être respectés, notamment les Passereaux, et que les nids ne doivent pas être touchés. Ceux qui capturent une couvée commettent une *cruauté stupide* et sont *méprisables.* Aussi, les principales nations européennes ont-elles signé, à Paris, une convention pour la protection des oiseaux utiles à l'agriculture. Cette convention a été approuvée par la loi du 30 juin 1903. Il en résulte que ceux qui détruisent ces oiseaux ou leurs couvées, qui cherchent à les capturer à l'aide de pièges, et qui les vendent ou les achètent, se mettent dans le cas d'être punis très sévèrement. Voici la liste des oiseaux protégés par cette loi :

Rapaces nocturnes : Chevêches et Chevêchettes, Chouettes, Hulottes ou Chats-huants, Effraie commune, Hibou brachyote et Moyen-Duc, Petit-Duc. — *Grimpeurs :* Pics (toutes espèces). — *Passereaux :* Huppe vulgaire, Grimpereaux, Tichodromes et Sittelles, Martinets, Engoulevents, Rossignols, Gorges-bleues, Rouges-queues, Rouges-gorges, Traquets, Accenteurs, Fauvettes, Pouillots, Roitelets et Troglodytes, Mésanges, Gobe-mouches, Hirondelles, Lavandières et Bergeronnettes, Pipits, Becs-croisés, Venturons et Serins, Chardonnerets et Tarins, Étourneaux et Martins, Rollier ordinaire, Guêpiers. — *Échassiers :* Cigognes blanche et noire.

Les Oiseaux nuisibles sont peu nombreux; ce sont les grands Rapaces diurnes, et les espèces qui se nourrissent de poissons et dépeuplent ainsi les rivières. Il faut y ajouter le Pigeon ramier, qui est essentiellement granivore.

✾ *Il est* cruel *de capturer les oiseaux ou leurs couvées, et cette capture est* stupide *parce qu'ils sont presque tous utiles à l'agriculture. La loi du 30 juin 1903 punit sévèrement les coupables. Les oiseaux nuisibles sont les grands Rapaces diurnes, le Pigeon ramier et les espèces qui se nourrissent de poissons.*

X. — TABLEAU-RÉSUMÉ DE LA CLASSIFICATION DES OISEAUX.

STERNUM.	DOIGTS.			TARSES.	BEC.	NOMS des ORDRES.	EXEMPLES.
Avec une *carène.* CARINATES.	Non palmés.		2 en avant; 2 en arrière......	Courts.	Fort, parfois crochu.	GRIMPEURS.	*Pic, Perroquet.*
		3 en avant, 1 en arrière.	Fortes griffes......	Emplumés, forts.	Puissant, crochu.	RAPACES.	*Aigle, Hibou.*
				Faibles.	Faible, membraneux.	COLOMBINS.	*Pigeon.*
			Doigt postr attaché plus haut que les autres.	Forts.	Fort.	GALLINACÉS.	*Coq.*
			Parfois une légère palmure.........	Très longs.	Long, d'ordinaire.	ÉCHASSIERS.	*Cigogne.*
			Parfois les 4 doigts en avant.........	Écailleux.	Très variable.	PASSEREAUX.	*Moineau.*
		Palmés; 3 en avant, 1 en arrière.....		Courts.	Fort, très variable.	PALMIPÈDES.	*Canard.*
Sans carène.	2 à 3 doigts; membres antérieurs impropres au vol...............					COUREURS.	*Autruche.*

Fig. 276. — Crocodiliens : A, *Crocodile;* longueur totale, 7 mètres. B, *Caïman;* longueur, 5 mètres.
C, *Gavial;* longueur, 6 mètres.

V. CLASSE DES REPTILES

Type : *Lézard.*

137. Caractères et divisions. — Comme les Oiseaux, les Reptiles sont *ovipares;* ils pondent des œufs, mais ils ne les couvent pas. Leur température est *variable,* c'est-à-dire subordonnée à celle de l'air. La protection de la peau est assurée sur le corps par une couche cornée plus ou moins épaisse et divisée en plaques qui peuvent être fines (Lézard), très épaisses (Crocodile), ou très larges (Tortue). Sur toute l'étendue des pattes, ces plaques ressemblent à des écailles imbriquées; il en est de même sur le corps entier des serpents; mais ces plaques sont formées par l'épaississement de l'épiderme. Les Reptiles ne marchent pas, ils *rampent:* de là leur nom. En effet, la face ventrale de leur corps ne cesse pas de toucher le sol, même lorsqu'ils se déplacent sous l'effort de leurs membres, car ceux-ci sont très courts et rejetés sur les côtés du corps. Sauf chez les serpents, qui en sont privés, les membres sont au nombre de quatre, avec cinq doigts. Dans l'appareil *res-piratoire* des reptiles les poumons sont petits et très simples, ne comportant qu'un petit nombre d'alvéoles : ils sont ainsi en rapport avec la faible intensité de la respiration. L'appareil *digestif* présente de notables simplifications, car l'estomac est à peine plus dilaté que l'œsophage; l'intestin, très court, aboutit à un cloaque. Exception faite pour les tortues, qui n'en ont pas, les dents sont nombreuses, mais elles ne sont pas faites pour mastiquer; elles retiennent seulement les aliments dans la bouche.

Le *cœur* n'est divisé en quatre cavités que chez les Crocodiliens; chez les autres Reptiles, les deux oreillettes sont normales, mais la cloison qui sépare les ventricules est incomplète; il en résulte que le sang artériel et le sang veineux commencent à se mélanger dans le cœur. Chez les Crocodiliens le mélange ne se produit que dans l'aorte.

Le *système nerveux* est également simplifié; la surface du cerveau est lisse et le cervelet très petit. L'œil des lézards et des tortues est caractérisé par un *anneau* osseux comme chez les Oiseaux (**114**). On a divisé cette classe, qui est la plus hétérogène de celles étudiées jusqu'ici, en quatre ordres, qui sont:

1º Ordre des *Crocodiliens :* Caïman.
2º   —   *Sauriens :*   Lézard.
3º   —   *Chéloniens :* Caret.
4º   —   *Ophidiens :*   Vipère.

✿ *Les Reptiles sont* oviparès *et à tempéra-*
ture variable ; *ils sont recouverts de* plaques
cornées, ont quatre membres, sauf les ser-
pents, et se déplacent en rampant. *Ils ont*
une respiration pulmonaire ; *l'estomac est*
peu dilaté ; l'intestin, très court, aboutit à
un cloaque. *Le cœur a quatre cavités chez les*
Crocodiles et trois cavités chez les autres
Reptiles. On les a divisés en quatre ordres.

1° *ORDRE DES CROCODILIENS*

Type : *Caïman.*

138. Caractères et types principaux. —
Le *Caïman* et tous les Crocodiliens sont caractérisés par de fortes plaques cornées et
ossifiées, notamment sur leur dos et sur leur
longue et forte queue, qui est aplatie latéralement ; celle-ci est un puissant gouvernail
et une rame efficace. Les membres sont au
nombre de quatre, avec doigts palmés en vue
de la natation. Leurs dents nombreuses, coniques et de forme semblable, sont implantées
dans des alvéoles comme chez les Mammifères ; celles de la mâchoire supérieure viennent se placer entre celles de la mâchoire inférieure lorsque la bouche est fermée. Le cœur
présente quatre cavités. Ces animaux ont la
forme de très gros lézards ; ils sont essentiellement carnivores et aquatiques et infestent
les eaux douces tropicales.
Extrêmement agiles dans
l'eau, ils sont plus embar-
rassés sur terre ; cependant,
ils peuvent accomplir une
course assez rapide en ligne
droite. Ils pondent leurs œufs
au voisinage de l'eau et abandonnent au soleil le soin de
les faire éclore. Ce sont les
plus gros et les plus forts des
Reptiles actuels.

Dans l'Ancien continent,
on remarque le *Crocodile*
d'Afrique (*fig.* 276, A) et
celui des Indes. Le premier,
très abondant autrefois dans
les eaux du Nil, était sacré au
temps de l'Égypte ancienne ; on en a retrouvé
des individus momifiés en grand nombre dans
plusieurs nécropoles. Le second, ou *Gavial*
(*fig.* 276, C), est caractérisé par un museau
étroit et long, dont l'extrémité supérieure est
marquée d'un renflement ; cet animal se trouve
principalement dans le bassin du Gange. En
Amérique, ce sont les *Caïmans*, dont l'espèce dite à *museau de brochet*, ou *Alligator*
(*fig.* 276, B et 277), abonde dans le sud-est
des États-Unis ; son museau est large et court.

✿ *Les Crocodiliens, essentiellement aqua-*
tiques, sont recouverts d'épaisses plaques
ossifiées. Leurs quatre membres portent des
doigts palmés, *leurs dents coniques sont im-*
plantées dans des alvéoles, *leur cœur a quatre*
cavités. Les principaux sont le Crocodile du
Nil, le Gavial des Indes, le Caïman ou Alli-
gator d'Amérique.

2° *ORDRE DES SAURIENS*

Type : *Lézard vert.*

139. Caractères et types principaux. —
Cet ordre comprend principalement des espèces utiles qui détruisent un grand nombre
d'insectes, de limaces, etc. Les Sauriens ou
Lézards, de taille sensiblement inférieure aux
Crocodiliens, s'en rapprochent par la forme ;
mais s'ils ont généralement quatre membres,

Fig. 277. — *Caïman* ou *alligator ;* longueur totale, 5 mètres.

il existe une espèce qui n'en a pas, et cependant il ne s'agit pas d'un serpent : c'est l'Orvet. Ces membres sont agiles et portent cinq doigts munis de griffes qui leur permettent de grimper aisément. Leur queue est arrondie et souvent effilée, elle est très fragile ; ces animaux peuvent la briser pour échapper à un danger. La peau est recouverte de fines plaques cornées ; des plaques dites *céphaliques*, de dimensions plus grandes, se trouvent sur la tête. Les dents ne sont pas implantées dans des alvéoles, elles sont soudées aux os des mâchoires. A certaines époques la partie superficielle de l'épiderme se détache et tombe, c'est la *mue*. Rappelons ici que le cœur de ces animaux n'a que trois cavités.

Le plus commun de nos Sauriens est le *Lézard des murailles* (*fig.* 278, A), gris et agile. Le *Lézard vert* est moins répandu, mais il est commun dans la France méridionale. Le *Lézard ocellé* (*fig.* 278, B), orné sur les flancs de belles taches bleues sur fond vert, appartient à la faune du Midi de la France. Tous aiment les sols sableux ou pierreux et le soleil. Dans le Midi on trouve encore le curieux *Gecko* des murailles (*fig.* 279), dont l'extrémité de chaque doigt est munie d'une petite pelote charnue qui lui permet de se déplacer sur les parois ver-

Fig. 278. — *Lézards :*
A, *des murailles ;* longueur totale, 20 cm.
B, *ocellé ;* long., 70 cm.

.Fig. 280.
Orvet fragile ; long., 30 cm.

Fig. 281.
Caméléon ; long., 30 cm.

Fig. 282.
Iguane ; long., 1 m. 70.

Fig. 279.
Gecko des murailles ;
long., 15 cm.

ticales lisses, et même sur les plafonds. L'*Orvet fragile* (*fig.* 280), que l'on appelle aussi *Serpent de verre* parce que son corps se brise avec une grande facilité, n'a pas de membres.

En Espagne et en Afrique, on trouve l'extraordinaire *Caméléon* (*fig.* 281), aux mouvements lents, aux pieds et à la queue préhensiles, aux yeux comme articulés et souvent divergents et aux couleurs changeant avec celle du milieu où il se trouve. La langue du Caméléon, contenue dans la bouche à l'état de repos, peut être projetée jusqu'à 15 et 20 centimètres de distance pour saisir un insecte. Les modifications de couleur de la peau paraissent répondre au besoin de se dissimuler aux regards de l'ennemi en se confondant avec la teinte du milieu. Citons encore le *Varan*, lézard de grandes dimensions habitant l'Afrique, et l'*Iguane* (*fig.* 282), de l'Amérique du Sud, plus grand encore et portant sur le dos une longue crête dentée. Cet animal est le seul Saurien herbivore ; il est comestible.

✿ *Les Sauriens ou Lézards sont insectivores ; ils ont généralement 4 membres avec doigts munis de griffes. Leurs plaques cornées sont très fines. Le cœur a 3 cavités. Les principaux sont les* Lézards *proprement dits, puis le* Gecko *des murailles, le* Caméléon *aux pieds préhensiles, etc. L'*Orvet *est privé de pattes.*

3° ORDRE DES CHÉLONIENS

Type : *Caret.*

140. Caractères et types principaux. — Les Chéloniens ou *Tortues* sont principalement caractérisés par une *carapace* formée de deux *boucliers* indépendants ou soudés. Dans ce dernier cas, l'animal est placé dans une véritable boîte osseuse qui ne laisse passer que sa tête, ses quatre membres et sa queue ; le bouclier supérieur est appelé *dossière*, le bouclier inférieur est le *plastron*. Le premier est recouvert de plaques cornées qui, selon les espèces, peuvent être *soudées* les unes contre les autres ou bien *imbriquées*, c'est-à-dire se recouvrant partiellement comme les

Fig. 283. — *Tortue éléphantine*; long., 1 m. 50.

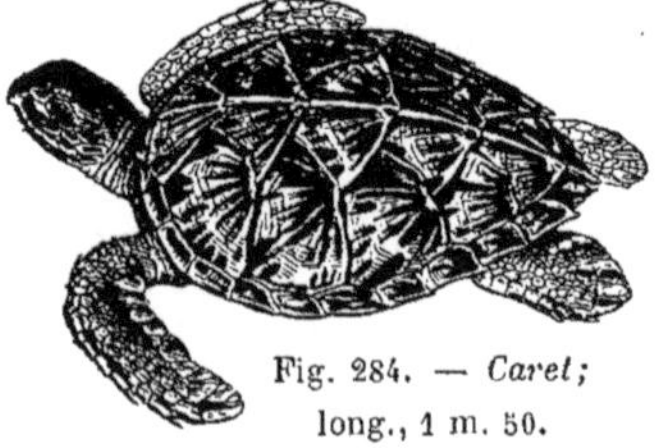

Fig. 284. — *Caret;*
long., 1 m. 50.

tuiles d'un toit. La carapace osseuse, qui représente en partie l'élargissement considérable des côtes et leur soudure, remplace la cage thoracique, y compris le sternum. Il résulte de cette conformation et de la rigidité de l'enveloppe que les mouvements respiratoires ne pourraient avoir lieu si les muscles de l'épaule n'intervenaient pour assurer la déglutition de l'air. Un autre caractère des Chéloniens est l'absence complète de dents : elles sont remplacées par une sorte de bec corné et suffisamment tranchant, analogue à celui des oiseaux. On a divisé ces animaux en 3 groupes, qui sont : les Tortues *terrestres, palustres* et *marines.*

Les Tortues *terrestres* sont principalement herbivores ; leur carapace est entièrement soudée au plastron et rigide ; la partie supérieure en est extrêmement bombée. La *Tortue grecque* habite le midi de la France, et la *Tortue mauritanique* est commune en Algérie ; l'une et l'autre sont souvent laissées en liberté dans les jardins où elles ne dédaignent pas les limaces. L'énorme *Tortue éléphantine*, des îles Mascareignes (*fig.* 283), peut atteindre le poids de 300 kilogrammes ; elle est remarquable par sa grande longévité. Ces différentes espèces sont estimées pour leur chair.

Les Tortues *palustres* ont une dossière, également soudée au plastron, mais très aplatie ; elles vivent dans les marais, où elles nagent aisément et se nourrissent de mollusques, de poissons. Une espèce du Midi de la France est la *Cistude d'Europe* (*fig.* 285).

Les Tortues *marines* atteignent de grandes tailles ; certaines espèces pèsent près de 600 kilogrammes. La dossière, très aplatie, n'est pas soudée au plastron ; elle est d'ailleurs parfois très peu développée, mais chez certaines espèces elle est remarquable par de belles lames imbriquées que l'industrie utilise sous le nom d'*écaille;* les membres, transformés en nageoires, n'ont pas de doigts visibles. La *Tortue franche*, de l'Atlantique,

Fig. 285. — *Cistude;* long., 25 cm.

et le *Caret* (*fig.* 284), que l'on trouve principalement dans l'Océan Indien, sont activement chassés pour leur écaille; celle du Caret est la plus estimée. Parmi les plus grandes espèces, on peut citer la *Couanne*, de la Méditerranée, et le *Luth*, répandu dans toutes les mers.

✻ *Les Chéloniens ou Tortues ont une carapace qui remplace la cage thoracique; elle est formée de deux boucliers qui peuvent être soudés ou indépendants. Ces animaux ont un bec corné et pas de dents. La* Tortue grecque *et la* Tortue mauritanique *sont terrestres. La* Cistude d'Europe *est aquatique. La* Tortue franche *et le* Caret *sont marins et fournissent l'écaille du commerce.*

4° ORDRE DES OPHIDIENS

Type : *Vipère.*

141. Caractères et divisions. — La *Vipère* et les autres espèces de l'ordre des Ophidiens ou *Serpents* sont caractérisés par l'absence de membres. Leur corps est très long et presque toutes leurs vertèbres portent des côtes (*fig.* 286); celles-ci jouent un rôle important dans les déplacements de l'animal; on les a justement comparées à une foule de petites pattes internes. La structure de la tête permet aux serpents d'avaler des proies énormes. En effet, le maxillaire inférieur, au lieu d'être directement articulé au crâne, y est relié de chaque côté par des os intermédiaires (*fig.* 287, *a*); il en résulte la possibilité d'une dilatation considérable. Le passage des grosses proies est encore facilité par l'indépendance des deux moitiés du maxillaire inférieur, indépendance qui permet à ces deux moitiés de s'écarter sensiblement. Les dents très nombreuses, pointues et recourbées en arrière, peuvent garnir toute la paroi supérieure de la bouche. Quant à l'ingestion, elle est assurée par l'absence de sternum qui permet aux côtes de s'écarter. Ajoutons que la langue, divisée en deux pointes et très flexible, est inoffensive; on l'a improprement appelée *dard*, ce qui ferait supposer qu'elle est capable de piquer. Tous les Ophidiens sont carnassiers; ils étouffent leurs victimes avant de les avaler, à moins

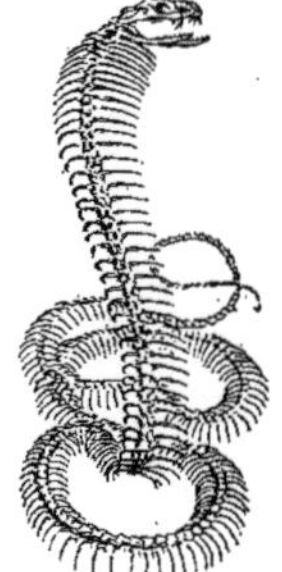

Fig. 286.
Squelette
d'un serpent.

Fig. 287.
Articulation
du maxillaire
inférieur
d'un serpent.

Fig. 288.—Tête
de Couleuvre
avec *plaques
céphaliques*
du front.

qu'ils ne les aient tuées à l'aide de leur venin. Le *venin* existe dans le sang de tous les serpents; de sorte que ces animaux se trouvent naturellement vaccinés contre son action toxique. Le venin est sécrété par des glandes salivaires chez les espèces dites venimeuses, et inoculé à la victime au moment de la morsure par les dents ou *crochets venimeux* (**143**). C'est en considérant cette particularité que les Ophidiens ont été divisés en 2 sous-ordres, qui sont :

1° *Serpents non venimeux :* Couleuvre.

2° *Serpents venimeux :* Vipère.

✻ *Les* Ophidiens *ou* Serpents *n'ont pas de membres; toutes leurs vertèbres portent des côtes. La déglutition des grosses proies résulte de la facilité de dilatation du maxillaire inférieur. Ces animaux sont carnassiers; leurs dents retiennent la proie sans la mâcher. Le* venin *existe chez tous les serpents; mais il est sécrété par des* glandes *et inoculé par les* crochets *chez les espèces venimeuses.*

142. Serpents non venimeux. — Ce sous-ordre comprend les *Couleuvres* et les *Pythons.*

Les Couleuvres ont la tête *ovale* et le front couvert de grandes plaques *céphaliques* (*fig.* 288) qui contrastent avec la petite dimension des plaques imbriquées du cou; la pupille de l'œil est *circulaire*. La queue est longue et effilée. Il en existe plusieurs en France, dont l'une est assez commune dans la région parisienne, c'est la *Couleuvre à collier* (*fig.* 289, A), de teinte grise, parfois mouchetée de sombre et

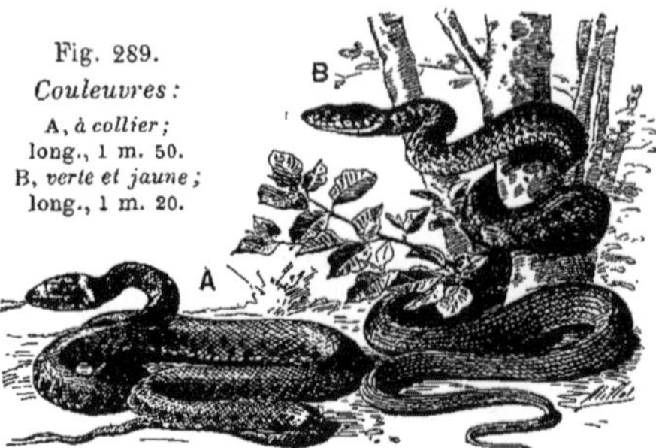

Fig. 289.
Couleuvres :
A, *à collier ;*
long., 1 m. 50.
B, *verte et jaune ;*
long., 1 m. 20.

marquée au cou d'un collier noir et jaune ; elle affectionne le bord des eaux et se nourrit de grenouilles. La *Couleuvre vipérine* est ainsi appelée de sa teinte qui est celle de la vipère ; elle en diffère sensiblement par la forme. La *Couleuvre verte et jaune* (*fig.* 289, B) habite le centre de notre pays. Les *Pythons* (*fig.* 291), d'Asie méridionale et d'Afrique, comptent dans leurs rangs les plus grands serpents. Ils sont agiles et possèdent une force extraordinaire ; ils broient une chèvre ou un mouton sans effort apparent ; ils recherchent le voisinage des eaux, s'enfouissent souvent dans la vase et se nourrissent de poissons ; ils sont nocturnes. Leur peau est d'un beau brillant, leurs teintes vives. Les *Boas* (*fig.* 290) sont moins grands que les précédents ; ils sont américains.

❀ *Les Couleuvres ont la tête ovale et le front couvert de plaques céphaliques ; la pupille*

Fig. 290. — *Boa constricteur ;* long., 6 mètres.

Fig. 291. — *Python ;* long., 7 mètres.

de l'œil est circulaire ; *l'espèce la plus commune est la Couleuvre à collier. Les Pythons sont les plus grands des serpents ; différentes espèces habitent l'Asie, l'Afrique et l'Amérique.*

143. Serpents venimeux ; venin. — Le venin chez les Serpents est un moyen de défense redoutable. L'appareil venimeux se compose d'un organe de *sécrétion* et d'un organe d'*inoculation*. L'organe de sécrétion est formé de deux glandes salivaires modifiées et situées en arrière de l'œil (*fig.* 292, B) ; leur partie antérieure s'amincit en un petit canal qui passe au-dessous de l'œil et aboutit à la base de la dent. Celle-ci est creuse, légèrement recourbée et très pointue. Les deux dents ou *crochets venimeux* que porte l'animal sont couchées contre le palais lorsque la bouche est fermée ; elles se redressent comme deux canines prêtes à mordre quand la bouche s'ouvre (*fig.* 292, A). Dans cette position chaque dent

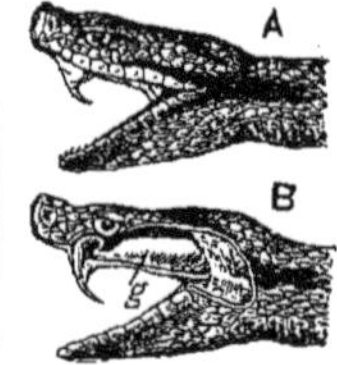

vient s'ajuster sur l'extrémité du canal de la glande et au même moment une contraction du muscle qui entoure cette glande projette le venin jusqu'à la pointe de la dent ; c'est lorsque les dents se retirent de la blessure que le venin s'écoule. Ce venin est un liquide jaune d'or qui n'a ni saveur ni odeur ; il peut traverser sans danger

Fig. 292. — Tête de Vipère :
A, prête à mordre ;
B, avec arrachement montrant la *glande à venin,* g.

Fig. 293.—Tête de Vipère, avec *écailles imbriquées* du front.

Fig. 294. — *Vipères :*
A, *aspic ;* long., 70 cm. ;
B, *péliade ;* long., 70 cm.

un appareil digestif sain; il n'est *toxique*, c'est-à-dire *poison*, que s'il est mélangé au sang; aussi les morsures sont-elles toujours très graves. Celle du Naja ou Serpent à lunettes des Indes tue l'homme en moins d'une heure ; ce serpent fait dans ce pays de 15 000 à 20 000 victimes par an. Notre Vipère est beaucoup moins dangereuse ; cependant l'action de son venin est encore représentée par 14 ou 15 cas de mort pour 100 morsures.

❉ *L'appareil venimeux comprend : 1° les deux* glandes *qui sécrètent le venin, et 2° les deux dents ou* crochets *recourbés et creux. Ordinairement couchés sur le palais, ces crochets se redressent pour mordre et la contraction d'un muscle leur apporte le venin, qui s'écoule dans la blessure.*

144. Types principaux. — Les Serpents venimeux comprennent d'abord les *Vipères ;* ce sont celles qui nous intéressent le plus. On les trouve sur les terrains incultes, rocheux ou sableux, et exposés au soleil. Les Vipères ont la tête *triangulaire* et le front est couvert de fines plaques *imbriquées* (*fig.* 293); la pupille de l'œil est fendue *verticalement.* Deux vipères habitent la France : la *Vipère aspic* (*fig.* 294, A) et la *Péliade.* La première est toujours très commune dans les

forêts sèches et dans les lieux de broussailles, notamment dans la forêt de Fontainebleau. Pour la Péliade (*fig.* 294, B), il est important de la signaler comme portant sur le front des plaques *céphaliques* comme les couleuvres. La teinte des vipères est brune ou roussâtre avec taches brunes sur les flancs. Le front est marqué de deux petites bandes foncées formant un V, la queue est grosse et courte. Les régions tropicales sont plus ou moins infestées par les serpents venimeux.

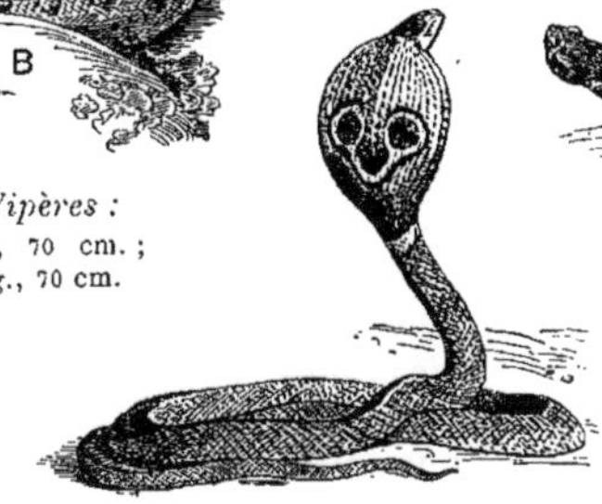

Fig. 295. — *Cobra* ou *Serpent à lunettes;* long., 1 m. 60.

Fig. 296. — *Crotale* ou *serpent à sonnettes;* long., 1 m. 20.

Aux Indes, c'est principalement un *Naja* appelé Cobra capello, et aussi *Serpent à lunettes* (*fig.* 295). On le nomme ainsi parce que, en position de défense, il dilate son cou, sur lequel apparaît alors le dessin d'un binocle. Le *Crotale* ou *Serpent à sonnettes* (*fig.* 296), est américain; on le nomme ainsi du frémissement assez peu sonore qu'il fait entendre à l'aide d'anneaux cornés fixés à sa queue. Le nombre de ces anneaux augmente avec l'âge, car chacun d'eux est le débris d'une mue. La morsure de ces reptiles est terrible, la mort très rapide. Citons encore les *Hydrophis* ou *Serpents de mer* (*fig.* 297), communs en

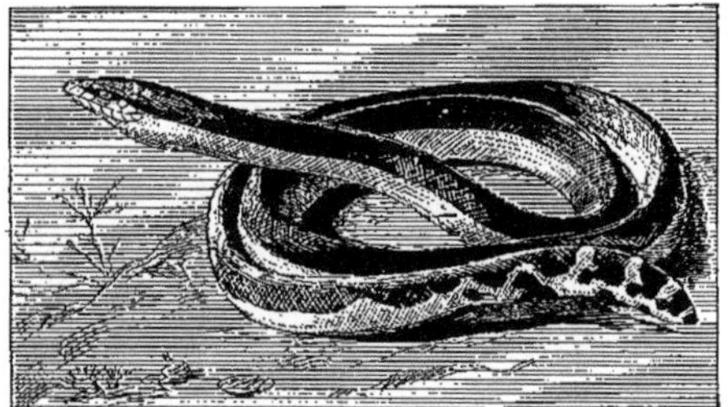

Fig. 297. — *Hydrophis;* long., 2 mètres.

certains points de l'Océan Indien et du Pacifique, au voisinage des terres. Leur queue est aplatie latéralement pour la natation.

✾ Les Vipères ont la tête triangulaire et le front couvert de fines plaques imbriquées; la pupille de l'œil est fendue verticalement; l'espèce la plus commune en France est la Vipère aspic. Le Naja ou Serpent à lunettes des Indes et le Crotale ou Serpent à sonnettes d'Amérique font de nombreuses victimes.

145. Traitement des morsures. — Tout d'abord, l'insensibilité des couleuvres aux morsures des vipères, due à la nature antitoxique de leur sang, a suggéré à des savants la pensée de faire des expériences sur d'autres animaux. Il en est résulté un sérum antivenimeux préparé par le Dr Calmette, de Lille, et qui, s'il est inoculé à temps à l'homme qui a été mordu par une vipère, le sauve sûrement de la mort. On a donné à cette méthode, si précieuse pour certains pays, le nom de *sérothérapie antivenimeuse.* En attendant la possibilité de se procurer du sérum, que l'on trouve maintenant chez les principaux pharmaciens, les premiers soins à donner à une personne qui vient d'être mordue sont les suivants : on doit immédiatement *serrer* le membre mordu à l'aide d'un lien ou d'un mouchoir, près de la morsure, entre celle-ci et le cœur. Il faut ensuite *laver* la morsure, si cela est possible, et *sucer* vigoureusement la plaie de manière à en faire sortir le venin qui pourrait s'y trouver encore. Si l'on se trouve en forêt, c'est tout ce que l'on peut faire, mais il faut rentrer en ville au plus tôt. Ajoutons ici que le lavage de la plaie à l'eau de Javel étendue d'eau, ou bien avec une solution de chlorure de chaux, détruit le venin qui a pu demeurer dans la plaie. Il faut ensuite se faire injecter du sérum antivenimeux desséché de l'Institut Pasteur de Lille. Ce sérum se trouve à l'état cristallisé, dans un tube fermé, qui en contient un gramme ; il faut briser la pointe, ajouter 8 centimètres cubes d'eau bouillie froide et, après avoir lavé la peau, faire l'injection dans le tissu cellulaire, au flanc droit ou gauche. L'injection, faite 4 heures après la morsure d'une vipère, suffit encore dans les cas les plus graves.

✾ Le sérum antivenimeux, inoculé à l'homme mordu, le sauve de la mort. Mais les soins immédiats sont la ligature, le lavage de la plaie et la succion. L'injection du sérum doit être faite dans un délai de 4 heures.

XI. — TABLEAU-RÉSUMÉ DE LA CLASSIFICATION DES REPTILES.

CŒUR.	MEMBRES.	DENTS.		REVÊTEMENT de LA PEAU.	NOMS des ORDRES.	EXEMPLES.
4 cavités.	4 membres.	Fortes, implantées dans des alvéoles.		Plaques osseuses dorsales.	CROCODILIENS.	*Crocodile.*
3 cavités.	4, sauf de rares exceptions.	Soudées aux mâchoires.		Petites plaques cornées.	SAURIENS.	*Lézard.*
	4 membres.	Pas de dents; un bec corné.		Une carapace, avec plaques cornées.	CHÉLONIENS.	*Cistude.*
	Pas de membres.	Petites, soudées aux mâchoires; parfois des crochets à venin.		Petites plaques cornées.	OPHIDIENS.	*Couleuvre.*

VI. CLASSE
DES BATRACIENS

Type : *Grenouille.*

146. Caractères principaux. — La *Grenouille* et les autres animaux de cette classe de Vertébrés nous offrent deux caractères très importants : la peau *nue* et humide et les *métamorphoses* du jeune âge ; nous allons bientôt voir que le jeune Batracien est totalement différent de l'adulte. On a longtemps groupé ces animaux avec les reptiles ; or, disons de suite que leur peau nue, leurs métamorphoses et la présence de *branchies,* au moins dans le jeune âge, les en différencient complètement. La respiration à l'âge adulte est *pulmonaire* et *cutanée,* c'est-à-dire qu'elle se produit à la fois par les poumons et par la peau qui est une véritable muqueuse ; si l'on arrête artificiellement le jeu des poumons, l'oxygénation du sang se poursuit à travers la peau et l'animal en expérience vit ainsi durant quelques mois. Les poumons sont fort petits et peu actifs. La température est variable. Le cœur présente 3 cavités : deux oreillettes et un ventricule, comme chez la plupart des animaux de la classe précédente ; les globules sanguins sont 5 ou 6 fois plus grands en diamètre que ceux de l'homme, leur forme est elliptique. Le squelette est très simplifié, les côtes peu développées. Le cerveau et surtout le cervelet sont très réduits ; la sensibilité paraît très atténuée chez ces animaux, car leur organisme supporte des mutilations auxquelles ne résisterait aucun animal supérieur. Presque tous les Batraciens ont 4 membres, avec pieds palmés.

✿ *Les Batraciens sont caractérisés par la peau* nue, *des* branchies *pendant le jeune âge et un développement à* métamorphoses; *la température est variable. Le cœur a 3 cavités; la respiration est* pulmonaire et cutanée; *les membres sont généralement au nombre de 4. Le cerveau et le cervelet sont très réduits et la sensibilité très atténuée.*

147. Métamorphoses, divisions. — Les transformations par lesquelles passe la jeune Grenouille sont fort intéressantes. Les œufs sont toujours déposés et abandonnés dans l'eau, et il n'est pas rare au printemps de constater dans les mares et les étangs la présence d'amas gélatineux, souvent flottants, et qui ressemblent à de très grosses grappes de groseilles blanches ; ce sont des œufs de grenouille. Au centre de chaque œuf transparent on remarque un grain noir, qui est l'embryon (*fig.* 298, A) ; celui-ci se développe peu à peu ; comme le jeune oiseau, il se nourrit d'abord de la substance qui l'entoure ; il grossit, se déroule, s'allonge et sort de l'œuf ; il ressemble alors à un pauvre petit poisson très peu agile et reste accroché par la bouche aux plantes aquatiques, trouvant à leur surface la nourriture qui lui est nécessaire. Il est alors à l'état de *larve,* c'est-à-dire d'animal ayant à subir certaines transformations avant d'atteindre l'état par-

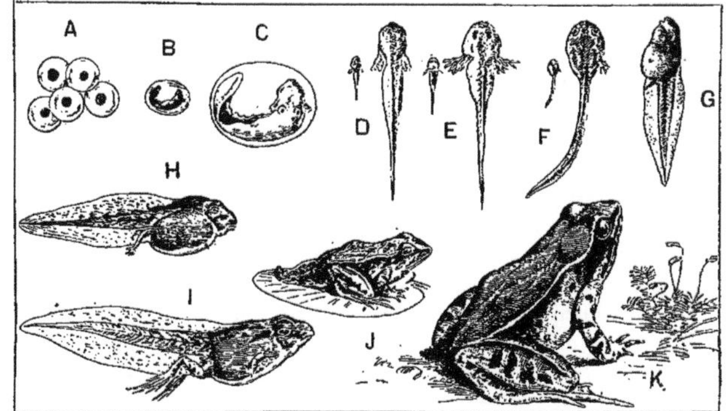

Fig. 298. — *Métamorphoses de la Grenouille verte.*
A, œufs ; B et C, croissance de l'embryon ; D à I, croissance du têtard ; J, jeune grenouille portant encore un peu de la queue du têtard ; K, état parfait. Longueur de l'adulte, 15 cent., y compris les pattes postérieures.

fait. Mais il grandit et se met bientôt à nager
pour varier son alimentation végétale; quoique possédant un corps entier, il apparaît
alors formé d'une tête et d'une queue: c'est
le *têtard* (*fig.* 298, D à G), grouillant par
centaines dans les eaux dormantes.

Le têtard, ou *larve* des Batraciens sans
queue, n'a pas de poumons et cependant il respire; cette fonction se produit à l'aide de petites
houppes, ou *branchies*, disposées extérieurement de chaque côté de sa tête. Un peu plus
tard, elles sont internes et l'eau entrée par la
bouche, après les avoir baignées, s'échappe
par deux fentes latérales. Ces branchies, qui
s'emparent de l'oxygène dissous dans l'eau
comme les poumons empruntent celui de l'air,
sont à peu près semblables à celles des poissons (150). L'évolution du jeune Batracien continue : deux membres postérieurs (*fig.* 298, H)
apparaissent d'abord et viennent apporter leur
collaboration à la queue pour la natation ;
deux membres antérieurs se produisent à leur
tour (*fig.* 298, I). C'est à ce moment que les
poumons commencent à se former et que
la queue diminue; peu à peu elle se fane
(*fig.* 298, J) et tombe. Les poumons se sont
alors suffisamment développés; la jeune
grenouille s'approche de la surface, fait connaissance avec l'air atmosphérique et quitte
l'eau pour la première fois. Les branchies
vont bientôt disparaître; son évolution, qui
a duré 2 mois, est terminée. Enfin, d'herbivore elle va devenir carnivore et se nourrir
d'insectes, de vers, de limaces.

On divise les Batraciens en 2 ordres
principaux, ces animaux pouvant être privés
de *queue* comme la Grenouille, ou en être
munis comme le Triton :

    1° Ordre des *Anoures :* Grenouille.
    2°   —   *Urodèles :* Triton.

❀ *L'embryon de la Grenouille se nourrit
de la substance qui l'entoure dans l'œuf.
Après l'éclosion, il devient têtard et respire à
l'aide de branchies. Il acquiert d'abord deux
membres postérieurs, puis deux antérieurs.
Ensuite ses poumons se forment et la queue
tombe; la Grenouille a terminé son évolution. On a divisé les Batraciens en 2 ordres.*

Fig. 299. — *Grenouilles :*
A, *rousse;* long., 18 cm.; B, *agile;* long., 16 cm.

1° ORDRE DES ANOURES

Type : *Grenouille.*

148. Caractères et types principaux. —
La *Grenouille* et les autres Batraciens anoures,
ou privés de queue, ont le corps ramassé; les
pattes antérieures sont courtes et les pattes
postérieures longues, ce qui leur permet de
faire de grands sauts. Ces animaux sont très
nombreux dans les régions équatoriales.

En France, il existe quelques espèces d'A-
noures, très utiles à l'agriculture par les bestioles nuisibles qu'elles détruisent : ce sont
les *Grenouilles,* dont la pupille est *circulaire,*
et les *Crapauds,* dont la pupille est de forme
variable. La *Grenouille verte* (*fig.* 298, K)
reste toute la belle saison au bord de l'eau; sa
belle couleur, qui varie du vert jaune au vert
bleu, la fait reconnaître aisément; la *Grenouille rousse* (*fig.* 299, A), plus massive,
moins élégante, recherche les régions humides, mais ne reste à l'eau qu'au moment de la
ponte. La *Grenouille agile* (*fig.* 299, B), aux
pattes postérieures longues et fines, habite les
bois. Ces espèces ont des petites dents à la mâchoire supérieure; elles sautent avec légèreté.

Fig. 300. — *Crapaud calamite;*
long., 15 cent.

Les crapauds
offrent des for-
mes variées; les
espèces les plus
typiques sont le
*Crapaud com-
mun* et le *Cra-
paud des joncs*
ou *Calamite*
(*fig.* 300); ils

Fig. 301. — *Crapaud accoucheur*; long., 8 cm.

Fig. 302. — *Rainette verte*; long., 9 cent.

Fig. 303. — *Triton*; long., 8 cm.

Fig. 304. — *Salamandre terrestre*; long., 15 cent.

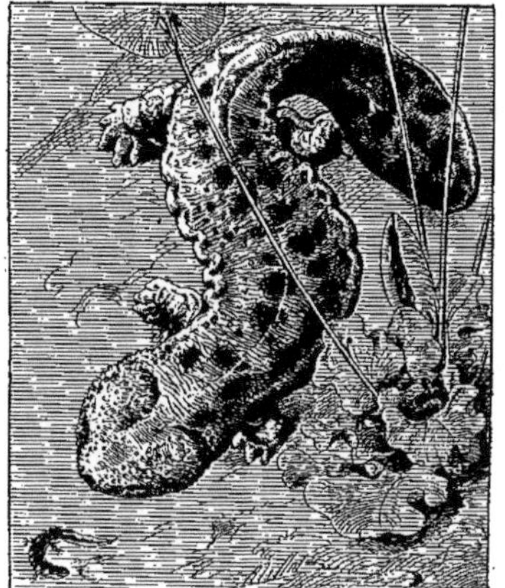

Fig. 305. — *Salamandre du Japon*; long., 1 mètre.

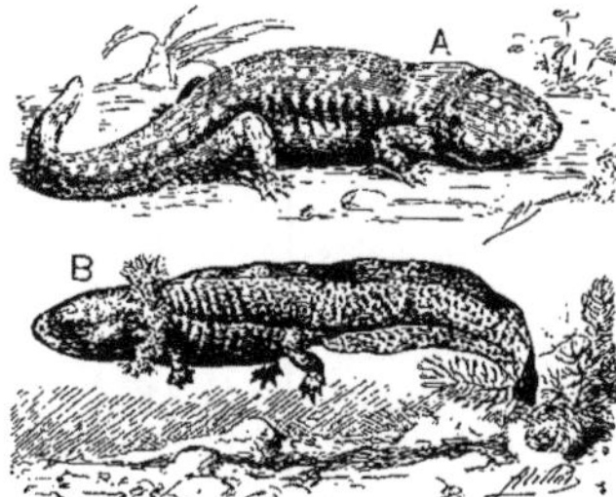

Fig. 306. — *Amblystome.*
A, animal parfait; long., 20 cm.; B, larve ou *axolotl*; long., 20 cm.

ont le corps épais et raccourci, leurs membres sont beaucoup plus courts que ceux des grenouilles ; ils marchent plutôt qu'ils ne sautent et n'ont pas de dents ; leur pupille est *elliptique* avec grand axe horizontal ; leur dos est plus ou moins couvert de vésicules à venin, lequel n'offre aucun danger. Parmi les autres genres, citons le *Crapaud accoucheur* ou *Alyte* (*fig.* 301), qui s'empare des œufs de la femelle, les enroule autour de ses pattes postérieures, et se charge de les porter à l'eau, en vue de leur éclosion ; l'un et l'autre ont des dents comme les grenouilles. Les Crapauds ont un chant fort doux, le soir, alors que les Grenouilles poussent des coassements bruyants et désagréables. Vus de près, leurs yeux cerclés d'or sont très beaux ; d'ailleurs les batraciens ne sont pas laids.

La *Rainette* (*fig.* 302), d'un vert éclatant, recherche les prairies ou les arbustes ; les petites ventouses qui caractérisent les extrémités de ses doigts lui permettent de se fixer à l'envers des feuilles. Enfermées dans un bocal, les rainettes grimpent facilement à la paroi de verre.

❀ *Les* Anoures *sont privés de queue, ils ont le corps court et les pattes postérieures très longues pour la facilité du saut ; ils sont tous insectivores et utiles à l'agriculture. Ce sont :* les Grenouilles, *dont la pupille est ronde ;* les Crapauds, *à pupille variable ;* les Rainettes, *aux doigts munis de petites ventouses.*

2° ORDRE
DES URODÈLES

Type : *Triton.*

149. Caractères et types principaux. — Le *Triton* et les autres Batraciens urodèles, ou à queue, ont le corps allongé ; les membres, courts, sont généralement au nombre de quatre. Les plus élevés en organisation ressemblent à des lézards à peau nue ; ce sont les *Tritons* et les *Salamandres*. Les *Tritons* (*fig.* 303) sont communs dans les mares ; leur coloration est très vive au printemps ; ces espèces ne quittent pas l'eau et sont obligées de venir de temps en temps

Fig. 307. — *Protée;* long., 25 cm.

respirer à la surface. L'existence des Salamandres est principalement terrestre ; elles recherchent des trous, des abris humides. La *Salamandre terrestre* (*fig.* 304) est d'un beau noir brillant avec taches jaune d'or ; la *Salamandre noire* habite les régions montagneuses. La *Grande Salamandre* du Japon (*fig.* 305) est le plus gros des Batraciens actuels, mais il devient très rare. A côté de ces différentes espèces se placent d'autres Urodèles dont l'un est fort curieux : c'est l'*Amblystome* du Mexique (*fig.* 306, A), dont la larve, ou *Axolotl* (*fig.* 306, B), est munie de branchies comme les têtards et peut se reproduire sans être parvenue à l'état d'animal parfait.

Les *Pérennibranches,* ou Batraciens à branchies persistantes, conservent leurs branchies après le développement de leurs poumons; ils peuvent donc rester longtemps au fond de l'eau, car les deux appareils respiratoires fonctionnent; ce sont des *amphibies.* Citons le *Protée* (*fig.* 307), Batracien aveugle et incolore des cavernes de la Carniole (Autriche), et la *Sirène,* qui ne possède que 2 membres antérieurs et habite les marais de l'est des États-Unis. D'autres Batraciens sont privés de membres: ce sont les *Apodes;* ils ressemblent ainsi à des petits serpents; telles sont les *Cécilies* de l'Amérique du Sud.

✳ *Les Urodèles ont une queue, le corps allongé, les membres courts. Les* Tritons *sont aquatiques, les* Salamandres *généralement terrestres. L'*Axolotl, *ou larve de l'*Amblystome, *peut se reproduire à l'état de* larve. *Les Pérennibranches ont des branchies persistantes et des poumons; ce sont des* amphibies. *Les Apodes n'ont pas de membres.*

VII. CLASSE
DES POISSONS

Type : *Perche.*

150. Digestion. Respiration. — Les animaux de cette classe sont les plus inférieurs de l'embranchement des Vertébrés. Étant essentiellement aquatiques, ils présentent un certain nombre de caractères très différents de ceux que nous avons étudiés jusqu'ici. Leur respiration est *branchiale* durant toute la vie. Le cœur n'a que 2 cavités, la température est variable. Ensuite, chez un certain nombre d'espèces, le squelette n'est pas osseux, il est *cartilagineux.* Le corps est fusiforme pour trouver moins de résistance dans l'eau ; les membres sont des nageoires, la queue est à la fois un gouvernail et une godille, et la peau est recouverte d'*écailles.* Enfin les Poissons sont ovipares, et ils possèdent généralement une *vessie natatoire* que l'on peut comparer à un certain point de vue aux sacs aériens des oiseaux. L'*appareil digestif* est très simple. Les dents, qui ne sont que très rarement des organes de mastication, sont très variées dans leur forme et leur nombre ; elles recouvrent parfois toutes les parois de la bouche, ainsi que la langue. Parmi les glandes annexes, on peut citer le grand développement du foie et l'absence de glandes salivaires.

L'organe essentiel de la respiration est représenté par les *branchies,* qui sont formées de nombreuses lamelles disposées

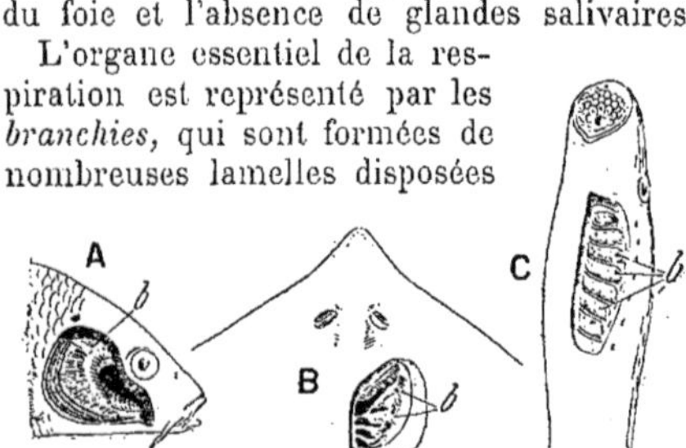

Fig. 308. — Disposition des *branchies, b:*
A, de la Carpe ; B, de la Raie ; C, de la Lamproie.

Fig. 309. — La *Pêche côtière :* le retour des bateaux.

comme les dents d'un peigne. Chaque Poisson porte plusieurs de ces peignes de chaque côté de la tête ou du cou, dans deux vides appelés *chambres branchiales* (*fig.* 308). Ces chambres se closent extérieurement chez la plupart des Poissons par une large porte ou *opercule* qui s'ouvre et se referme alternativement; c'est ce qu'on appelle vulgairement et à tort les *ouïes*. L'eau inspirée par le Poisson passe de la bouche dans les chambres branchiales, baigne les branchies et s'échappe par les fentes *operculaires*, après s'être chargée d'acide carbonique.

✳ *Les Poissons sont caractérisés par la respiration branchiale, le cœur à 2 cavités, des nageoires en nombre variable, la peau recouverte d'écailles généralement imbriquées et la vessie natatoire; ils sont ovipares. Les branchies sont formées de lamelles disposées comme les dents d'un peigne et contenues dans les chambres branchiales ; celles-ci sont closes chacune par un opercule mobile.*

151. Circulation, vessie natatoire, nerfs. — Le cœur des Poissons ne comprend qu'une oreillette et un ventricule communiquant

entre eux (*fig.* 310); il renferme toujours du sang veineux et correspond ainsi au cœur droit des mammifères. Le ventricule se prolonge en haut par le *bulbe aortique* d'abord et l'*artère branchiale* ensuite, d'où partent autant de paires d'*arcs branchiaux* qu'il y a de branchies ; ces arcs se divisent en vaisseaux capillaires pour atteindre les branchies. Dans ces derniers organes, le sang veineux s'empare de l'oxygène dissous dans l'eau, et abandonne son acide carbonique; il redevient rouge vif, gagne

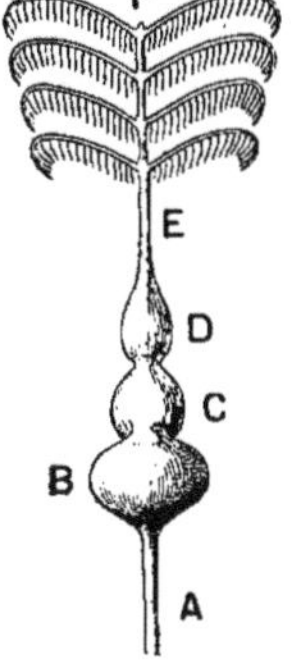

Fig. 310.
Schéma de l'appareil circulatoire d'un poisson.
A, veine ;
B, oreillette ;
C, ventricule ;
D, bulbe aortique ;
E, artère branchiale;
F, arcs branchiaux.

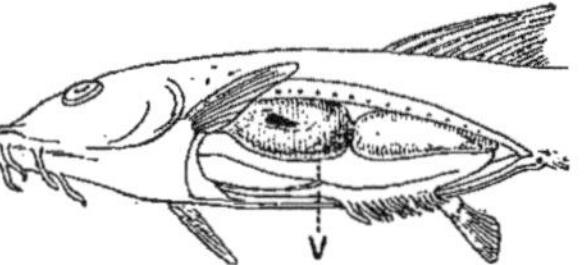

Fig. 311. — Position de la *vessie natatoire* V

Fig. 312. — *Ligne latérale* du Gardon; long. de l'animal, 30 cm.

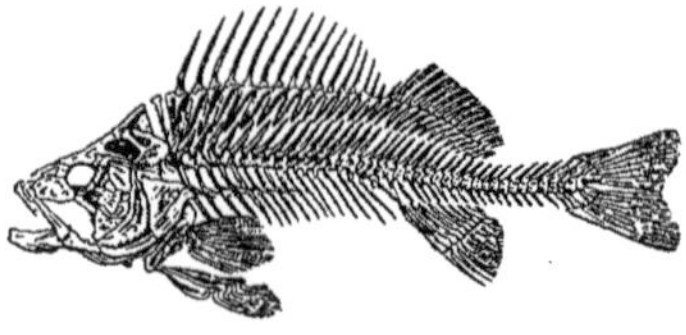

Fig. 313. — *Squelette* de la Perche.

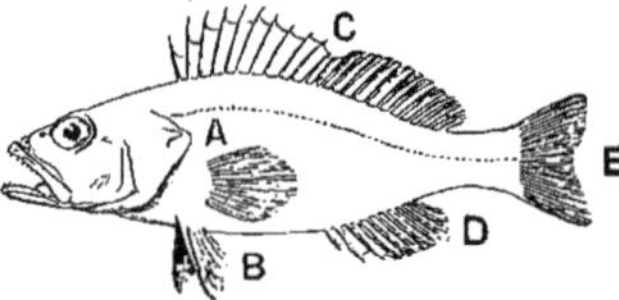

Fig. 314. — *Nageoires* de la Perche :
A, une des pectorales; B, ventrales; C, dorsale divisée; D, anale; E, caudale ou queue.

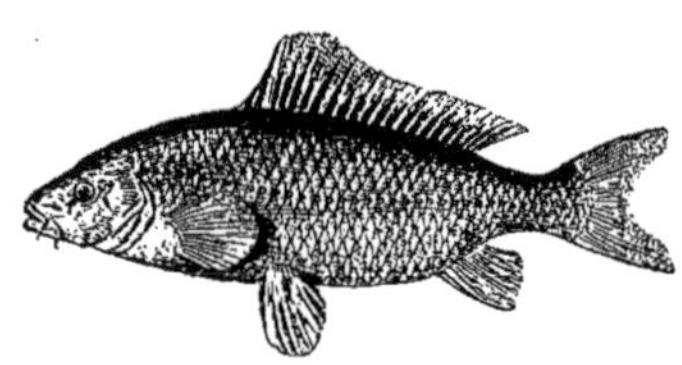

Fig. 315. — *Écailles* imbriquées de la Carpe; long. de l'animal, 60 cm.

les deux racines aortiques et se rassemble dans l'aorte, d'où il est distribué dans le corps entier pour être ensuite ramené par les veines jusqu'à l'oreillette du cœur. La *vessie natatoire* (*fig.* 311) est un organe que les poissons ne possèdent pas tous. Elle est généralement unique et dorsale; elle remplit un rôle *hydrostatique* qui permet au Poisson de s'équilibrer avec son milieu pour s'y soutenir sans effort; aussi les espèces qui ont l'habitude de vivre au fond des eaux en sont seules privées.

Le système *nerveux* est très simple ; le cerveau est fort petit. Les yeux ont une cornée à peu près plate; le cristallin est presque sphérique. En outre, les Poissons portent sur chaque côté de leur corps une sorte de sillon longitudinal souvent très fin, qui paraît être un organe de tact : c'est la *ligne latérale* (*fig.* 312). Cette ligne est formée d'une foule de très petits orifices correspondant à des boutons nerveux; elle permettrait aux Poissons de percevoir toutes les variations du milieu dans lequel ils sont plongés.

❋ *Le cœur des Poissons ne comprend qu'une oreillette et un ventricule. Le sang quittant ce dernier est porté aux branchies, où il s'empare de l'oxygène dissous dans l'eau et abandonne son acide carbonique. Il est ensuite distribué dans le corps entier et revient à l'oreillette.*

La vessie natatoire *permet au poisson de s'équilibrer dans l'eau. La ligne latérale paraît être un organe de tact.*

152. Squelette, écailles, divisions. — Lorsqu'on ouvre longitudinalement, en deux parties, un poisson cuit, on retire d'abord la grande arête : la partie centrale de cette arête est la *colonne vertébrale* (*fig.* 313). Les membres sont représentés par les nageoires *paires*, c'est à-dire disposées par deux; telles sont les nageoires *pectorales* et les nageoires *ventrales* qui correspondent aux membres antérieurs et postérieurs des autres vertébrés (*fig.* 313 et 314). Il y a en outre les nageoires *impaires*, soit une *dorsale* qui peut être divisée, une *anale* et une *caudale* ou queue. Les nageoires, dont le nombre peut varier avec les espèces, sont soutenues par de fines aiguilles osseuses ou *rayons;* elles sont extrêmement souples et permettent aux poissons toutes les évolutions possibles dans leur élément.

Les *écailles*, toujours imbriquées dans le même sens (*fig.* 315), couchées les unes sur les autres d'avant en arrière, assurent les bonnes conditions du glissement de l'animal dans l'eau. Leur dimension est très variable : il suffit de rappeler les grosses écailles à reflet doré de la Carpe et les fines écailles vertes de la Tanche pour s'en convaincre. Mais tous les caractères que nous venons de décrire varient beaucoup et il en est même qui ne s'appliquent pas à la totalité des Poissons. Il en résulte que l'on a dû établir dans cette classe 5 ordres, qui sont:

1° Ordre des *Dipneustes* : Cératodus.
2° — *Téléostéens* : Perche.
3° — *Ganoïdes* : Esturgeon.
4° — *Sélaciens* : Requin.
5° — *Cyclostomes* : Lamproie.

L'ordre des Téléostéens se confond avec la sous-classe des *Poissons osseux*, qui renferme plus des 9/10 des espèces connues. Les trois ordres suivants forment la sous-classe des *Poissons cartilagineux ;* quelques rares Ganoïdes ont cependant un squelette osseux.

❈ *La* colonne vertébrale *est représentée par la grande arête centrale ; les membres le sont par les* nageoires paires : *pectorales et ventrales ; on compte en outre les* nageoires impaires : *dorsale, caudale et anale. Les écailles imbriquées facilitent le glissement dans l'eau. Ces animaux ont été divisés en deux groupes : Poissons osseux et* cartilagineux ; *on en a fait 5 ordres.*

1° ORDRE DES DIPNEUSTES

Type : *Cératodus.*.

153. Caractères et espèces. — Le *Cératodus* (*fig.* 316) et les deux autres espèces de cet ordre présentent un intérêt particulier, parce qu'ils semblent former le passage des Poissons aux Batraciens. Ils ont à la fois des *branchies* et des *poumons* comme les Urodèles amphibies (**149**) ; mais ici c'est la vessie natatoire qui remplit le rôle de poumon. Ces animaux habitent les eaux des contrées équatoriales et se conduisent comme des Poissons tant que les étangs et les rivières ne sont pas desséchés. Au cours de l'été, l'eau disparaît pour quelques mois ; ils s'abritent alors dans les vides que la sécheresse provoque dans la vase et s'endorment en respirant l'air atmosphérique. Les trois espèces de l'ordre des Dipneustes sont : le *Cératodus*, localisé en Australie ; le *Lépidosiren*, du fleuve des Amazones, et le *Protoptère*, de l'Afrique équatoriale.

❈ *Les* Dipneustes *ont un squelette presque entièrement cartilagineux ; ils semblent former le passage des Poissons aux Batraciens ; ils ont des* branchies, *et leur vessie natatoire joue*

le rôle de poumon *durant les périodes de sécheresse. Le plus connu est le* Cératodus, *qui vit en Australie.*

2° ORDRE DES TÉLÉOSTÉENS

Type : *Perche.*

154. Acanthoptérygiens d'eau douce. — La *Perche* (*fig.* 317) et les autres espèces de Téléostéens ou Poissons *osseux* sont caractérisées par l'ossification complète du squelette, les vertèbres biconcaves, les côtes bien développées, les écailles molles et imbriquées, 4 paires de branchies, 2 fentes branchiales et la queue *homocerque,* c'est-à-dire formée de 2 lobes égaux. Tous les Poissons d'eau douce appartiennent à cet ordre, dans lequel viennent encore se ranger le plus grand nombre des Poissons de mer. Mais il est à remarquer que chez certaines espèces la nageoire dorsale est *épineuse* comme celle de la perche, que chez d'autres elle est *molle* comme celle de la tanche ; cette particularité a permis de diviser cet ordre si nombreux en deux sous-ordres, qui sont : 1° celui des *Acanthoptérygiens* ou Poissons à dorsale épineuse, et 2° celui des *Malacoptérygiens* ou Poissons à dorsale molle.

Les *Acanthoptérygiens* d'eau douce comprennent la *Perche* (*fig.* 317), joli poisson carnassier à bandes noires, à nageoires rouges ; le *Chabot*, à grosse

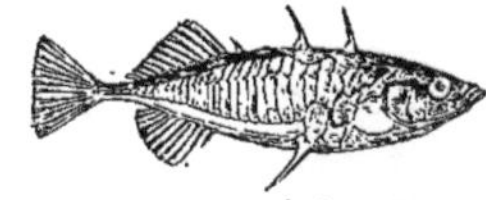

Fig. 318. — *Épinoche;* longueur, 7 cm.

Fig. 316. — *Cératodus ;* long., 1 m. 50.

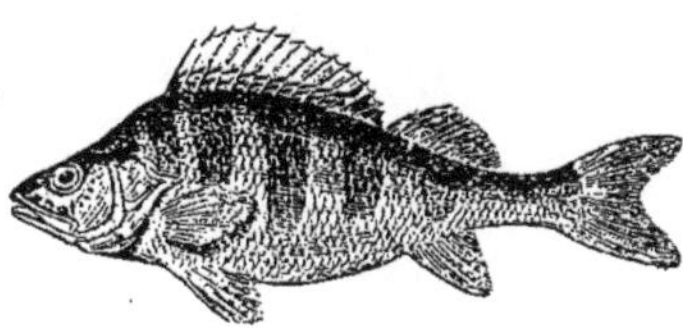

Fig. 317. — *Perche ;* long., 30 cm.

Fig. 319. — *Épinochette* (longueur, 6 cm.) et son nid.

tête, commun dans les eaux vives, et l'intéressante *Épinoche* (*fig*. 318), ainsi nommée des épines dorsales et ventrales dont elle est armée, et si répandue dans les ruisseaux et fossés : c'est le *savetier*, méprisé des pêcheurs. L'épinoche mâle construit un nid à l'aide de débris végétaux et entoure de sa sollicitude les œufs que la femelle vient y déposer. Lorsqu'ils sont éclos et que les jeunes quittent le nid trop tôt, le père les poursuit, les prend dans sa bouche et les replace dans le nid. On peut facilement obtenir de

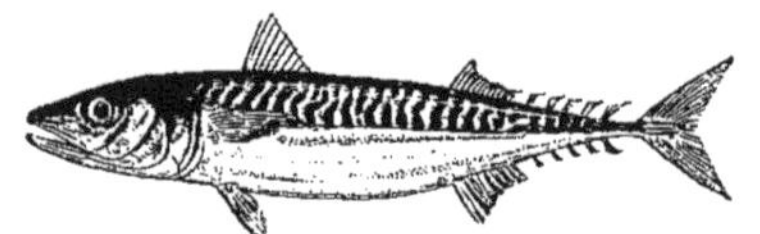

Fig. 320. — *Maquereau;* long., 40 cm.

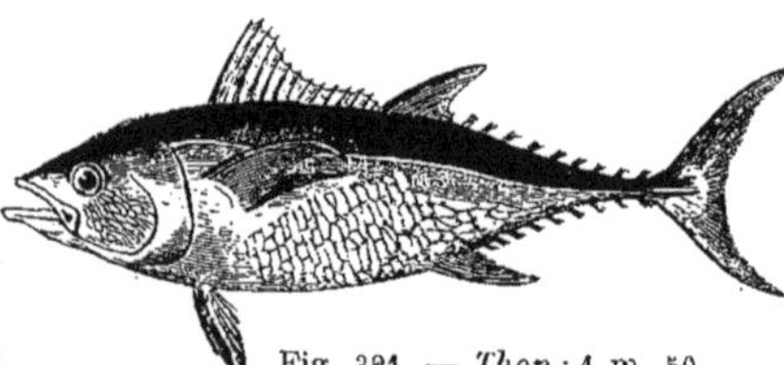

Fig. 321. — *Thon;* 1 m. 50.

nombreuses couvées en aquarium et rien n'est plus intéressant que d'observer ainsi l'intelligente activité de ces animaux. L'*Épinochette*, plus petite et aux épines plus courtes, construit aussi un nid (*fig*. 319). Citons encore un petit poisson des cours d'eau de l'Indo-Chine, l'*Anabas*, qui sort parfois de son élément et grimpe dans les buissons au moyen de ses nageoires épineuses, afin d'y chercher des insectes pour sa nourriture.

❖ *On a divisé les Poissons osseux en* Acanthoptérygiens *ou à nageoire dorsale épineuse, et en* Malacoptérygiens *ou à dorsale molle. Les Acanthoptérygiens d'eau douce sont la Perche, le Chabot, l'Épinoche qui fait un nid, l'Anabas de l'Indo-Chine, qui grimpe dans les buissons.*

155. Acanthoptérygiens marins. — Nous citerons ici les principaux types de ce sous-ordre. Le *Maquereau* (*fig*. 320) est un des plus jolis poissons de mer; il descend du Nord vers nos rivages au printemps, ses migrations sont très régulières; on le pêche pour l'excellence de sa chair. Le *Thon* (*fig*. 321 et 322) peut atteindre une grande taille; il est migrateur. Le *Rouget* de la Méditerranée et le *Grondin* (*fig*. 325), ainsi nommé du bruit qu'il fait entendre lorsqu'il est pris, entrent dans l'alimentation. Le *Dactyloptère* ou *poisson volant* (*fig*. 323) est un grondin qui peut s'élever durant quelques instants au-dessus de l'eau grâce au développement de ses nageoires pectorales; il échappe ainsi à la poursuite de ses ennemis. Les *Vives* (*fig*. 326) de nos côtes portent en avant de la nageoire dorsale 6 ou 7 rayons épineux et venimeux qui font

Phot. Neurdein.

Fig. 322. — La pêche du *Thon :* la vente au retour des bateaux.

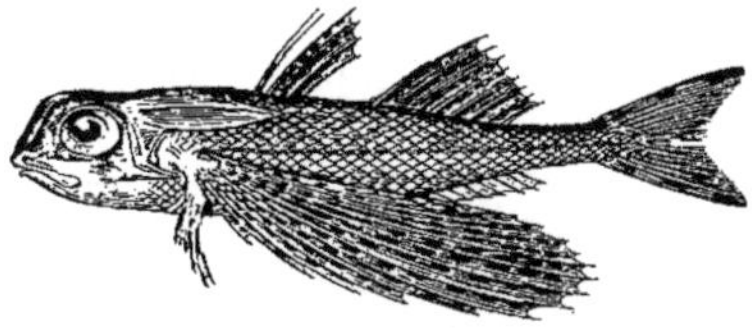

Fig. 323. — *Dactyloptère;* long., 50 cm.

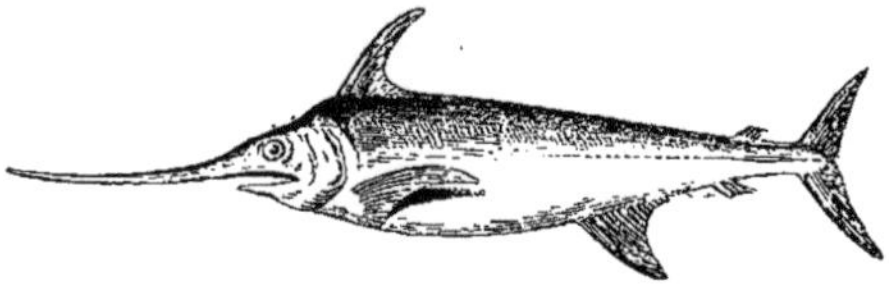

Fig. 324. — *Espadon* ou poisson-épée; long., 5 mètres.

des blessures très douloureuses et difficiles à guérir; c'est aux pieds que les pêcheurs sont généralement atteints quand ils marchent sur le sable submergé dans lequel ces animaux s'enfoncent. L'*Espadon* ou *poisson-épée* (*fig.* 324), de l'Atlantique et de la Méditerranée, porte en avant un éperon osseux très long que l'on a comparé à l'ancien *espadon* ou épée à deux mains en usage au XVIe siècle. La *Baudroie* ou *diable de mer* habite l'Atlantique; elle a une tête énorme et porte sur le front un rayon flexible qu'elle agite comme un appât pour attirer les petites espèces dont elle se nourrit. Le *Chelmon* ou *poisson-archer* de l'Océan Indien reste auprès des rivages, et lance avec sa bouche des gouttes d'eau sur les insectes pour les faire tomber et les dévorer.

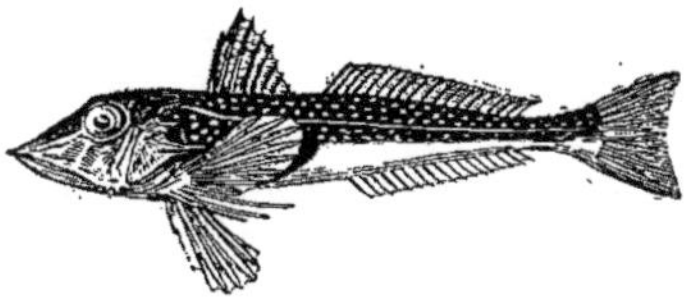

Fig. 325. — *Grondin;* long., 30 cm.

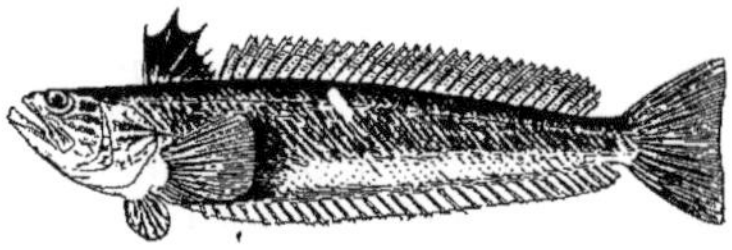

Fig. 326. — *Vive;* long., 14 cm.

❀ *Les Acanthoptérygiens marins sont le Maquereau, le Thon, le Rouget, le Grondin, qui entrent dans notre alimentation, le Dactyloptère ou* poisson volant; *les Vives, dont la piqûre des rayons épineux est venimeuse; l'Espadon ou* poisson-épée, *la Baudroie ou* diable de mer, *le Chelmon ou* poisson-archer *de l'Océan Indien.*

156. Malacoptérygiens d'eau douce. — Parmi les plus communs signalons le *Goujon* (*fig.* 329), commun dans les eaux limpides à fond sablonneux; sa chair est estimée pour sa finesse. Le *Barbeau* (*fig.* 327) est beaucoup plus gros; il porte 4 forts barbillons à la bouche, et habite les eaux claires; sa chair est appréciée. La *Carpe* (*fig.* 315) est herbivore; elle se plaît principalement dans les étangs profonds; on a beaucoup exagéré sa longévité et rien ne prouve qu'elle puisse atteindre un siècle. Le *Cyprin doré* de la Chine, ou *poisson rouge*, est l'ornement ordinaire des petits bassins et des aquariums; il est très voisin de la carpe. La *Brème* est remarquable par son corps déprimé latéralement et ses grandes écailles; elle recherche les eaux profondes et calmes. L'*Ablette* (*fig.* 328) a des écailles argentées qui fournissent l'*essence d'Orient* employée dans la fabrication des perles fausses. Le *Gardon* (*fig.* 312), aux nageoires rosées, au corps comprimé latéralement, est couvert de larges écailles; il est l'ami des eaux claires. Le

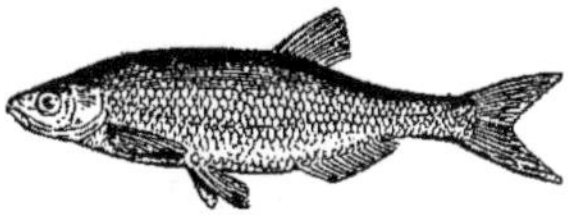

Fig. 328. — *Ablette;* long., 15 cm.

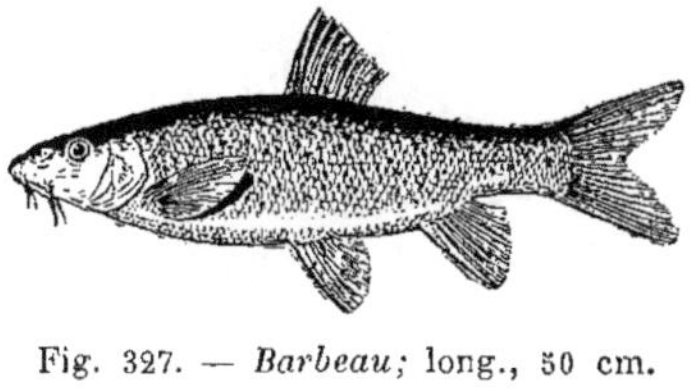

Fig. 327. — *Barbeau;* long., 50 cm.

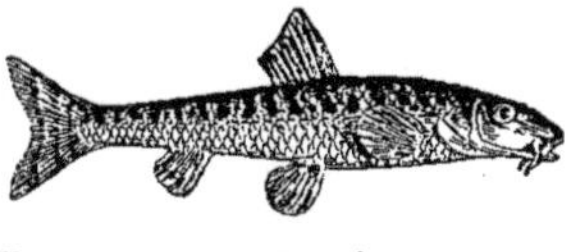

Fig. 329. — *Goujon;* long., 15 cm.

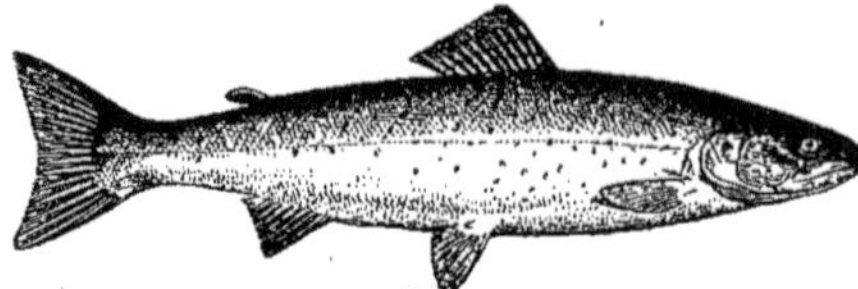

Fig. 330. — *Saumon;* long., 80 cm.

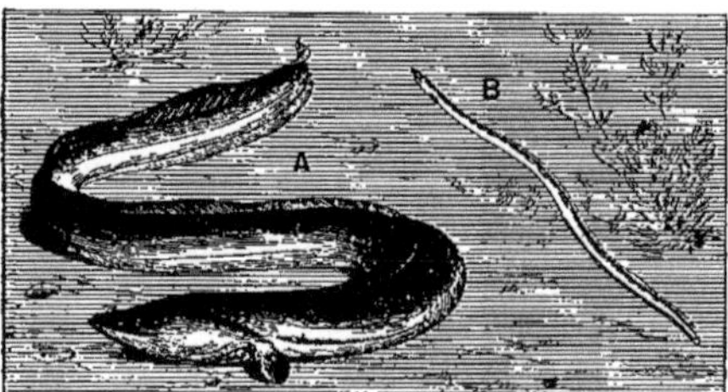

Fig. 331. — *Anguilles :*
A, adulte; long., 90 cm.; B, jeune.

Saumon (*fig.* 330) est un poisson de grande taille; il est allongé, comprimé, essentiellement carnassier, et détruit une grande quantité de poisson. Il passe l'hiver en mer et remonte les fleuves de mai à novembre pour frayer. Proche parente du saumon, la *Truite* est de moindre taille; elle remonte jusqu'aux torrents de montagne dont elle franchit les rapides et les cascades en se servant de sa queue comme d'un ressort. L'espèce commune de France, ou *Truite saumonée* (*fig.* 332), habite de préférence les rivières. Le *Brochet* (*fig.* 333), outre sa grande taille, est reconnaissable à sa large bouche, à mâchoire inférieure proéminente; il est carnassier et vorace. L'*Anguille* (*fig.* 331) doit son nom à sa forme de serpent; sa nageoire dorsale très longue rejoint la nageoire anale à l'extrémité du corps; elle est privée de ventrales; l'ouverture très étroite de ses branchies se trouve à la base des nageoires pectorales. Cet animal sort parfois de l'eau durant la nuit et traverse les prés humides. La ponte a lieu en mer. Le *Gymnote*, de l'Amérique du Sud, est une sorte d'anguille munie d'un appareil électrique qui lui sert à tuer les poissons dont il se nourrit; la commotion peut renverser un homme, mais n'est pas mortelle.

❈ *Les Malacoptérygiens d'eau douce comprennent Goujon, Barbeau, Loche, Carpe, Cyprin doré ou poisson rouge, Brème, Ablette, Gardon, Saumon, Truite, Brochet, Anguille. Le Gymnote, de l'Amérique du Sud, est muni d'un organe électrique dont la décharge peut renverser un homme.*

157. Malacoptérygiens marins. — Nous trouvons encore ici des espèces très connues. La *Sardine* (*fig.* 334) abonde au cours de l'été dans l'Atlantique et la mer du Nord; elle hiverne dans la Méditerranée. On la pêche principalement sur les côtes de Bretagne, où elle diminue depuis quelques années du fait des marsouins qui en détruisent énormément et déplacent ses migrations. La mise en boîte, dans l'huile (*fig.* 336), donne lieu à une industrie importante. L'*Anchois* vit dans toutes les mers; c'est un hors-d'œuvre apprécié. La *Morue* (*fig.* 337) est un gros poisson très vorace des mers arctiques, qui recherche les courants tièdes pendant l'hiver; ses migrations ont lieu par grandes troupes qui passent à proximité de l'Islande et de Terre-Neuve; on la pêche pour sa chair et pour l'huile de foie de morue. Le *Merlan* (*fig.* 338), de l'Atlantique, a une chair légère mais un peu fade. Le *Hareng* (*fig.* 339) se rencontre au

Fig. 332. — *Truite saumonée;* long., 60 cm.

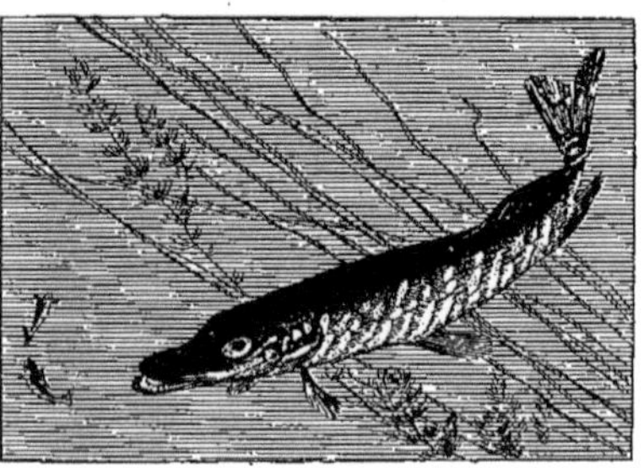

Fig. 333. — *Brochet;* long., 1 mètre.

Fig. 334. — *Sardine;* long., 15 cm.

Fig. 335. — *Éperlan;* long., 20 cm.

Fig. 336. — Mise en boîtes des *sardines* dans une sardinerie.

cours de l'hiver sur nos côtes au nord de l'embouchure de la Loire; ses troupes ou *bancs* comptent des millions d'individus; chaque femelle pond plus de 60 000 œufs. La chair du hareng est excellente. Fumé, ce poisson est le *hareng saur.*

L'*Éperlan* (*fig.* 335) est un petit poisson qui appartient à la famille des Saumons; mais il ne remonte les fleuves que dans la partie influencée par les marées; en Seine il ne dépasse pas Rouen. Le *Congre,* ou anguille de mer, a la peau nue; il est très vorace, sa chair est fade et sans finesse. Le *Rémora* (*fig.* 340) est caractérisé par un disque adhésif, ou ventouse, situé sur la tête et qui lui permet de se fixer aux corps flottants : grands poissons, cétacés, navires; il se laisse ainsi transporter à de grandes distances.

Les *Poissons plats* ont, comme ce nom l'indique, le corps très aplati; ce sont : le *Turbot* (*fig.* 341), à la bouche oblique et aux yeux placés l'un et l'autre sur la face gauche; les autres

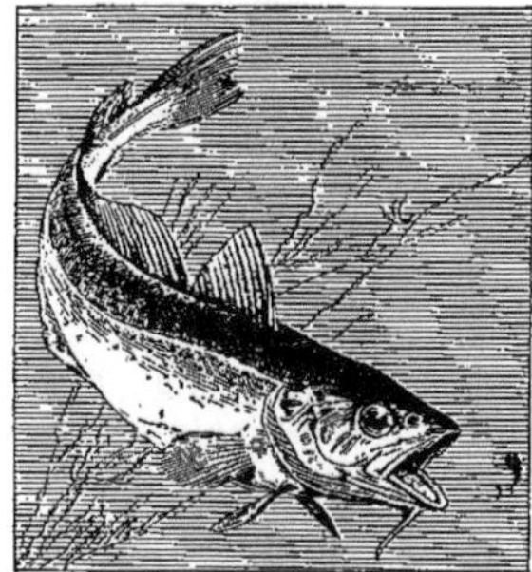

Fig. 337. — *Morue;* long., 1 mètre.

Fig. 338. — *Merlan;* long., 35 cm.

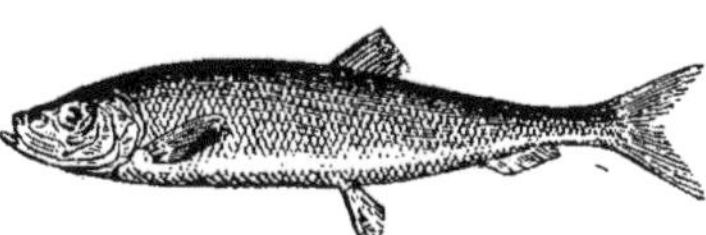

Fig. 339. — *Hareng;* long., 30 cm.

Fig. 340. — *Rémora;* long., 30 cm.

espèces ont les yeux placés sur la face droite; citons : le *Carrelet* ou *Plie* et la *Limande* (*fig.* 342), qui présentent un côté gris roussâtre et un côté blanc, et la *Sole* (*fig.* 343), amie des fonds sablonneux et dont la chair est excellente.

Deux curieux Poissons osseux pour lesquels on a établi des ordres particuliers sont : le *Coffre,* de forme bizarre, et caractérisé par une cuirasse constituée par des plaques osseuses, et l'*Hippocampe* (*fig.* 344), dont la tête rappelle celle du cheval; ce poisson se tient aux algues par la queue prenante.

❀ *Les Malacoptérygiens marins comprennent Sardine, Anchois, Morue, Merlan, Hareng, Éperlan, Congre. Le Rémora porte sur la tête une ventouse qui lui permet de se fixer à la coque des navires. Les* Poissons plats *sont : Turbot, Carrelet, Limande, Sole. Le Coffre au corps cuirassé, et l'Hippocampe dont la tête rappelle celle du cheval, sont des Poissons osseux marins.*

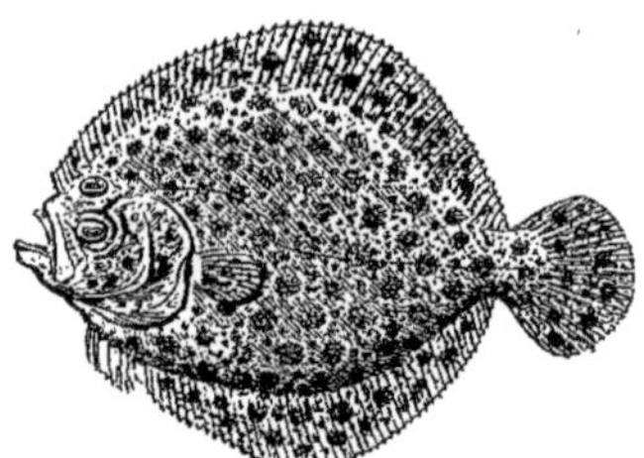

Fig. 341. — *Turbot;* long., 60 cm.

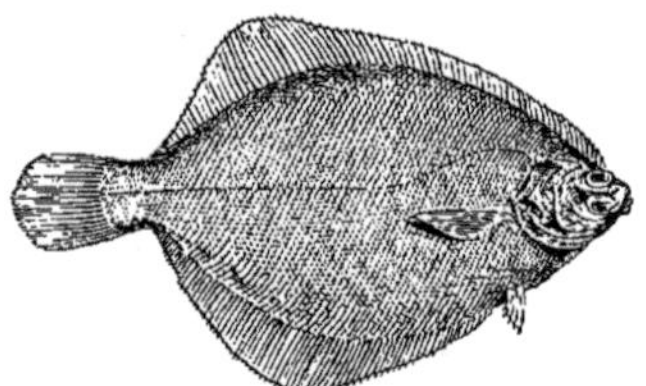

Fig. 342. — *Limande;* long., 40 cm.

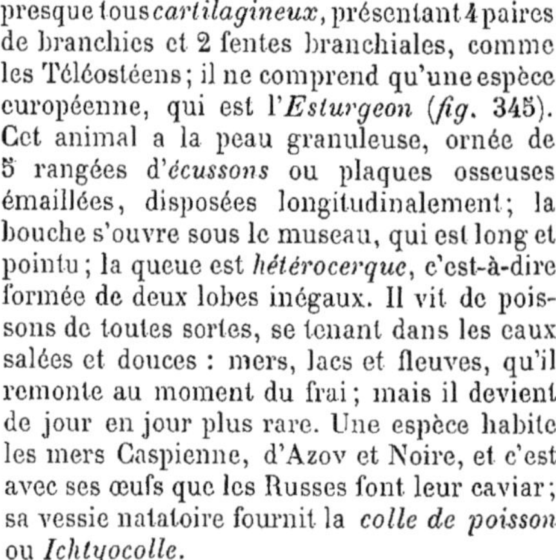

Fig. 343. — *Sole;* long., 40 cm.

Fig. 344.
Hippocampe;
long., 14 cm.

3° ORDRE DES GANOÏDES

Type: *Esturgeon.*

158. Esturgeon. — L'ordre des Ganoïdes renferme des Poissons presque tous *cartilagineux*, présentant 4 paires de branchies et 2 fentes branchiales, comme les Téléostéens; il ne comprend qu'une espèce européenne, qui est l'*Esturgeon* (*fig.* 345). Cet animal a la peau granuleuse, ornée de 5 rangées d'*écussons* ou plaques osseuses émaillées, disposées longitudinalement; la bouche s'ouvre sous le museau, qui est long et pointu; la queue est *hétérocerque*, c'est-à-dire formée de deux lobes inégaux. Il vit de poissons de toutes sortes, se tenant dans les eaux salées et douces : mers, lacs et fleuves, qu'il remonte au moment du frai; mais il devient de jour en jour plus rare. Une espèce habite les mers Caspienne, d'Azov et Noire, et c'est avec ses œufs que les Russes font leur caviar; sa vessie natatoire fournit la *colle de poisson* ou *Ichtyocolle*.

✻ *Les Ganoïdes sont des Poissons cartilagineux. Cet ordre comprend l'Esturgeon, caractérisé extérieurement par la queue hétérocerque et cinq rangées d'écussons ou plaques osseuses; une autre espèce habite les mers intérieures de l'Ancien Continent.*

Fig. 345. — *Esturgeon;* longueur, 6 mètres.

4° ORDRE DES SÉLACIENS

Type: *Requin.*

159. Types principaux. — Le *Requin* et les autres Poissons de l'ordre des *Sélaciens* se rapprochent des Ganoïdes par le squelette cartilagineux, l'emplacement de la bouche, et la queue souvent hétérocerque; ils s'en éloignent par l'absence de vessie natatoire, d'opercules, et par la disposition des branchies qui sont réparties dans des poches *branchiales* au nombre de 5 de chaque côté, et dont les orifices sont visibles extérieurement. Les écailles sont très petites. L'enveloppe des œufs est cornée; lorsque ces œufs sont rectangulaires, leurs angles se terminent par des filaments qui remplissent le rôle des vrilles chez les végétaux, et qui leur permettent de s'accrocher aux algues. Cet ordre comprend deux groupes, celui des *Requins* ou *Squales* et celui des *Raies*. Le *Requin* (*fig.* 346), répandu dans la plupart des mers, est un des Poissons les plus voraces; sa bouche est garnie de plusieurs rangées de dents triangulaires, qui sont couchées lorsqu'elles sont inutiles et se redressent lorsque l'animal va saisir une proie. Le *Marteau* est un requin dont la tête s'élargit en deux prolongements très développés; les yeux se trouvent à chacune de leurs extrémités. La *Roussette* ou *chien de mer* (*fig.* 347),

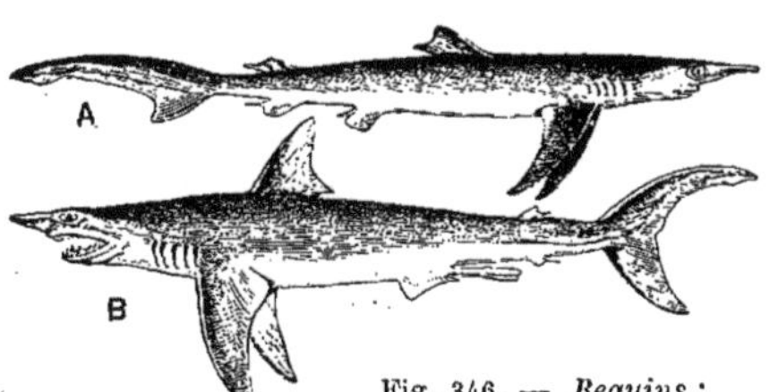

Fig. 346. — *Requins :*
A, *glauque;* B, *oxyrhine;* long., 4 mètres.

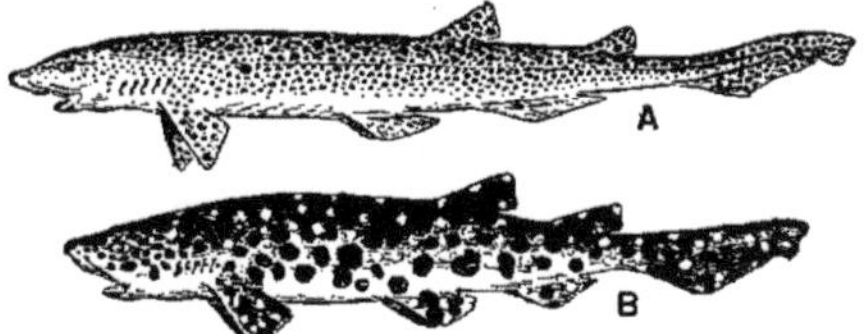

Fig. 347. — *Roussettes;* long., 80 cm. à 1 mètre.
A, grande roussette; B, à grandes taches.

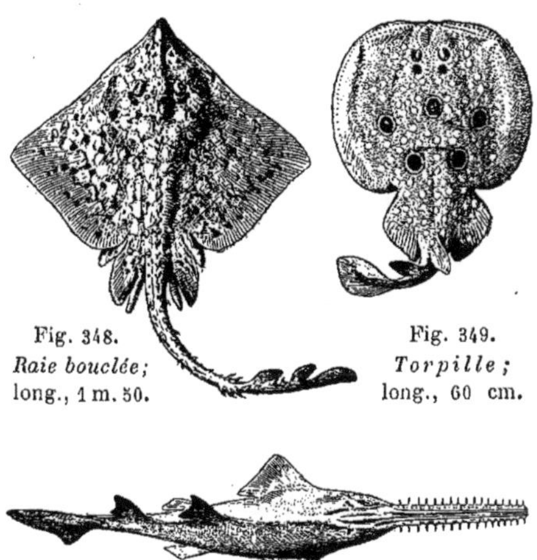

Fig. 348.
Raie bouclée;
long., 1 m. 50.

Fig. 349.
Torpille ;
long., 60 cm.

Fig. 350. — *Scie* ou Poisson-scie; long., 4 mètres.

très commune sur nos côtes, présente en réduction la forme du requin; la peau rugueuse des grandes espèces sert à polir le bois.

La *Raie* est un Poisson plat, très différent des Poissons plats décrits plus haut (**157**) : les deux faces de ceux-là représentent en effet les côtés du corps; les faces des Raies sont dorsale et ventrale. Une grande partie de sa surface est occupée par ses nageoires pectorales, que l'on pourrait comparer à des ailes et qui lui permettent de planer dans l'eau; sa queue est longue et effilée; c'est un poisson de fond. L'espèce dite *bouclée* (*fig.* 348), qui entre dans notre alimentation, présente dans la peau dorsale de nombreuses petites pièces osseuses munies d'une pointe; sa chair a un léger goût d'ammoniaque; ses œufs sont cornés et munis d'attaches comme ceux du groupe précédent. Alors que la raie a la forme d'un losange, la *Torpille* est arrondie (*fig.* 349); elle est caractérisée par la présence d'un appareil électrique dont les décharges peuvent engourdir la main qui veut la saisir; cet animal est commun dans la Méditerranée. La *Scie* ou *Poisson-scie* (*fig.* 350) forme le passage des Requins aux Raies; le corps est allongé, fusiforme, mais la tête est plate et se prolonge en une lame droite, également plate, et portant sur toute la longueur de ses bords de nombreuses dents plantées dans des alvéoles; ce poisson appartient à l'Atlantique.

✻ *Les Sélaciens sont cartilagineux avec queue hétérocerque; ils n'ont pas de vessie natatoire. Les branchies sont distribuées dans 10 poches branchiales sans opercules. Ce sont : Requin, Roussette, Raie. La Torpille est munie d'un organe* électrique *dont la* décharge *peut engourdir la main. La Scie ou* Poisson-scie *de l'Atlantique est pourvue en avant d'une lame aplatie et dentée.*

5° ORDRE DES CYCLOSTOMES

Type : *Lamproie.*

160. Caractères, type. — L'ordre des *Cyclostomes* est caractérisé par l'absence de nageoires pectorales. La bouche est une puissante ventouse sans mâchoires; ces animaux portent 7 paires de poches branchiales avec 7 paires d'ouvertures. Nous citerons la *Lamproie* (*fig.* 351), dont la forme générale rappelle l'anguille ; sa colonne vertébrale n'est qu'un cordon cartilagineux dans lequel on ne peut distinguer les vertèbres : c'est un type dégradé.

❦ *L'ordre des Cyclostomes est caractérisé par le squelette cartilagineux, 7 paires de fentes branchiales et la bouche disposée en* ventouse. *Il renferme la Lamproie, qui est un vertébré très inférieur.*

161. Poissons des grands fonds. — On croyait, il y a cinquante ans, qu'à partir de la profondeur de 400 mètres la vie animale disparaissait et que les abîmes de la mer n'étaient qu'une immense solitude ; les recherches exécutées par le navire anglais *Challenger* (1872), par les navires français le *Travailleur* et le *Talisman* (1880-1883), les explorations annuelles du prince Albert de Monaco à bord de son yacht *Princesse-Alice*, ont montré que les poissons abondent jusqu'à 3 000 mètres ; ils deviennent rares au-dessous, mais on en a remonté de plus de 6 000 mètres. Ces animaux, qu'on capture à l'aide de chaluts, de filets, de nasses, nagent dans une eau absolument calme, à température basse et uniforme, comprise entre 2° et 4° ; ils sont privés de la lumière solaire et ont un régime qui ne peut être que carnassier, par suite de l'absence de toute plante. Ils supportent une pression considérable et lorsqu'on les remonte, l'énorme changement de pression, de chaleur et de lumière qu'ils subissent amène leur mort; la dilatation des gaz du sang et des tissus fait souvent tomber les écailles et jaillir les yeux hors des orbites ; la dilatation des gaz de la vessie natatoire peut amener, exceptionnellement, la poussée de l'estomac hors de la bouche. Alors que les invertébrés des grands fonds ont des couleurs très vives, les poissons de l'abîme sont de couleur sombre, souvent noirs. Le système dentaire est très développé, la bouche et le pharynx ont parfois des dimensions extraordinaires, ce qui est le cas de

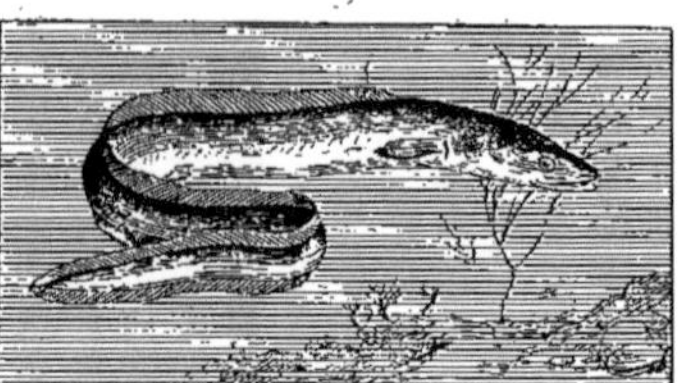

Fig. 351. — *Lamproie;* long., 90 cm.

l'*Eurypharynx* (*fig.* 352), dont la forme est étrange. Malgré l'absence certaine de toute lumière solaire à partir de 400 mètres, la nuit n'est pas générale dans les profondeurs de la mer; il existe, dans le désert d'ombre, des oasis lumineuses où se pressent des Polypiers phosphorescents. Dans ces sortes de taillis sous-marins vit un monde de poissons ; beaucoup d'espèces sont pourvues d'organes phosphorescents réalisant des conditions merveilleuses d'éclairage ; leurs yeux sont ordinairement de grande taille, probablement pour recueillir le plus possible de cette lumière éparse. A côté de ces espèces, il en est d'autres dont les yeux sont rudimentaires ou même manquent complètement ; mais elles sont pourvues d'organes tactiles, longues antennes explorant en tous sens le fond de la mer. Ces poissons aveugles vivent certainement dans les régions obscures.

❦ *Les grands fonds sous-marins, que l'on croyait autrefois inhabités, nourrissent des êtres jusqu'à plus de 6 000 mètres de profondeur. Dans ce milieu d'obscurité, la teinte des poissons est sombre et leurs yeux sont très grands ; certaines espèces sont aveugles et possèdent alors des organes tactiles très développés.*

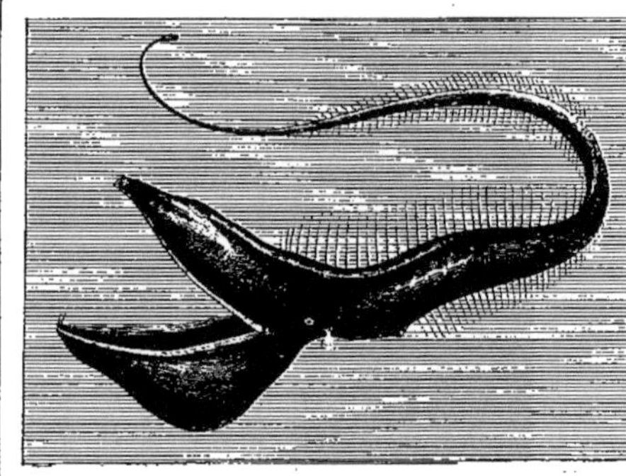

Fig. 352. — *Eurypharynx;* long., 50 cm.
Poisson malacoptérygien pêché à 2 000 mètres
de profondeur.

162. Grandes pêches. — Avec la *grande pêche* proprement dite, qui n'est guère entreprise en France que pour la Morue, se pratique la *pêche côtière ;* celle-ci cependant a lieu parfois assez loin des côtes. La pêche de la morue, toujours en pleine activité, se fait principalement sur le grand banc de Terre-Neuve et les côtes de l'Islande. Les bateaux qui s'y rendent sont construits pour affronter les voyages au long cours ; ils transportent les équipages, qui sont ensuite distribués sur des embarcations spéciales. Les poissons pris sont vidés, préparés et salés chaque jour ; leur chair est un aliment bon et sain. La pêche côtière s'adresse à différents poissons sur les côtes européennes de l'Océan et de la Méditerranée ; elle a surtout pour objet la capture du Hareng. La Sardine se pêche sur les mêmes rivages, mais principalement à l'extrémité de la Bretagne. Le Maquereau est pêché la nuit de préférence. La flotte de la pêche côtière comprend une grande variété de bateaux (*fig.* 309 et 353), qui doivent être solides et résister à tous les temps. Depuis quelques années la pêche avec bateaux à vapeur tend à prendre une assez grande extension. Les grandes pêches constituent un excellent exercice d'entraînement pour les hommes qui s'y livrent et en font d'excellents marins.

❧ *La* grande pêche *se pratique à Terre-Neuve et en Islande pour la Morue. La* pêche côtière *se fait au large des côtes européennes pour la capture du Hareng, de la Sardine, du Maquereau, etc.*

163. Pisciculture. — La pisciculture a pour but le repeuplement de nos rivières par la *multiplication* et l'*élevage* des meilleurs Poissons. Cette industrie comporte la ponte et la fécondation artificielles des œufs ; dans ce but, on se procure à l'époque convenable des mâles et des femelles de l'espèce choisie ; on les conserve dans des réservoirs jusqu'au moment où les femelles sont prêtes à pondre. On les prend alors avec précaution et par une pression légère du ventre, pratiquée d'avant en arrière, on obtient la *ponte artificielle.* La fécondation des œufs au moyen de la laitance du mâle

Fig. 353. — La *Pêche côtière ;* préparatifs de départ.

s'obtient de la même manière (*fig.* 354). Les œufs sont ensuite disposés dans des appareils à eau courante dits *ruisseaux factices ;* ils y restent durant la période d'incubation. Les jeunes poissons éclos se nourrissent d'abord du contenu d'une poche ou *vésicule ombili-*

Fig. 354. — *Fécondation artificielle* des œufs.

cale (*fig.* 355, A); c'est après la disparition de cette poche que le jeune, ou *alevin*, est nourri par le pisciculteur; il l'est jusqu'au moment où sa taille et son agilité lui permettent de chercher lui-même sa nourriture. Il est alors porté à la rivière qui lui a été attribuée. C'est principalement à l'élevage du Saumon et de la Truite que se livre le pisciculteur. Cependant le grand nombre de poissons utilisés dans l'alimentation de l'homme exigeait plus, et c'est ainsi que la pisciculture s'occupe du Brochet, de la Perche, de la Carpe, du Barbeau, etc. On a déjà repeuplé de nombreux lacs et étangs, et certains petits cours d'eau ; mais il est très difficile d'obtenir des résultats heureux dans les grandes rivières, à cause des obstacles qui s'opposent à la prospérité des poissons : navigation à vapeur, curage du lit, matières vénéneuses abandonnées par les industries riveraines, etc. On vient parfois en aide aux poissons dans les cours d'eau en déposant des *frayères* ou claies garnies d'herbes aquatiques retenant bien les œufs ; et près des cascades, des *échelles* à saumons qui permettent à ces poissons de franchir l'obstacle par degrés.

❀ *La pisciculture pratique la multiplication et l'élevage des meilleurs poissons (Saumon, Truite), dans le but de repeupler nos eaux. Les œufs obtenus par la ponte artificielle sont disposés dans des appareils à eau courante, d'où les jeunes ou alevins sont portés aux rivières dès qu'ils peuvent subvenir à leur nourriture.*

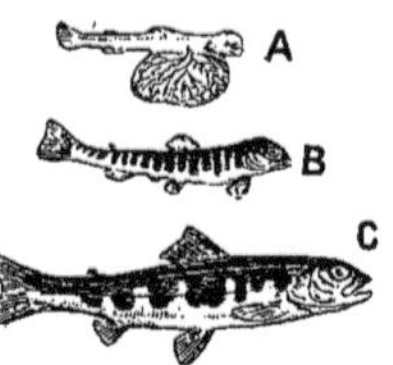

Fig. 355. — *Alevins:*
A, avec sa vésicule ;
B, nourri par le pisciculteur;
C, capable
de se nourrir seul.

XII. — TABLEAU-RÉSUMÉ DE LA CLASSIFICATION DES POISSONS.

BRANCHIES.	NAGEOIRE CAUDALE.	ÉCAILLES.		SQUELETTE.	NOMS des ORDRES.	EXEMPLES.
4 paires, 2 fentes branchiales, un *poumon*.	Homocerque.	Grosses, imbriquées.		Cartilagineux, en grande partie.	DIPNEUSTES.	*Cératodus.*
4 paires, 2 fentes branchiales.	Homocerque.	Petites, imbriquées.		Osseux.	TÉLÉOSTÉENS.	*Perche, Thon, Vive. Carpe, Morue, Anguille.*
	Hétérocerque.	Grandes, couvertes d'émail.		Cartilagineux, chez la plupart.	GANOÏDES.	*Esturgeon.*
5 paires, 10 fentes branchiales.	Hétérocerque.	Très petites ou nulles.		Cartilagineux.	SÉLACIENS.	*Requin, Raie.*
7 paires, 14 fentes branchiales.	Homocerque.	Pas d'écailles.		Cartilagineux.	CYCLOSTOMES.	*Lamproie.*

Fig. 356. — Le *Rucher* du Jardin du Luxembourg, à Paris.

EMBRANCHEMENTS DES INVERTÉBRÉS

VIII. EMBRANCHEMENT DES ARTICULÉS

164. Caractères, divisions. — Les Invertébrés, comme nous l'avons dit, sont privés de vertèbres; ils sont divisés en 7 embranchements, qui sont : *Articulés* (abeille), *Vers* (lombric), *Mollusques* (escargot), *Échinodermes* (étoile de mer), *Polypes* (corail), *Spongiaires* (éponge) et *Protozoaires* (vorticelle). Le premier est donc celui des *Articulés* ou *Arthropodes,* dont les caractères essentiels sont : 1° la division totale ou partielle du corps en *anneaux,* et 2° la structure *articulée* des membres. Le corps de ces animaux est revêtu d'une substance relativement épaisse, souvent élastique, parfois rigide, que l'on nomme *chitine,* et qui représente le squelette externe, le squelette interne n'existant pas. Le nombre des membres est très variable. Cet embranchement renferme des formes extrêmement différentes, et pour s'en convaincre il suffit de citer l'Abeille, l'Araignée, le Scolopendre ou mille-pieds et l'Écrevisse ; aussi divise-t-on les Articulés en 4 classes, qui sont :

1° Classe des *Insectes :*   Abeille.
2°   —   *Arachnides :*   Araignée.
3°   —   *Myriapodes :*   Scolopendre.
4°   —   *Crustacés :*   Écrevisse.

❊ *Les Articulés ou Arthropodes sont caractérisés par la division totale ou partielle du corps en anneaux et par la structure articulée des membres. Leur corps est revêtu d'une substance dure ou chitine qui représente un squelette externe. Ils sont divisés en quatre classes.*

CLASSE DES INSECTES

TYPE : *Abeille.*

165. Caractères principaux. — Cette classe est la plus nombreuse de toute la classification zoologique; on ne connaît pas moins de 180000 espèces d'Insectes, ce qui représente à peu près les deux tiers de toutes les espèces animales; néanmoins on y trouve une certaine homogénéité dans les caractères principaux. C'est ainsi que la division du corps en trois parties est constante; ce sont la tête, le thorax et l'abdomen (*fig.* 357). La *tête* porte les yeux, deux appendices appelés antennes, et la bouche. Le *thorax* ou *corselet* est divisé en trois anneaux soudés, portant chacun une paire de membres ou pattes, qui se trouvent ainsi au nombre de six. Les deux derniers anneaux portent aussi chacun une paire d'ailes. L'*abdomen* se compose de plusieurs anneaux non soudés, ce qui lui donne la mobilité nécessaire. Un autre caractère constant de la classe des Insectes se trouve dans les *métamorphoses* qu'ils subissent avant d'atteindre l'état *parfait*. Jusqu'ici nous n'avons constaté ce fait que chez les Batraciens (**147**). Tous les Insectes sont ovipares.

❀ *Le corps des Insectes comprend trois parties : la* tête, *qui porte les yeux, les antennes et la bouche; le* thorax, *qui porte 6 pattes et 4 ailes, et l'*abdomen, *dont les anneaux sont mobiles. Les Insectes sont caractérisés par des métamorphoses.*

166. Tête, thorax, abdomen. — Revenons à la tête des Insectes. Les *yeux* sont presque toujours *composés* (*fig.* 357, O), c'est-à-dire formés d'un très grand nombre de facettes qui sont autant d'yeux simples; on a compté jusqu'à 12000 de ces facettes chez la libellule ou demoiselle. La surface de chaque œil composé, étant bombée, permet à l'Insecte de voir dans toutes les directions. En outre, on remarque chez un très grand nombre d'Insectes la présence sur le front d'yeux simples ou *ocelles*, généralement disposés en triangle et au nombre de trois (*fig.* 357, A). Les *antennes* sont constituées par des petits articles mobiles; elles sont placées sur le front ou entre les yeux; ce sont des organes de *tact* toujours en éveil. La *bouche* des Insectes est assez compliquée; elle varie avec la nourriture recherchée par l'animal. Il y a en effet des insectes *broyeurs* comme le hanneton, des insectes *suceurs* comme les papillons et des insectes *lécheurs* comme l'abeille. Nous y reviendrons en étudiant la digestion (**167**).

Le thorax porte les 6 pattes et les 4 ailes. Les *pattes*, dont la forme diffère énormément selon que l'animal est fouisseur, sauteur ou nageur, comprennent toujours 4 parties, qui sont la hanche, la cuisse, la jambe et le tarse; celui-ci est formé de 3 à 5 articles. Les *ailes* sont formées de 2 membranes accolées et soutenues entre elles par des *nervures* très ramifiées, rigides et formées de chitine. Ces organes varient énormément selon l'ordre auquel appartient l'insecte. Nous reparlerons de l'abdomen en décrivant les fonctions digestive et respiratoire.

❀ *Les yeux des Insectes sont* composés *d'un très grand nombre de facettes ou yeux simples. Les antennes sont des organes de* tact. *La bouche varie avec le genre de nourriture. Les pattes comprennent 4 parties. Les ailes sont soutenues par des* nervures *de chitine.*

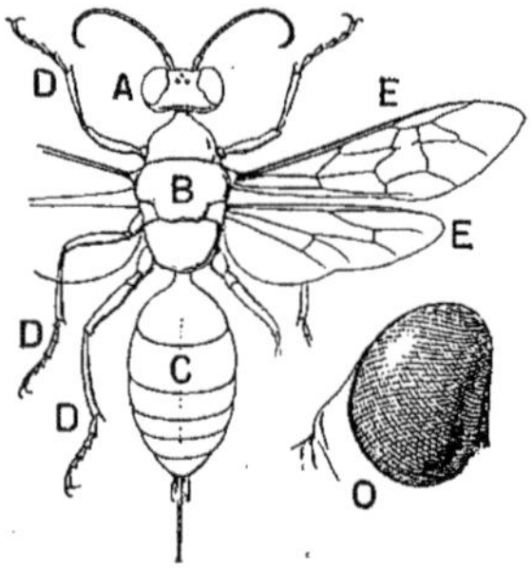

Fig. 357. — Divisions du corps d'un Insecte :

A, *tête* avec antennes, yeux composés et ocelles; B, *thorax* avec pattes D, et ailes E; C, *abdomen*; O, détail d'un œil composé.

167. Digestion. — La bouche de tous les Insectes comprend 6 pièces, qui sont : 1° la *lèvre supérieure;* 2° une paire de *mandibules;* 3° une paire de *mâchoires*, et 4° la *lèvre inférieure;* mais la disposition de ces six pièces varie beaucoup selon que l'insecte est broyeur, suceur ou lécheur.

Chez l'insecte *broyeur*, l'appareil buccal doit être résistant ; les mandibules sont puissantes et se meuvent transversalement ; elles servent à la mastication et deviennent quelquefois, par leur développement, des armes terribles, ce qui est le cas chez le Lucane ou Cerf-volant (*fig.* 358). Les mâchoires, coupantes et disposées en ciseaux, sont compliquées de deux appendices tactiles, nommés *palpes maxillaires*, qui servent aussi à retenir les aliments entre les mandibules et les mâchoires. La lèvre inférieure porte des *palpes labiales*, dont le rôle est analogue à celui des précédentes. Les insectes *suceurs* sont caractérisés par une trompe plus ou moins longue qui s'enroule au repos (*fig.* 359, A) et se déroule quand elle fonctionne ; elle résulte de la soudure et du grand développement en longueur des lèvres, des mandibules, ou des mâchoires.

Chez l'insecte *lécheur*, la disposition des pièces est en quelque sorte intermédiaire ; la lèvre supérieure et les mandibules sont analogues à celle des broyeurs ; mais les mâchoires et la lèvre inférieure sont allongées ; la lèvre inférieure notamment se présente comme une langue garnie de poils qui facilite la récolte du pollen (*fig.* 359, B) ; elle est construite soit en gouttière, soit en tube, ce qui permet encore à l'animal d'aspirer les corps liquides.

L'appareil digestif des Insectes est un tube assez peu contourné (*fig.* 360) ; il comprend : la bouche, dans laquelle arrivent les glandes salivaires ; l'œsophage, qui se complique d'un jabot ; l'estomac, qui reçoit les glandes gastriques, et l'intestin, qui se termine par le rectum.

❧ *La bouche comprend la lèvre supérieure, les mandibules, les mâchoires et la lèvre inférieure. Les insectes broyeurs portent des mandibules puissantes, les suceurs ont une trompe qui se déroule. Chez les lécheurs, la lèvre inférieure forme une sorte de langue en gouttière ou en tube. L'appareil digestif est très peu contourné.*

168. Respiration, circulation, nerfs. — La partie essentielle du système respiratoire est représentée par les *trachées ;* ce sont des tubes très ramifiés et distribués dans le corps entier. Ces tubes s'ouvrent extérieurement par des orifices, ou *stigmates,* disposés sur les côtés des anneaux de l'abdomen. C'est à travers les parois des trachées que s'accomplit l'oxygénation du sang. Le mécanisme respiratoire est produit par la contraction des muscles.

L'appareil circulatoire est très simplifié ; le cœur est remplacé par le *vaisseau dorsal* comportant de 8 à 11 cavités nommées *ventriculites.* Le vaisseau dorsal est contenu dans une poche remplie de sang et appelée *péricarde* ou *espace péricardique.* Le sang du péricarde pénètre dans les ventriculites du vaisseau dorsal, d'arrière en avant ; il est alors poussé dans les différentes parties du corps, se charge d'oxygène autour

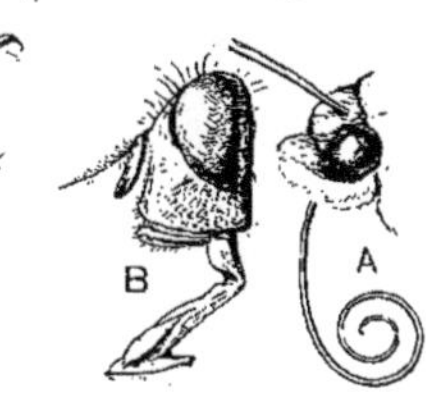

Fig. 358. — *Lucane* mâle ; long., 40 mm. Insecte remarquable par le développement de ses *mandibules.*

Fig. 359.
Têtes d'insectes :
A trompe d'insecte *suceur* (Papillon) ; B, lèvre inférieure d'insecte *lécheur* (Mouche).

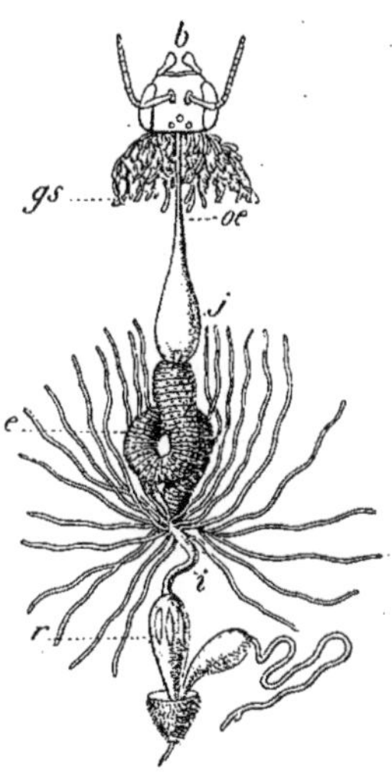

Fig. 360. — *Tube digestif* d'un Insecte.

b, bouche ; *gs,* glandes salivaires ; *œ,* œsophage ; *j,* jabot ; *e,* estomac, *i,* intestin ; *r,* rectum.

des trachées, s'empare de principes nutritifs au contact de l'appareil digestif, et retourne au péricarde.

Le système nerveux (*fig.* 361) se compose du *cerveau*, formé de deux gros ganglions, et de la *chaîne ventrale*, constituée par une série de ganglions qui envoient des nerfs dans différentes directions ; il en existe ordinairement autant de paires que l'Insecte compte d'anneaux.

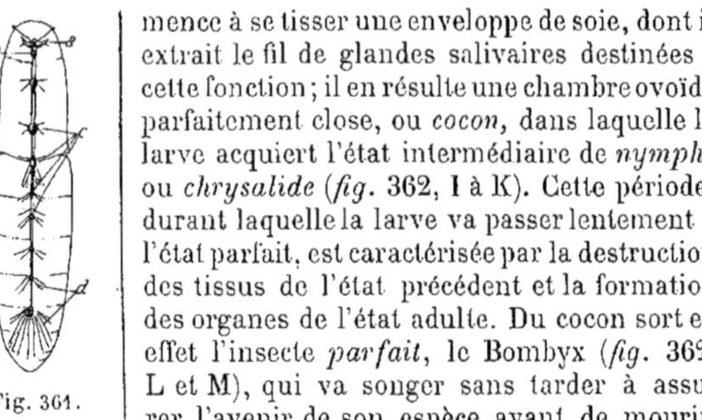

Fig. 361.
Système nerveux d'un Insecte.
a, cerveau ; *b, c,* ganglions ; *d,* nerfs.

❋ *La respiration s'effectue au moyen de tubes appelés* trachées, *qui s'ouvrent au dehors par les* stigmates. *L'appareil circulatoire comprend le* vaisseau dorsal, *divisé en* ventriculites. *L'oxygénation a lieu à travers les parois des trachées. Le système nerveux comprend le cerveau et une chaîne de doubles ganglions, dite* chaîne ventrale.

169. Métamorphoses. — Les métamorphoses des Insectes sont *complètes* ou *incomplètes*. Les espèces à métamorphoses complètes passent par 4 états différents : œuf, larve, nymphe et animal parfait ; c'est le cas des Papillons, du Bombyx du mûrier notamment, dont la larve est le *ver à soie*.

Les *œufs* du Bombyx sont pondus à la fin de l'été, ils sont gros comme des têtes d'épingle et n'éclosent que l'année suivante. L'être qui sort de l'œuf est la *larve* ou *chenille*, improprement appelée *ver à soie* (*fig.* 362, B à H) ; il est imperceptible, mais il se nourrit de feuilles de mûrier presque sans repos et grandit rapidement ; ses formes se précisent, le nombre de ses anneaux est égal à celui des anneaux de l'animal parfait, et ses six pattes courtes sont portées par les trois anneaux qui correspondent à son futur thorax. La larve des insectes est en outre soumise à des mues fréquentes, marquées chacune par un accroissement de taille. A l'âge de 30 jours, le ver à soie pèse 9 500 fois ce qu'il pesait au sortir de l'œuf. Après la dernière mue, il ne mange plus ; il cherche un emplacement convenable dans les menues branches, et com-

mence à se tisser une enveloppe de soie, dont il extrait le fil de glandes salivaires destinées à cette fonction ; il en résulte une chambre ovoïde parfaitement close, ou *cocon*, dans laquelle la larve acquiert l'état intermédiaire de *nymphe* ou *chrysalide* (*fig.* 362, I à K). Cette période, durant laquelle la larve va passer lentement à l'état parfait, est caractérisée par la destruction des tissus de l'état précédent et la formation des organes de l'état adulte. Du cocon sort en effet l'insecte *parfait*, le Bombyx (*fig.* 362, L et M), qui va songer sans tarder à assurer l'avenir de son espèce avant de mourir.

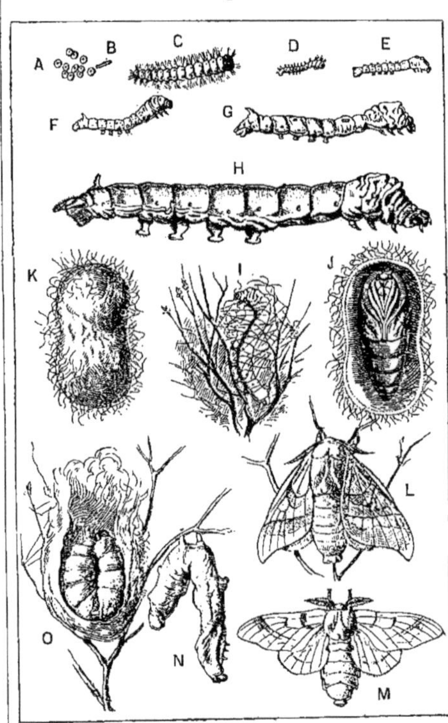

Fig. 362. — *Métamorphoses* du Bombyx du mûrier.
A, œufs ; B à H, développement de la *chenille* ou ver à soie (taille maximum, 10 cm.) ; I, chenille filant son *cocon* ; J, coupe du cocon montrant la *nymphe* ; K, aspect extérieur d'un *cocon* ; L, papillon mâle (long., 22 mm.) ; M, papillon femelle ; N, chenille, morte avant de filer ; O, chenille, morte dans le cocon inachevé.

Les Insectes à métamorphoses incomplètes ne passent pas par l'état de nymphe. Leur organisation, imparfaite au moment de la naissance, se perfectionne peu à peu, comme la sauterelle. D'autres, semblables aux adultes dès le début de leur existence, s'accroissent simplement par mues successives, comme le pou.

✻ *La métamorphose complète comprend 4 états : œuf, larve, nymphe et animal parfait. Le ver à soie est la larve qui sort de l'œuf du Bombyx du mûrier ; il se nourrit, mue à plusieurs reprises, se développe, puis se tisse un cocon dans lequel il devient nymphe ou chrysalide et d'où il sort à l'état de papillon. La métamorphose incomplète est la croissance par mues successives.*

170. Classification. — La classification des Insectes est basée surtout sur le nombre et les caractères des *ailes*. C'est ainsi que celles de l'Abeille sont membraneuses ; que celles de la Cigale sont partiellement cornées ; que' deux des quatre ailes du Hanneton ne servent que d'étuis protecteurs aux deux autres ; que deux des quatre ailes de la Sauterelle ont un rôle analogue ; que les quatre ailes de la Libellule sont semblables entre elles ; que celles du Bombyx sont recouvertes de fines écailles ; que la Mouche commune n'a que deux ailes, et que le Pou n'en a pas. Il en résulte que la classe des Insectes a été divisée en 8 ordres, qui sont :

1° Ordre des *Hyménoptères :* Abeille.
2°   --   *Hémiptères :*   Cigale.
3°   —   *Coléoptères :* Hanneton.
4°   —   *Orthoptères :* Sauterelle.
5°   —   *Névroptères :* Libellule.
6°   —   *Lépidoptères :* Bombyx.
7°   —   *Diptères :*   Mouche.
8°   —   *Aptères :*   Pou.

✻ *Les Insectes sont classés surtout d'après le nombre et les caractères de leurs ailes; on les a divisés en 8 ordres.*

1° ORDRE DES HYMÉNOPTÈRES

Type : *Abeille.*

171. Caractères. Hyménoptères à aiguillon. — Les Hyménoptères sont à la fois *broyeurs* et *lécheurs ;* ils sont caractérisés par quatre ailes membraneuses et transparentes, avec nervures assez espacées. Les deux ailes gauches sont réunies par des poils crochus, qui les font dépendre l'une de l'autre et fonctionner comme une seule aile ; il en est de même des deux ailes droites. Le thorax est souvent séparé de l'abdomen par un *pédicule* très étroit qui présente l'apparence d'un fil. Les femelles de certaines espèces portent à l'extrémité de leur abdomen un *aiguillon* venimeux ; les autres, une *tarière* généralement non venimeuse. C'est cet organe qui justifie la division de ces Insectes en deux sous-ordres.

Le sous-ordre des Hyménoptères *à aiguillon* comprend entre autres espèces les *Abeilles,* les *Guêpes,* les *Fourmis.* C'est parmi ces curieux animaux que l'on compte d'étonnantes sociétés qu'il est impossible de ne pas comparer à certaines sociétés humaines. On y observe, avec une extraordinaire activité, une très ingénieuse division du travail ; c'est là certainement la manifestation d'une réelle *intelligence ;* il est vrai que l'homme, qui se croit seul possesseur de cette faculté, la qualifie d'*instinct* chez les animaux ; mais il ne montre ainsi que son inguérissable orgueil.

✻ *Les Hyménoptères sont broyeurs et lécheurs ; ils ont 4 ailes membraneuses accrochées par deux. Le thorax est séparé de l'abdomen par un fin pédicule. Les Hyménoptères à aiguillon forment des sociétés actives et intelligentes.*

172. Mœurs des Abeilles. — Les colonies d'*Abeilles* comprennent la *reine* ou *mère,* ou femelle fertile, les *mâles* ou *faux bourdons* et les *ouvrières* ou femelles stériles ; ces trois sortes d'individus sont pourvus d'ailes (*fig.* 363, D, E, F). Lors de la fondation d'une colonie ou *ruche,* il n'existe que la reine avec les ouvrières qui l'ont suivie. Dès que l'abri est trouvé, les ouvrières s'empressent de le clore avec une substance résineuse qu'elles ont recueillie sur les bourgeons de certains arbres. Cela fait, elles ont recours à une sécrétion naturelle, celle de leurs *glandes cirières* qui siègent entre les

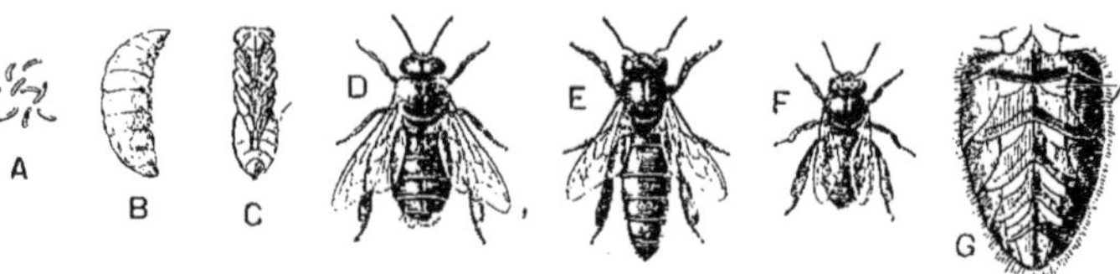

Fig. 363. — *Abeilles,* grandeur naturelle.

A, œufs; B, larve; C, nymphe; D, mâle ou faux bourdon; E, reine ou mère; F, ouvrière;
G, face ventrale d'une abeille, avec plaques *p* des glandes cirières.

préparent ces provisions pour la nourriture des jeunes larves. Les butineuses remplissent aussi les cellules libres, amassant ainsi des provisions de *miel* pour l'hiver. Il existe tout

anneaux de la face ventrale de leur abdomen (*fig.* 363, G). Ces glandes, *p*, leur fournissent la *cire* nécessaire à l'établissement des galettes, sur chaque face desquelles elles construisent des cellules hexagonales d'une parfaite régularité (*fig.* 364); ce sont les *rayons* ou *gâteaux* de cire (*fig.* 365). La reine, qui a été fécondée au cours d'une sortie unique, dite *vol nuptial,* rentre à la ruche pour ne plus en sortir qu'en cas d'émigration. Elle commence alors à pondre, ne déposant qu'un œuf dans chaque cellule; mais elle peut en déposer de 4 000 à 5 000 par jour, et elle pond durant tout l'été. Les ouvrières *butineuses* vont recueillir et apportent, les unes le pollen, les autres le nectar des fleurs; les ouvrières *nourrices*

d'abord deux sortes de cellules : les plus petites et les plus nombreuses sont réservées à l'élevage des ouvrières (*fig.* 366); d'autres un peu plus larges sont destinées aux mâles (*fig.* 364). Trois jours après la ponte, l'œuf donne une petite larve privée de pattes qui est immédiatement alimentée par les soins des nourrices. Au bout de quelques jours, la larve s'enveloppe d'un petit cocon et va se transformer en nymphe; sa nourrice l'enferme alors dans son alvéole au moyen d'un peu de cire; cette cire est brisée un peu plus tard, c'est-à-dire 21 jours après la ponte de l'œuf, par l'animal parfait. La population d'une ruche augmente ainsi rapidement : elle peut s'élever à 25 000 ou 30 000 individus, et il arrive un moment où une ou plusieurs émigrations vont devenir nécessaires. Les ouvrières construisent alors une troisième catégorie de cellules plus spacieuses (*fig.* 366) où des larves sont spécialement nourries pour devenir des reines.

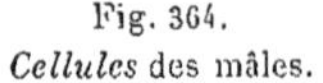

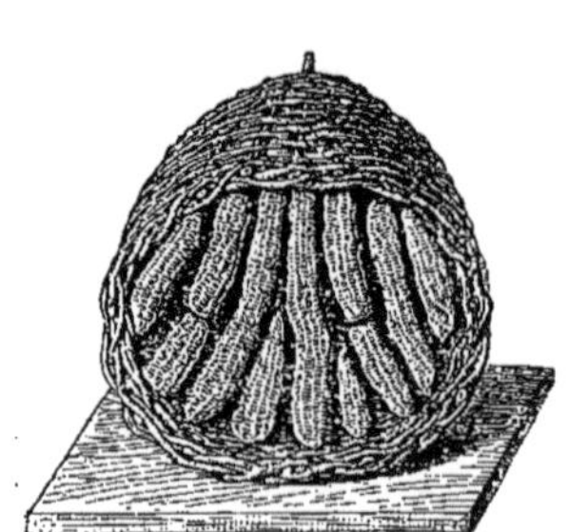

Fig. 364.

Cellules des mâles.

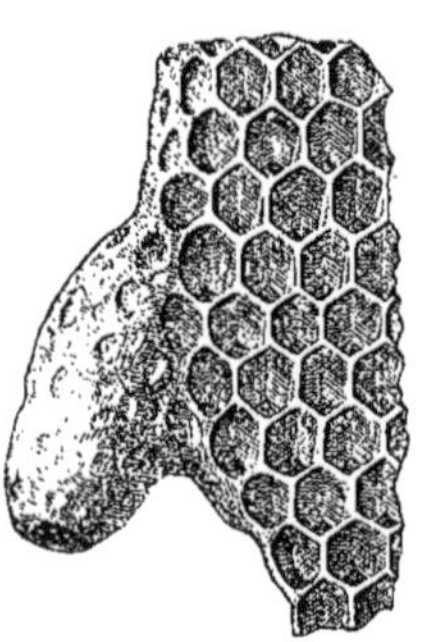

Fig. 365.

Disposition des *rayons* de cire
dans une ruche.

Fig. 366.

Cellules des ouvrières
et grande cellule de reine.

Fig. 367.

Récolte d'un *essaim* d'Abeilles
par des apiculteurs.

Lorsque leur sortie à l'état d'insecte parfait est proche, la vieille reine émigre, avec une escorte plus ou moins nombreuse d'ouvrières fidèles, et s'en va à la recherche d'un abri pour fonder une autre colonie. En attendant les renseignements des ouvrières éclaireurs, la petite troupe, ou *essaim,* se fixe sous forme de grappe à une branche d'arbre, et les apiculteurs savent que c'est un excellent moment pour eux de les recueillir (*fig.* 367) et de leur offrir une ruche artificielle. Les mœurs des abeilles comportent des usages cruels: si, par exemple, la population d'une colonie n'exige pas d'émigration, mais que plusieurs reines y naissent en même temps, ces personnages se battent et se détruisent à coups d'aiguillon jusqu'à ce qu'il ne reste qu'une souveraine; mais ceci, c'est l'histoire de notre Moyen âge. Une autre habitude est la mise à mort des mâles à l'automne, afin que les provisions ne profitent pas durant l'hiver à des bouches inutiles. Les abeilles ouvrières ne vivent que quelques semaines, la reine peut vivre 4 ou 5 ans.

L'*apiculture* est l'art d'élever les abeilles dans des ruches artificielles (*fig.* 356) pour tirer profit de leur cire et de leur miel. Cette industrie exige une grande connaissance de leurs mœurs, de leurs maladies, de leurs parasites, etc.

⚜ *Les sociétés d'Abeilles comprennent la reine ou mère, les mâles et les ouvrières. Les ouvrières sécrètent la cire et en fabriquent des rayons à cellules. La reine pond un œuf dans chaque cellule; les ouvrières butineuses vont chercher le pollen ou le nectar des fleurs, et les ouvrières nourrices soignent les larves. Quand la population est trop nombreuse il y a émigration partielle sous forme d'essaim. L'apiculture est l'art d'élever les Abeilles.*

173. Guêpes.

— Les *Guêpes* présentent également trois sortes d'individus pourvus d'ailes (*fig.* 368). Au printemps, les femelles, qui ont hiverné dans quelque abri, s'envolent, et chacune se met à construire un nid avec des débris végétaux qu'elle broie à l'aide de ses mandibules. Ce nid, composé de cellules hexagonales, semble fait de gros papier gris.

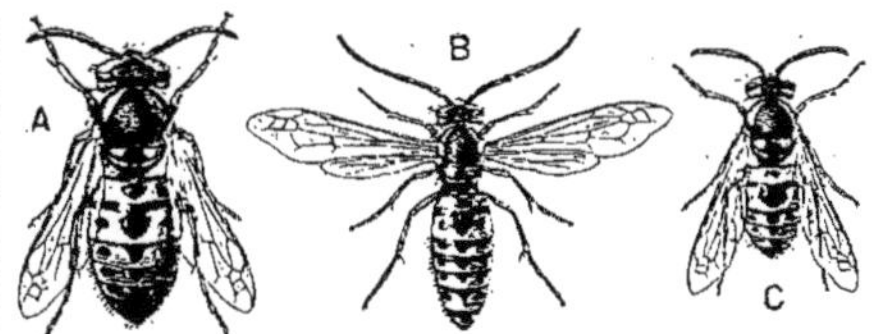

Fig. 368. — *Guêpes;* long. moyenne, 15 mm.
A, femelle ou mère; B, mâle; C, ouvrière.

Dans chaque cellule la *femelle* ou *mère* pond un œuf, qui donne naissance à une larve qu'elle nourrit elle-même; les larves se transforment en nymphes dans les cocons, et parmi les individus parfaits qui en résultent se trouvent des *ouvrières* qui s'emploient aussitôt à augmenter le nid; elles remplacent alors la mère pour soigner les larves à mesure qu'elles éclosent. Les Guêpes se nourrissent de liquides sucrés. Le nid de la *Poliste gauloise* (*fig.* 369, A) ne comporte qu'un rayon ouvert; il est très commun. Celui de la *Guêpe des bois* (*fig.* 369, B) est en forme de boule; il renferme plusieurs rayons et l'entrée s'ouvre à la base.

⚜ *Les sociétés de Guêpes comprennent: la mère qui commence le nid, les ouvrières qui l'agrandissent et soignent les larves, et les mâles. Selon les espèces, les nids sont formés d'un rayon ouvert ou de plusieurs rayons enfermés.*

174. Fourmis.

— Les *Fourmis* de notre pays ne construisent pas de nids aériens; elles s'établissent sous terre ou à la base du

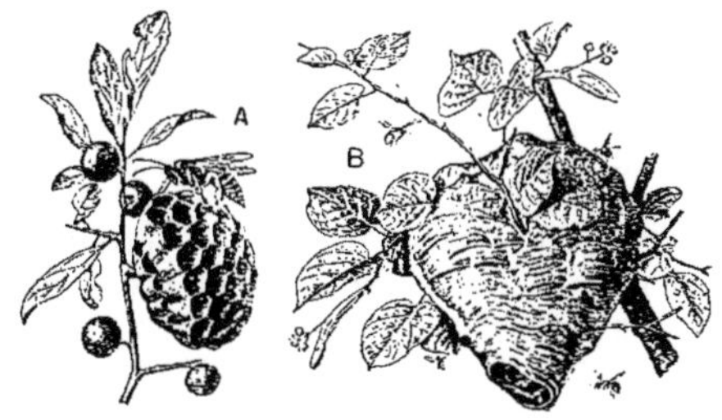

Fig. 369. — *Nids* de Guêpes:
A, de la *Poliste gauloise;* B, de la *Guêpe des bois.*

tronc des vieux arbres. Mais alors que la ruche d'abeilles représente en quelque sorte une *monarchie*, la fourmilière est une *république*; c'est une cité dont tous les habitants se comprennent, s'assistent, se distribuent la besogne et vivent sans désordre et sans conflits en l'absence de tout souverain. Ces Insectes montrent une activité surprenante et ils sont plus aisés à observer que les abeilles, car on peut se coucher près d'une fourmilière et les suivre dans leurs occupations sans les troubler. Dans les bois, leurs sociétés sont signalées par des monticules de fins débris qui paraissent accumulés sans ordre et qui cependant sont disposés avec art. A l'intérieur tout est

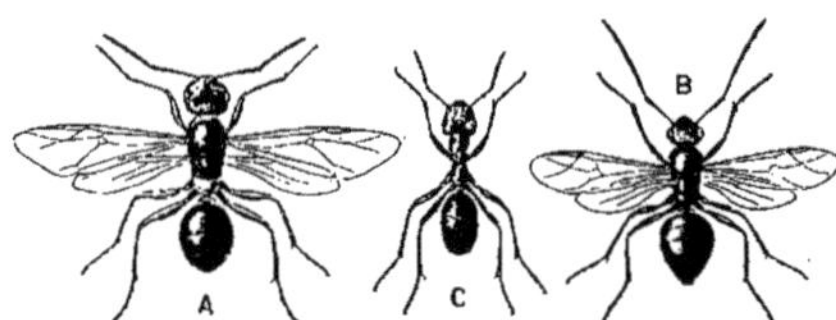

Fig. 370. — Fourmis, grossies deux fois :
A, femelle; B, mâle; C, ouvrière.

merveilleusement ordonné. La population des Fourmis comprend des *mâles* et des *femelles* pourvus d'ailes, et des *ouvrières* qui en sont privées (*fig.* 370); les Fourmis que l'on voit travailler avec tant d'ardeur à la surface et aux abords de leur colonie sont donc des ouvrières. Les Fourmis se nourrissent de matières sucrées, et aussi de petits cadavres dont elles nettoient très bien le squelette. Elles excitent parfois les pucerons afin de provoquer de leur part une sécrétion sucrée dont elles se nourrissent; certaines espèces capturent les pucerons, les domestiquent et les élèvent au sein de leur société dans le but de se procurer cet aliment. Il en est d'autres qui capturent des fourmis étrangères à leur espèce, les réduisent en esclavage et les font travailler à leur place. On détruit souvent les fourmilières pour recueillir sous le nom d'*œufs de fourmis* les cocons des larves; ces cocons sont vendus pour nourrir les jeunes faisans.

❀ Les Fourmis s'établissent sous terre ou à la base des vieux arbres. Sur le sol, elles sont généralement signalées par des petits monticules de débris. Les mâles et les femelles ont des ailes; les ouvrières en sont privées. Certaines espèces pratiquent l'esclavage.

175. Hyménoptères à tarière. — On groupe sous le nom de *Gallicoles* les Hyménoptères qui provoquent la croissance des galles sur certains végétaux; le *Cynips du chêne* (*fig.* 371, A) est dans ce cas. La femelle fécondée pique une nervure au revers d'une feuille et y dépose un œuf; la blessure de la feuille y détermine une excroissance végétale plus ou moins spongieuse, ou *galle*, de la grosseur d'une cerise (*fig.* 371, B); la jeune larve qui sort de l'œuf en occupe le centre et s'en nourrit. En octobre, elle se transforme en une nymphe qui donne à la fin de l'hiver une première forme asexuée; celle-ci va pondre dans les bourgeons du chêne sans être fécondée. Quand le bourgeon se développe, il donne une galle en forme d'artichaut dans laquelle la nouvelle larve se nourrit et se transforme; il en sort, à la fin du mois de mai, une forme sexuée dont la femelle fécondée va pondre à la nervure du revers des feuilles. Les deux formes alternent ainsi chaque année, ce qui les a fait longtemps considérer comme deux espèces différentes. Les *Entomophages*,

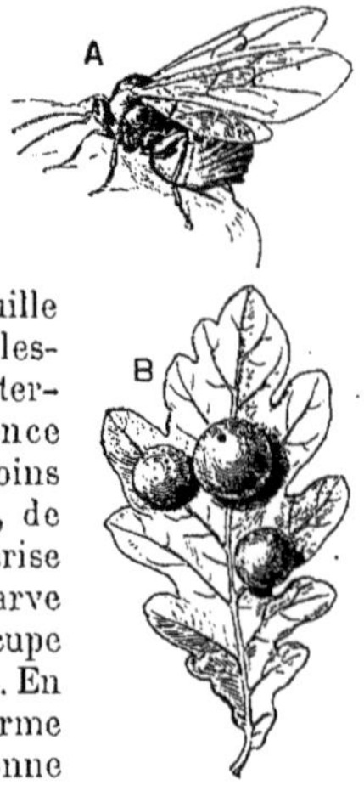

Fig. 371.
A, *Cynips du chêne,* long., 5 mm.; B, revers d'une feuille de chêne, avec *galles.*

Fig. 372.
Insecte *entomophage* injectant ses œufs dans le corps d'une chenille vivante.

comme le mot l'indique, se nourrissent d'insectes ; tels sont notamment les *Ichneumons*. Ceux-ci déposent leurs œufs dans le corps de certaines larves sans atteindre aucun de leurs organes vitaux (*fig.* 372) ; aussi les jeunes larves de l'Ichneumon se nourrissent-elles immédiatement du contenu de leur hôte vivant ; lorsqu'il est vidé, elles s'y transforment en nymphes. Les Ichneumons détruisent ainsi un grand nombre de larves nuisibles à l'agriculture.

✲ *Les Hyménoptères à tarière comprennent les Gallicoles, qui provoquent la croissance des galles sur certains végétaux, ce qui est le cas du* Cynips *du chêne. Les Entomophages, comme l'Ichneumon, déposent leurs œufs dans une larve vivante, dont les jeunes se nourrissent dès qu'ils sont éclos.*

2° ORDRE DES HÉMIPTÈRES

Type : *Cigale.*

176. Principaux types. — Ces insectes sont des *suceurs ;* ils ont une trompe résultant principalement du prolongement en tube de la lèvre inférieure. Leurs métamorphoses sont incomplètes ; les larves, en effet, présentent la forme adulte, sauf les ailes qui apparaissent à l'avant-dernière mue et se développent à la dernière. Chez les Hémiptères typiques, les ailes, dures à la base et membraneuses à leur extrémité, sont des demi-élytres. Parmi ces derniers figurent la *Punaise des bois* (*fig.* 373, B), commune dans les forêts, la *Punaise des lits* (*fig.* 373, A), hôte des maisons sales, et la *Nèpe* (*fig.* 375), qui est aquatique et détruit les larves de cousins. Une

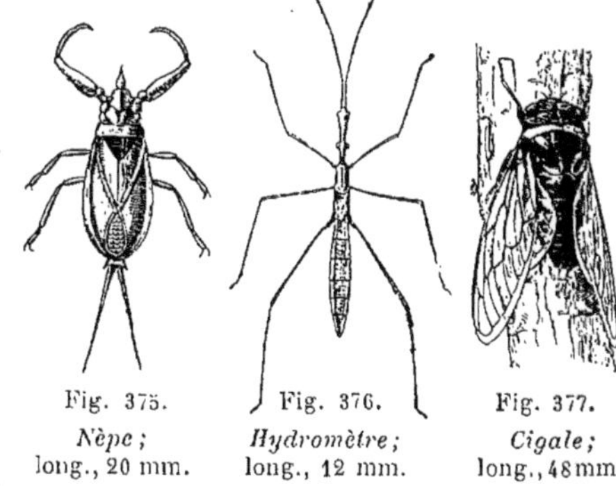

Fig. 375.
Nèpe ;
long., 20 mm.

Fig. 376.
Hydromètre ;
long., 12 mm.

Fig. 377.
Cigale ;
long., 48 mm.

autre espèce des eaux stagnantes est la *Notonecte* (*fig.* 374), qui nage sur le dos et se retourne dès qu'on la place sur la terre ferme. L'*Hydromètre* (*fig.* 376), appelée parfois *Araignée d'eau* à cause de ses longues pattes minces, ne cesse de courir à la surface de l'eau.

La *Cigale* (*fig.* 377) habite le midi de la France. Au cours de l'été le mâle fait entendre son chant dans les arbres ; les larves se développent sous terre et se nourrissent de racines. Les *Pucerons,* groupés au voisinage des bourgeons, sur les rosiers par exemple, se nourrissent de la sève des plantes. Rappelons ici que certaines espèces sécrètent une sorte de miel très apprécié des fourmis. Le *Phylloxéra* (*fig.* 378) est encore un puceron ; il nous est arrivé d'Amérique vers 1863, s'est attaqué aux racines et aux feuilles de nos vignes et en détruisit plus de la moitié. On a dû les reconstituer en les greffant sur des plants américains.

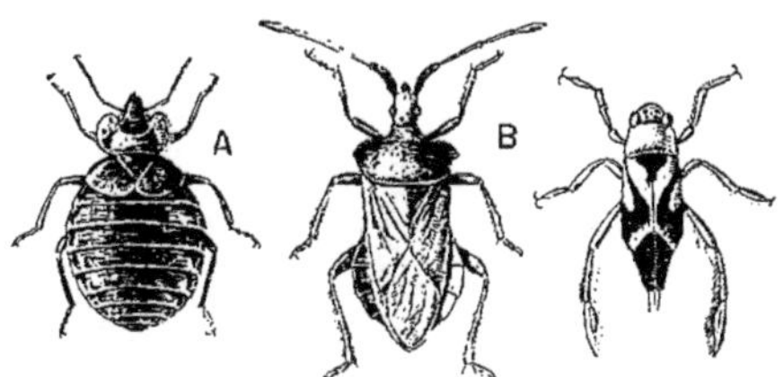

Fig. 373. — *Punaises :*
A, *des lits ;* long., 4 mm. ; B, *des bois ;* long., 13 mm.

Fig. 374.
Notonecte ;
long., 15 mm.

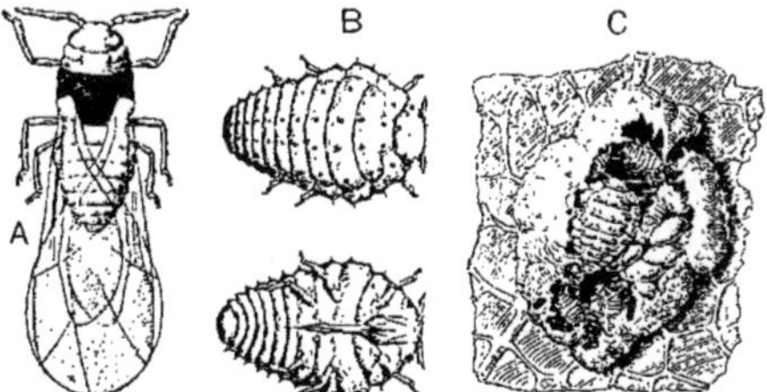

Fig. 378. — *Phylloxéra,* très grossi.
A, individu ailé ; B, individu aptère, ou sans ailes, vu sur ses deux faces ; C, galle avec aptère et ses œufs.

❀ *Les Hémiptères sont suceurs et ont une trompe; leurs métamorphoses sont incomplètes: leurs ailes sont dures à la base et membraneuses à leur extrémité. Citons la Punaise des bois et celle des lits. La Nèpe, la Notonecte et l'Hydromètre sont aquatiques. La Cigale, les Pucerons, le Phylloxéra appartiennent à cet ordre.*

3° ORDRE DES COLÉOPTÈRES

Type : *Hanneton.*

177. Caractères. Hanneton. — Les Coléoptères sont principalement caractérisés par la nature cornée et résistante des deux ailes antérieures que l'on appelle *élytres.* Elles servent d'étuis protecteurs aux ailes postérieures membraneuses et transparentes, qui se replient *transversalement* pour s'y abriter.

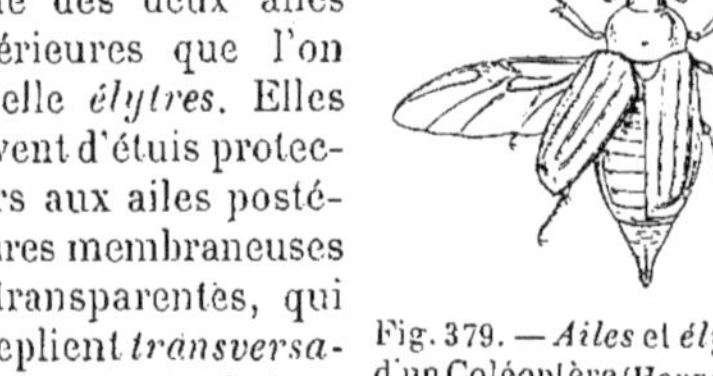

Fig. 379. — *Ailes et élytres* d'un Coléoptère (Hanneton).

Lorsque l'on rend la liberté à un Hanneton capturé, il soulève d'abord ses élytres marron (*fig.* 379), puis déploie ses deux ailes membraneuses et s'envole. Les Coléoptères sont *broyeurs;* les uns sont carnassiers et utiles, mais les plus nombreux sont herbivores et nuisibles; cet ordre compte plus de 80 000 espèces. Le *Hanneton* (*fig.* 380) est très commun dans nos régions. La femelle pond en juin dans la terre à une profondeur

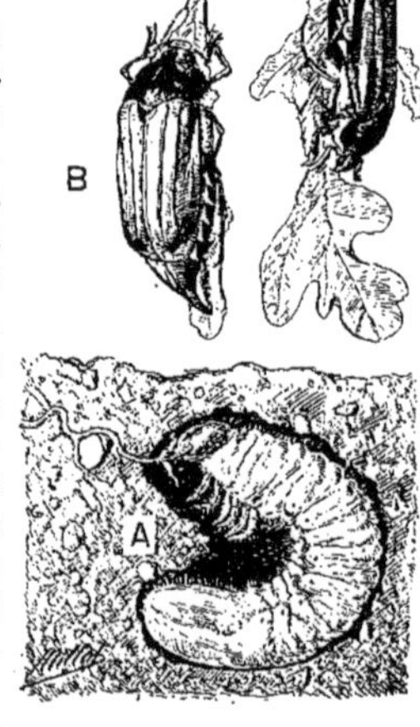

Fig. 380. — *Hanneton :*
A, larve ou ver blanc; B, insecte parfait; long., 25 mm.

de 6 à 7 centimètres; au sortir de l'œuf, la larve ou *ver blanc* commence à se nourrir de racines, elle se déplace dans le sol et y fait des dégâts considérables; elle met 3 ans à se développer, puis elle se transforme en nymphe; on la trouve parfois en cet état jusqu'à 1ᵐ,50 de profondeur. Au bout de deux mois, elle est à l'état d'insecte parfait. Le Hanneton se rapproche alors peu à peu de la surface du sol, mais il ne sort qu'au printemps. En cet état, il fait grand tort aux végétaux, mais sa larve est encore plus nuisible; elle est très difficile à atteindre et à détruire.

❀ *Les Coléoptères sont* broyeurs; *ils sont caractérisés par des ailes antérieures cornées ou* élytres, *qui servent d'étuis aux ailes postérieures membraneuses. Les espèces carnassières sont utiles, les herbivores sont nuisibles. Le plus commun est le Hanneton, dont la larve ou* ver *blanc est des plus nuisibles.*

178. Types principaux. — Il existe de nombreux Coléoptères intéressants. Le plus grand de notre pays est le *Lucane* ou *cerf-volant* (*fig.* 358); le mâle est remarquable par l'énormité de ses mandibules; cet insecte recherche les bois, il n'est pas rare de le voir voler le soir durant l'été. Le *Scarabée sacré* (*fig.* 381) des anciens Égyptiens existe dans toute la région méditerranéenne; il s'applique à diminuer et à arrondir le crottin des chevaux et des mulets pour en faire des petites boules bien roulantes; il les pousse ensuite à reculons et les abrite pour son alimentation ou celle de ses larves. Près de cette espèce, on peut citer les *Bousiers,* que l'on trouve si souvent sur les routes, cherchant leur nourriture à l'intérieur des bouses de vache. Le *Nécrophore* (*fig.* 382) est ainsi appelé de son habitude d'enterrer les bestioles mortes

Fig. 381. — *Scarabée sacré* poussant sa *pilule* ou boulette de crottin ; long., 28 mm.

Fig. 382. — *Nécrophores* enterrant un cadavre
de souris; long., 18 mm.

qu'il rencontre; il y arrive en creusant la
terre sous le cadavre, puis il y pond ses
œufs afin que les larves trouvent immédiatement leur vie près d'elles. Le *Charançon*,
dont les espèces sont très nombreuses, est
caractérisé par son bec très allongé et par la
dureté de ses élytres; l'un d'eux, la *Calandre
du blé* (*fig.* 384), est très nuisible à cette
céréale. Le joli *Carabe doré* ou *jardinière*
(*fig.* 383) est d'un beau
vert métallique, il est
carnassier et utile. Le
Lampyre ou *ver lui-
sant* (*fig.* 385) est
remarquable par les
organes lumineux que
porte la femelle.
Durant les soirées
d'automne, il est
fréquent d'observer
dans l'herbe son
éclat phosphores-
cent; le mâle n'est
jamais lumineux, il
porte des ély-
tres, la femelle
en est privée.
La *Coccinelle*
ou *bête à bon
Dieu* (*fig.* 386)
est des plus
utiles; elle se
nourrit essen-
tiellement de pu-
cerons; elle est
la providence
des rosiers. La

Fig. 383. — *Carabe doré*;
long., 24 mm.

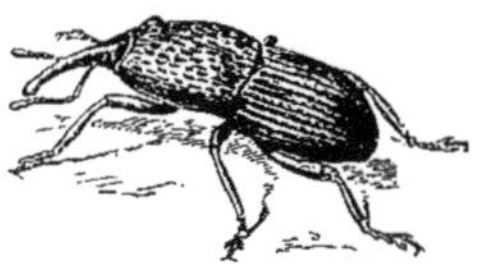

Fig. 384. — *Calandre du blé*;
long., 3 mm.

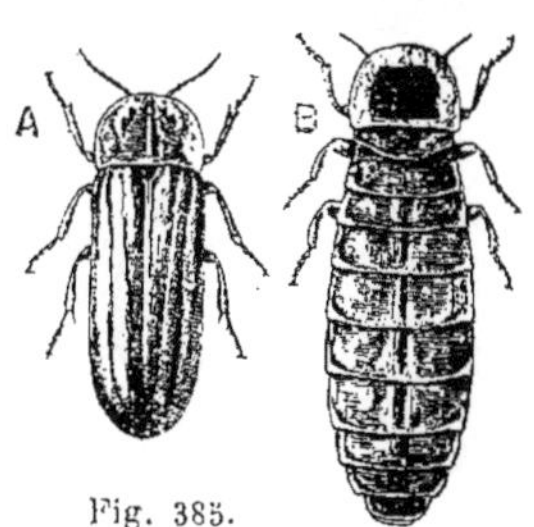

Fig. 385.
Lampyre; long., 10 à 15 mm.
A, mâle; B, femelle ou ver luisant.

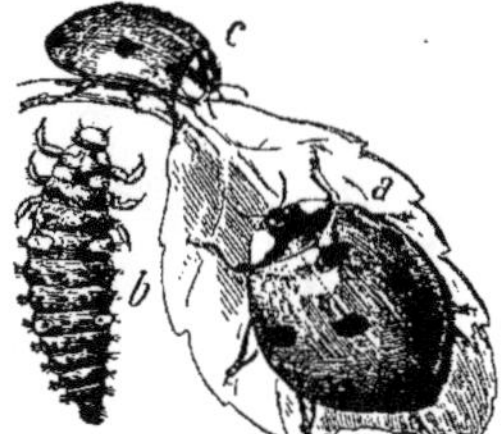

Fig. 386.
Coccinelle, ou bête à bon Dieu;
long., 3 à 7 mm.

Vrillette est ainsi appelée
des petits trous qu'elle
fore dans le bois et dans
les vieux livres. Le *Scolyte* (*fig.* 387) creuse également dans le bois de
curieux réseaux de petites
galeries. Parmi les Coléoptères aquatiques, citons
d'abord les plus gros : le bel *Hydrophile* et le
Dytique, habitants des mares et fort carnassiers l'un et l'autre (*fig.* 388); puis le *Gyrin*
ou *tourniquet*, dont les troupes tournoient sans
cesse et avec rapidité à la surface des eaux.

❁ *Les principaux Coléoptères sont le Lucane ou cerf-volant, le Scarabée sacré, les
Bousiers, le Nécrophore, les Charançons, le
Carabe doré ou jardinière, le Lampyre ou
ver luisant, la Coccinelle ou bête à bon Dieu,
la Vrillette, etc. L'Hydrophile, le Dytique
et le Gyrin ou tourniquet sont aquatiques.*

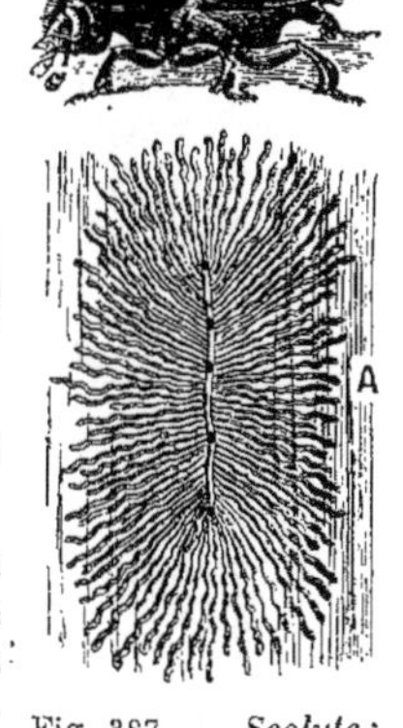

Fig. 387. — *Scolyte*;
long., 7 mm.
A, disposition des gale-
ries creusées dans le
bois par le Scolyte.

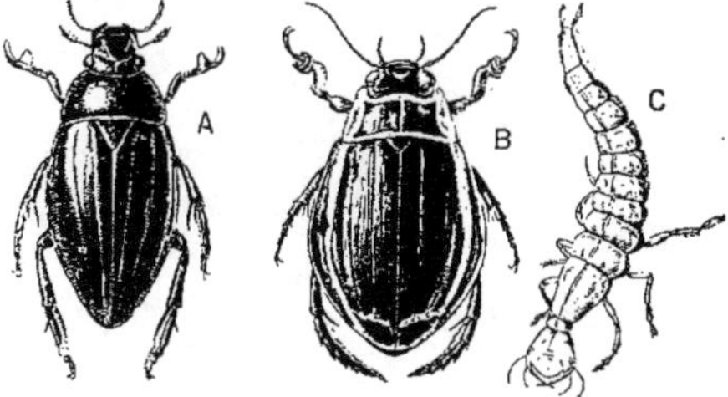

Fig. 388. — Coléoptères aquatiques :
A, *Hydrophile*; long., 40 mm.; B, *Dytique*; long., 30 mm.,
et sa larve, C.

Fig. 389. — *Sauterelle verte;*
long., 40 mm.

Fig. 390. — *Criquet pèlerin;*
long., 60 mm.

Fig. 391. — *Grillon;*
long., 18 mm.

4° *ORDRE DES ORTHOPTÈRES*

Type : *Sauterelle.*

179. Types principaux. — Chez les Orthoptères, les 2 ailes antérieures sont dures, souvent impropres au vol, et remplissent le rôle d'élytres; les 2 ailes postérieures, membraneuses et fines, s'abritent sous les premières, en plis *droits*, comme ceux d'un éventail. Ces insectes sont *broyeurs*, leurs métamorphoses sont incomplètes. Les espèces sauteuses sont typiques. La *Sauterelle verte* (*fig.* 389), commune en France, produit un bruit strident en frottant l'une contre l'autre ses 2 ailes antérieures; ses antennes sont longues et fines. Le *Criquet pèlerin* (*fig.* 390) produit également un son assez perçant, mais il l'obtient par le frottement de ses pattes. Cet insecte voyage en troupes innombrables, formant dans l'atmosphère de véritables nuées qui s'abattent tout à coup sur le sol quand les cultures semblent promettre une alimentation abondante; c'est ce qu'on appelle improprement des *nuages de sauterelles.* Lorsque ces insectes reprennent leur vol, toute la végétation est rasée; des catastrophes de ce genre se sont produites souvent en Algérie. Le Criquet est la « crevette de l'air », que les Arabes mangent volontiers (*fig.* 392). Le *Grillon* ou *cri-cri* (*fig.* 391) fait entendre une stridulation bien connue, par le frottement de ses ailes antérieures; on l'entend dans les champs à l'approche du crépuscule. La *Courtilière* ou *taupe-grillon* (*fig.* 393) est caractérisée par de puissantes pattes fouisseuses, qui lui

Phot. de M. J. Grach.

Fig. 392. — Arabes mangeant des *criquets.*

Fig. 393.
Courtilière;
long., 6 cent.

Fig. 394. — *Blattes;* long., 15 mm.

servent à forer des galeries souterraines pour se nourrir de racines. La *Mante religieuse* ou *prieuse*, du midi de la France, est ainsi nommée de son attitude lorsqu'elle est à l'affût; sa forme et sa couleur la dissimulent dans le feuillage. Un Orthoptère qui se dissimule encore

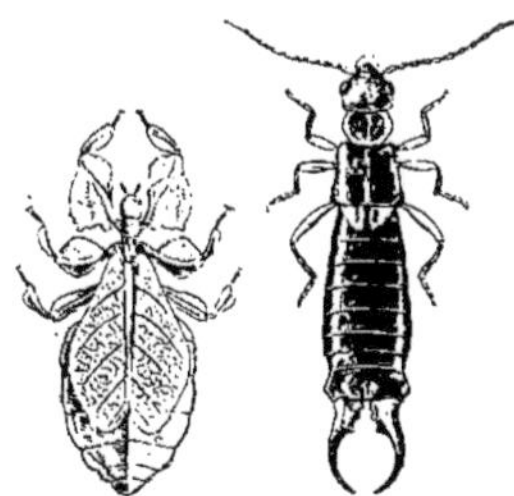

Fig. 395.
Phyllie feuille sèche;
long., 90 mm.

Fig. 396.
Forficule
ou
perce-oreille ;
long., 15 mm.

bien mieux est la *Phyllie feuille sèche* des îles Seychelles (*fig.* 395). Citons encore la *Blatte* ou *cancrelat* (*fig.* 394), insecte noir et plat qui infeste certaines boulangeries, et le *Forficule* ou *perce-oreille* (*fig.* 396), caractérisé par la pince qui se trouve à l'extrémité de son abdomen; il est inoffensif et n'a jamais mérité son surnom.

⁂ *Les Orthoptères sont broyeurs; leurs ailes antérieures remplissent le rôle d'élytres; leurs métamorphoses sont incomplètes. Les principaux types sont les Sauterelles, le Criquet pèlerin, le Grillon ou cri-cri, la Courtilière ou taupe-grillon, la Blatte ou cancrelat, le Forficule ou* perce-oreille.

5º ORDRE DES NÉVROPTÈRES

Type : *Libellule.*

180. Types principaux. — Les Névroptères présentent 4 ailes membraneuses, transparentes, finement nervées et semblables entre elles. Ces insectes sont *broyeurs.* Parmi les espèces à métamorphoses complètes, citons le *Fourmilion* (*fig.* 398), dont la larve est si commune dans les régions sablonneuses; cette larve creuse dans le sable fin une petite dépression en forme d'entonnoir et se dissimule dans le fond, en ne laissant paraître que l'extrémité de ses mandibules (*fig.* 397). Lorsqu'une fourmi se risque sur le bord, elle se trouve ordinairement entraînée sur la pente avec les grains

Fig. 397. — Petits *entonnoirs* creusés dans le sable fin par la larve du *Fourmilion.*

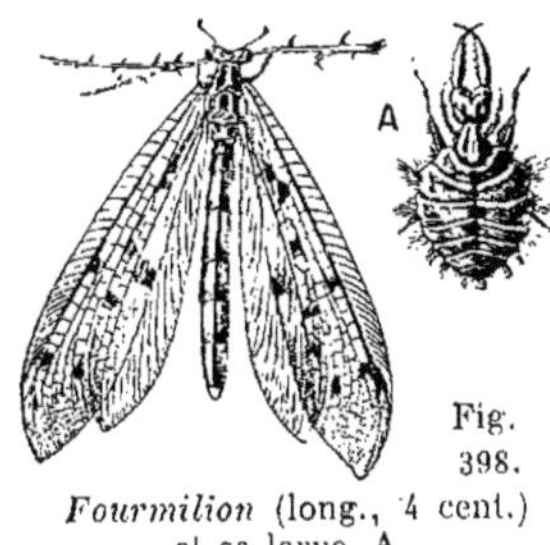

Fig. 398.
Fourmilion (long., 4 cent.) et sa larve, A.

Fig. 399. — *Libellule;* long., 6 cent.

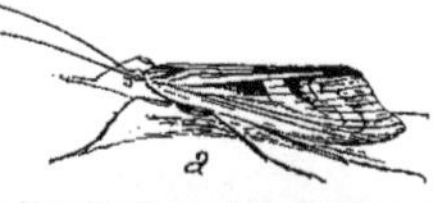

Fig. 400. — *Phrygane:* a, insecte parfait (long., 10 mm.); b, larves.

qui roulent sous ses pattes, elle est alors saisie et dévorée ; si la fourmi semble s'échapper, le Fourmilion lui lance des jets de sable qui entraînent fatalement sa chute. L'insecte parfait ressemble à la libellule. On trouve souvent dans les mares des bestioles enfermées dans un curieux étui composé de débris végétaux, graviers, petites coquilles; c'est la larve de la *Phrygane* (*fig.* 400), dont la forme adulte ressemble à un papillon. D'autres espèces ont des métamorphoses incomplètes; c'est le cas de la *Libellule* ou *demoiselle* (*fig.* 399), dont le

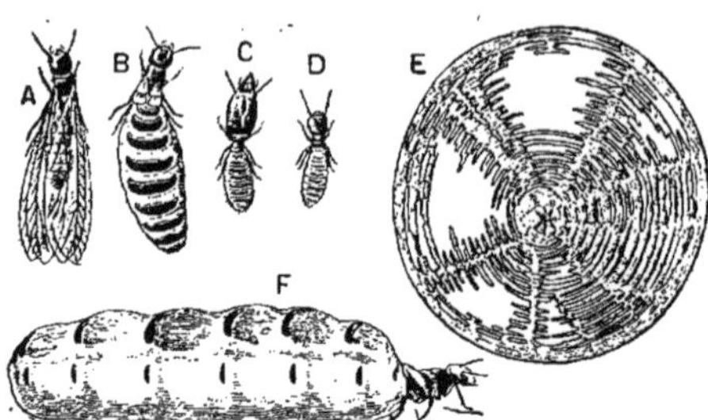

Fig. 401. — *Termites*, réduits de moitié.

A, mâle ou roi ; B, reine ; C, soldat ; D, ouvrier ; E, section d'une boiserie attaquée par les termites ; F, femelle gonflée d'œufs.

vol est si léger et si gracieux au-dessus des eaux ; sa larve est aquatique. L'*Éphémère* est ainsi nommée de la brièveté de son existence à l'état parfait : elle vit à peine quelques heures ; sa larve est aquatique et vit 2 ou 3 ans.

L'Insecte le plus curieux de cet ordre est le *Termite* (*fig.* 401), dont le pouvoir destructif est très grand ; ses mœurs sont analogues à celles des abeilles et des fourmis. Il se réunit en sociétés nombreuses ; chaque société comprend au moins un mâle ailé ou *roi* et une femelle ou *reine* chargés de la reproduction ; puis un très grand nombre d'*ouvriers* et de

Fig. 402. — Formes diverses de *termitières* édifiées par des Termites africains.

soldats privés d'ailes (*fig.* 401, A à D). Les ouvriers ne cessent d'emporter et de soigner les œufs que la reine pond constamment, et les soldats gardent la colonie et sont toujours prêts à la défendre. Par le nombre des œufs qui la gonflent, la reine finit par acquérir un volume énorme (*fig.* 401, F). On cite souvent les dégâts causés jadis par les Termites dans les boiseries des maisons de La Rochelle, Charente-Inférieure (*fig.* 401, E). Certaines espèces africaines construisent des *termitières* (*fig.* 402) qui peuvent atteindre une hauteur de 4 à 5 mètres et un diamètre de 6 à 8 mètres.

✿ *Les Névroptères sont broyeurs et ont 4 ailes membraneuses semblables entre elles. Ce sont le Fourmilion, la Phrygane, la Libellule ou demoiselle, l'Éphémère et les Termites. Ces derniers vivent en sociétés composées d'un roi, d'une reine, d'ouvriers qui soignent les larves, et de soldats qui gardent la colonie. En Afrique, le Termite construit des termitières de 4 à 5 mètres de hauteur.*

6° ORDRE DES LÉPIDOPTÈRES

Type : *Bombyx du mûrier.*

181. Principaux caractères. — Cet ordre est formé par les Papillons, dont les ailes membraneuses sont recouvertes de fines écailles auxquelles ils doivent leurs couleurs si variées. Ces Insectes sont *suceurs*. Leurs métamorphoses sont complètes (**169**). Leur larve est appelée *chenille ;* elle porte 3 paires de pattes thoraciques et 5 paires de fausses pattes abdominales en forme de moignons qui lui sont d'un grand secours. La bouche des chenilles est construite pour broyer ; elles se nourrissent essentiellement de végétaux et sont un véritable fléau pour l'agriculture. Au cours de certaines saisons, les bois, les cultures, les jardins sont dévastés par des espèces subitement innombrables ; les arbres fruitiers sont envahis par des nids de chenilles (*fig.* 405). En pareil cas la loi du 24 décembre 1888 ordonne l'*échenillage*, ou abatage des nids et leur destruction par le feu. La nymphe, appelée *chrysalide,* est simplement fixée à un

Fig. 403.

Position des *ailes* chez les Papillons *au repos*.

A, Papillon diurne (Piéride); B, Papillon nocturne (Écaille).

Fig. 404.

Une *émigration* de la Chenille *processionnaire*.

fil de soie sécrété par elle (*fig.* 408, B), ou bien enfermée dans un cocon soigneusement tissé (*fig.* 362, I, J, K). C'est de cette chrysalide libre ou de ce cocon que s'échappe le papillon. On a divisé cet ordre en deux sous-ordres : celui des Papillons: *diurnes*, dont les ailes sont *levées* verticalement au repos (*fig.* 403, A), et celui des Papillons *nocturnes*, dont les ailes sont *couchées* horizontalement (*fig.* 403, B). Cette dernière division comprend les espèces dites *crépusculaires*.

✿ *Les Lépidoptères ou Papillons sont suceurs; leurs ailes sont couvertes de fines écailles de couleur ; leurs métamorphoses sont complètes. Leurs larves ou* chenilles *sont un fléau pour l'agriculture; la nymphe, ou chrysalide, est libre ou enfermée dans un cocon. On les a divisés en Papillons* diurnes *et* nocturnes.

182. Papillons diurnes. — Les plus communs des Papillons de jour sont les Piérides (*fig.* 403, A), les Vanesses, les Lycènes, les Argynnes, les Satyres, etc. La *Piéride du chou* (*fig.* 406) est un papillon blanc, très répandu dans les champs et dans nos jardins; les Piérides *Aurore* et *Coliade* sont de couleur orangée. Il y a plusieurs espèces de Vanesses; tels sont le beau *Paon de jour* et le *Vulcain*, dont les chenilles vivent sur les orties; la *Grande Tortue*, dont la chenille recherche l'orme, le saule et le cerisier; celle du *Morio* vit sur le peuplier, le saule, l'ormeau et le bouleau. La Lycène *Adonis* a le dessus des ailes bleu. Les Argynnes *Grand-nacré* et *Petit-nacré* habitent les bois. Citons encore le beau *Machaon*, dont la chenille vit sur la carotte et le fenouil. (Voir la Planche en couleurs des Lépidoptères de France, page 144.)

✿ *Les principaux Papillons* diurnes *sont les Piérides, les Vanesses (Paon de jour, Vulcain, etc.), les Lycènes, les Satyres, les Argynnes, le beau Machaon, etc.*

183. Papillons nocturnes. — Parmi les Papillons de nuit nous signalerons d'abord les Bombyx. Ces insectes ont l'abdomen gros; les antennes ressemblent à de petites plumes; ils produisent tous de la soie. Celui qui nous intéresse le plus

Fig. 405.

Yponomeutes du pommier, se nourrissant des bourgeons à l'abri de leurs fils.

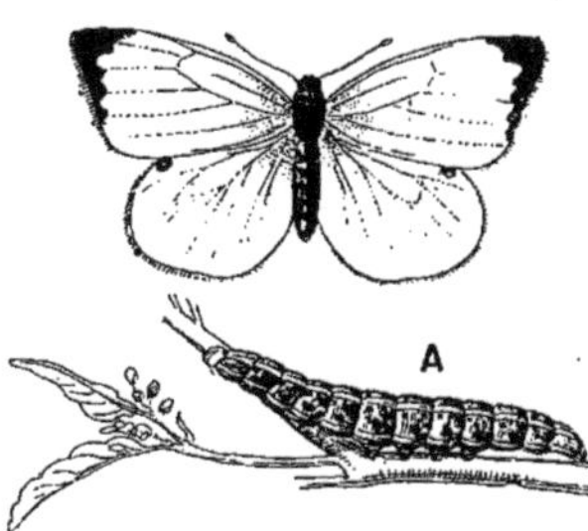

Fig. 406. — *Piéride du chou* et sa chenille; long., 25 mm.

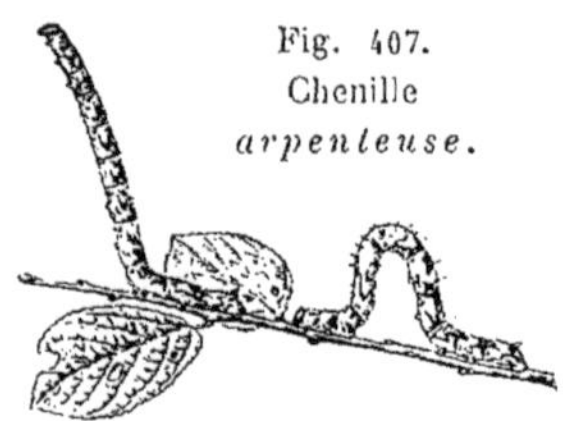

Fig. 407.
Chenille
arpenteuse.

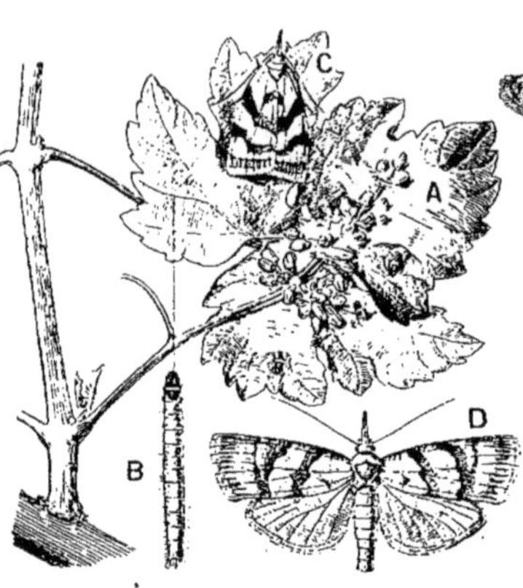

Fig. 408.

Pyrale de la vigne; grossie d'un tiers :
A, chenille dévorant une feuille et une jeune
grappe; B, chenille suspendue; C, papillon
au repos; D, papillon avec ailes déployées.

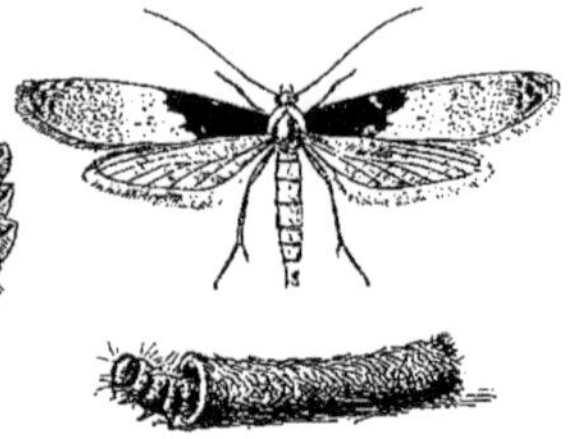

Fig. 409. — *Teigne tapissière;*
long., 2 cent.,
et sa larve; long., 6 mm.

est le *Bombyx du mûrier* (*fig.* 362) dont on a vu plus haut les métamorphoses (**169**). Sa larve ou ver à soie, ou *magnan*, est élevée dans les *magnaneries*. Chaque cocon fournit un fil dont la longueur varie de 300 à 400 mètres; on enroule ces fils les uns à la suite des autres : c'est la soie *grège*. Il faut tordre plusieurs fils ensemble pour en faire la soie industrielle. On tisse la soie principalement à Lyon (Rhône) et l'on en fabrique de la faille, du satin, du velours et de la peluche. C'est à la famille des Bombyx qu'appartient le papillon dont la chenille est dite *Processionnaire;* elle vit en groupes d'une centaine d'individus, dans les bois, sur les chênes, et ne se déplace qu'en cortège (*fig.* 404).

Les Phalènes ne sont pas essentiellement nocturnes; c'est parmi leurs larves que l'on remarque les chenilles, dites *arpenteuses* (*fig.* 407) parce que dans leur façon de marcher elles semblent mesurer le terrain qu'elles franchissent. Parmi les Sphinx, il faut remarquer l'espèce dite *Tête de mort,* ainsi appelée du dessin qui orne son thorax. Les Pyrales sont des plus nuisibles : la *Pyrale de la vigne* (*fig.* 408) détruit les jeunes pousses de la vigne; les larves de plusieurs autres espèces se rencontrent souvent dans nos fruits de table. Citons encore les Saturnies, les Chélonies ou *Écailles* (*fig.* 403, B), etc. (Voir la Planche en couleurs des Lépidoptères de France.)

A ces types il faut ajouter les Teignes, qui attaquent les tapisseries, les fourrures. La larve de la *Teigne tapissière* (*fig.* 409) se construit un fourreau avec des débris de laine et elle l'allonge à mesure qu'elle grandit.

✢ *Les principaux Papillons nocturnes sont les Bombyx, les Phalènes, les Sphinx, les Pyrales, etc. La larve du Bombyx du mûrier, ou ver à soie, tisse un cocon qui fournit de 300 à 400 mètres de soie grège. La Chenille processionnaire du chêne est un bombyx; la Chenille arpenteuse est une Phalène. Le Sphinx tête de mort, la Pyrale de la vigne, sont également nocturnes. Les Teignes attaquent les tapisseries.*

7° ORDRE DES DIPTÈRES

Type : *Mouche ordinaire.*

184. Types principaux. — Les Diptères n'ont que deux ailes, qui correspondent aux ailes antérieures des autres Insectes; les postérieures sont remplacées par de petits appendices appelés *balanciers.* Ces Insectes sont *suceurs,* leurs métamorphoses sont complètes. Nous citerons les *Cousins* (*fig.* 410), qui ont le corps grêle et de longues pattes fines; leur larve est aquatique, elle se développe dans les mares et les réservoirs où l'on peut la détruire en y plaçant un poisson comme la tanche ou quelques insectes carnassiers, comme la nèpe par exemple. C'est au crépuscule que les Cousins sont le plus incommodes; l'inflammation locale résultant de leur piqûre est désagréable. Les *Moustiques* peuvent inoculer aussi

LÉPIDOPTÈRES DE FRANCE.

Papillons diurnes : 1, Piéride coliade ; 2, Machaon ; 3, Satyre Mœra ; 4, Vanesse Paon-de-jour ; 5, Vanesse Grande-tortue ; 6, Vanesse Morio ; 7, Argynne Petit-nacré ; 8, Piéride Aurore ; 9, Vanesse Atalante ou Vulcain ; 10, Lycène Adonis ; — **Papillons nocturnes :** 11, Smérinthe Demi-paon ; 12. Saturnie Petit-paon ; 13, Zygène ; 14, Callimorphe ; 15, Sphinx Tête-de-mort ; 16, Chélonie villageoise.

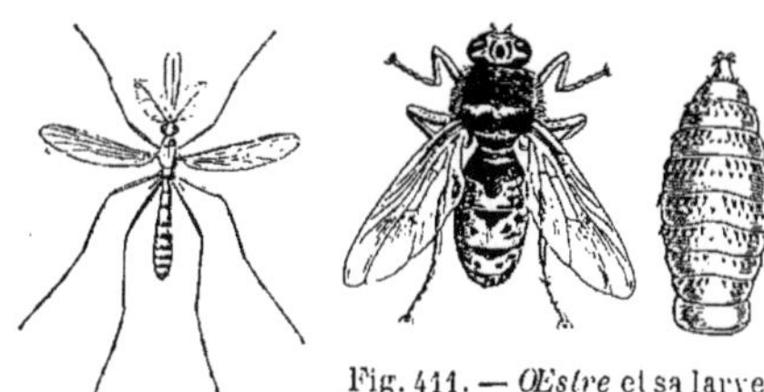

Fig. 410. — *Cousin;*
long., 7 mm.

Fig. 411. — *Œstre* et sa larve;
long., 16 mm.

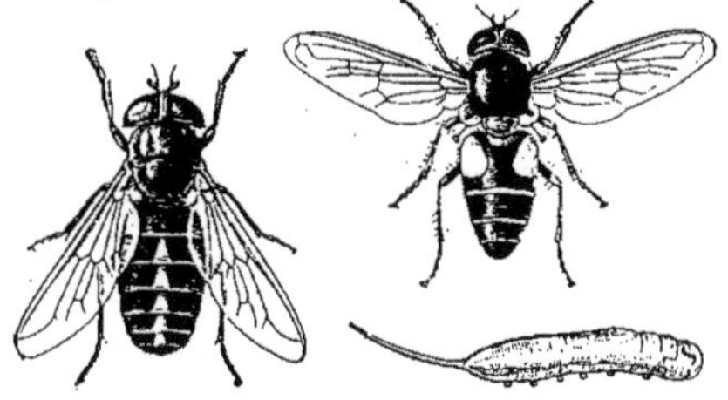

Fig. 412. — *Taon;*
long., 10 mm.

Fig. 413. — *Éristale*
long., 15 mm.; et sa larve.

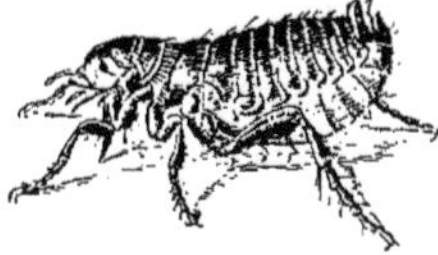

Fig. 414.
Puce; long., 2 mm.

certaines maladies.
Le *Taon* (*fig.* 412) est
une grosse mouche
trapue et robuste,
dont la femelle suce
le sang des bestiaux.
L'*Œstre* (*fig.* 411),
grande mouche ve-
lue, pond sur les che-
vaux. Ces derniers en se léchant avalent les
larves, dont le nombre, parfois très grand, peut
produire des ulcérations dans leur estomac.
Plus tard ces larves sont expulsées par la voie
digestive, se transforment dans la terre et passent à l'état d'insecte parfait. La *Mouche commune* pullule dans les habitations malpropres.
La *Mouche de la viande* est reconnaissable à
son abdomen bleu; sa larve est l'*asticot*, si couramment employé à la pêche. L'*Éristale*
recherche les fleurs, mais sa larve est le
répugnant *ver à queue* (*fig.* 413) qui vit
dans le purin. On peut signaler ici la
Puce (*fig.* 414); cet insecte n'a cependant
ni ailes ni balanciers, ses pattes posté-

rieures sont construites pour le saut, sa larve
se cache entre les lames des parquets ou dans
les coins poussiéreux; elle file un fin cocon.
Une extrême propreté est le seul moyen de com-
battre cet insecte ainsi que tous les parasites.

❀ *Les Diptères sont* suceurs; *ils n'ont que
les deux ailes antérieures; leurs métamorphoses sont complètes. Ce sont les Cousins
de nos climats, et les Moustiques des pays
chauds, qui inquiètent l'homme; le Taon et
l'Œstre, qui incommodent les chevaux et les
bestiaux, les Mouches proprement dites, et
la Puce, qui est privée d'ailes.*

8° ORDRE DES APTÈRES

Type : *Pou.*

185. Types principaux. — Les Aptères,
comme le mot l'indique, n'ont pas d'ailes ;
ils ne présentent pas de métamorphoses;
ce sont les *Poux* (*fig.* 416), aplatis, incolores
et *suceurs,* parasites de l'homme malpropre
et des animaux.

Un autre Aptère, nocturne et hôte des lieux
humides, est le *Lépisme du sucre* ou *Petit
poisson d'argent* (*fig.* 415) ; il ronge les vieux
livres, les comestibles et même les étoffes;
il court avec rapidité; son aspect est argenté.

❀ *Les Aptères n'ont ni ailes, ni métamorphoses; les Poux sont parasites de l'homme et
des animaux; le Lépisme du sucre vit dans les
coins humides.*

186. Insectes utiles. — Les insectes utiles
sont *carnassiers* et c'est à ce titre qu'ils dévo-
rent d'autres insectes, qui pour la plupart sont
nuisibles, ainsi que des vers et des mollusques
dont les inconvénients pour l'a-
griculture sont énormes. Nous
citerons parmi les Coléoptères :
la Cicindèle champêtre, aux
élytres verts; le Carabe doré,

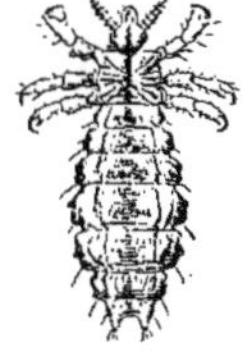

Fig. 416.
Pou;
long., 1 à 2 mm.

Fig. 415. — *Lépisme du sucre;* long., 8 mm.

10

ennemi du hanneton ; les Staphylins, qui se nourrissent d'insectes et de limaces ; le Lampyre *ver luisant*, qui détruit chenilles, limaces, escargots ; la Coccinelle ou *bête à bon Dieu*, qui dévore les pucerons. Le Grillon des champs, la grande Sauterelle verte, la Libellule, le Fourmilion, la Guêpe solitaire et la Guêpe fouisseuse, etc., rendent de grands services. Nous pouvons rappeler ici l'Ichneumon, qui place ses œufs dans le corps des chenilles vivantes (*fig.* 372) ; d'autres entomophages font de même dans les chrysalides des piérides, et d'autres encore dans les œufs des bombyx : ils détruisent ainsi un nombre très grand de bestioles dont la multiplication exagérée serait la ruine de bien des cultures et des jardins.

❊ *Les insectes* utiles *sont carnassiers ; ils se nourrissent d'insectes nuisibles, de vers, de limaces. Ce sont la Cicindèle champêtre, le Carabe doré, le Lampyre ver luisant, la Coccinelle bête à bon Dieu, etc.*

187. Insectes nuisibles. — Les insectes nuisibles sont herbivores ; ils sont presque innombrables, aussi n'en signalerons-nous qu'un petit nombre, choisis dans la série des plus destructeurs. Parmi les ennemis des *céréales*, commençons par le Hanneton, dont la larve s'attaque encore à la betterave, aux plantes fourragères et potagères, à la vigne, aux arbres fruitiers, aux arbres des bois ; c'est le fléau de la végétation. Après lui, les céréales ont à craindre plusieurs charançons tels que la Calandre du blé, puis les criquets, les fourmis moissonneuses, des lépidoptères comme les noctuelles et les pyrales, des pucerons, etc. La *vigne* a bien des ennemis : ce sont les charançons, les guêpes, les fourmis, l'Altise de la vigne, la Pyrale de la vigne, le Phylloxéra, etc. Les *plantes potagères* sont très attaquées par certains charançons, des criocères, des chrysomèles, des altises, et par les chenilles de nombreux lépidoptères : piérides, machaon, noctuelles, Pyrale du pois, etc. Les *arbres*, notamment les arbres fruitiers, sont dévorés par une foule d'insectes ; les chenilles surtout les font souffrir ; mais les charançons, les guêpes, les fourmis, les pucerons, les kermès leur font aussi bien du mal.

Parmi les insectes qui attaquent les animaux, citons : les cousins et les poux, qui n'ont guère de préférence ; les taons, qui s'adressent au bœuf et au cheval ; les œstres, au cheval et au mouton ; les puces, à l'homme, au chien et au chat, etc. Enfin n'oublions pas que certains diptères sont transmetteurs des germes de maladies contagieuses.

❊ *Les insectes nuisibles sont herbivores ; ce sont le Hanneton, le plus grand ennemi de l'agriculture ; les charançons, criquets, fourmis, guêpes, chenilles des Lépidoptères, phylloxéra, pucerons. D'autres sont parasites de l'homme et des animaux domestiques. Certains Diptères peuvent transmettre des maladies contagieuses.*

XIII. — TABLEAU-RÉSUMÉ DE LA CLASSIFICATION DES INSECTES.

CARACTÈRES DES AILES.			PIÈCES de la BOUCHE.	MÉTAMORPHOSES.	ORDRES.	EXEMPLES.
	membraneuses, transparentes		lécheurs.	complètes.	HYMÉNOPTÈRES.	*Abeille.*
	ailes antérieures à moitié durcies		suceurs.	incomplètes.	HÉMIPTÈRES.	*Cigale.*
4 ailes.	ailes antérieures transformées en élytres sous lesquelles	les ailes postérieures sont placées transversalement	broyeurs.	complètes.	COLÉOPTÈRES.	*Hanneton.*
		les ailes postérieures sont pliées en long comme un éventail. .	broyeurs.	incomplètes.	ORTHOPTÈRES.	*Sauterelle.*
	membraneuses, à nervures saillantes		broyeurs.	complètes ou incomplètes.	NÉVROPTÈRES.	*Libellule.*
	couvertes de fines écailles.		suceurs.	complètes.	LÉPIDOPTÈRES.	*Bombyx.*
2 ailes			suceurs.	complètes.	DIPTÈRES.	*Mouche.*
Pas d'ailes.			broyeurs.	pas de métamorphoses.	APTÈRES.	*Pou.*

CLASSE DES ARACHNIDES

Type : *Araignée.*

188. Caractères principaux. — Les Arachnides sont caractérisés par l'absence d'ailes et la présence de 4 paires de pattes : ils ne subissent pas de métamorphoses. Leur corps est divisé en deux parties : le *céphalothorax,* formé de la tête et du thorax soudés, et l'*abdomen,* dont les anneaux peuvent être soudés ou libres. Les antennes sont remplacées par des appendices appelés *chélicères;* ce ne sont pas des organes de tact comme chez les Insectes, ce sont des organes de préhension, et ils portent parfois une glande venimeuse à leur base. Les *mâchoires,* ou *palpes maxillaires,* se développent parfois au point de devenir des pinces semblables à celles que portent les Crustacés (**194**) ; elles ont alors une fonction préhensile : c'est le cas chez les Scorpions. La respiration se produit par des trachées, et les orifices respiratoires s'ouvrent sur l'abdomen, comme les stigmates des insectes. Chez certaines espèces ce sont des buissons trachéens, appelés parfois poumons. On a divisé les Arachnides en 3 ordres, qui sont : *Araignées, Scorpions* et *Acariens.*

❀ *Les Arachnides sont caractérisés par l'absence d'ailes et par 4 paires de pattes; ils n'ont pas de métamorphoses. Leur corps comprend un céphalothorax et un abdomen. Ils respirent au moyen de trachées ou de poumons trachéens. On les a divisés en 3 ordres.*

1° ORDRE DES ARAIGNÉES

Type : *Araignée domestique.*

189. Caractères et types. — Chez les Araignées, le céphalothorax est séparé de l'abdomen, généralement globuleux, par un fin pédicule qui rappelle celui des Hyménoptères (**171**) ; les chélicères portent une griffe et une glande à venin. La plupart des Araignées construisent des *toiles* formées d'une sorte de soie, sécrétée par des glandes spéciales placées à l'extrémité de l'abdomen ; cette soie est apportée au dehors par des petits organes appelés *filières.* Les toiles sont des pièges tissés avec beaucoup de soin et parfois avec beaucoup d'art (*fig.* **419**) ; elles servent à prendre les mouches, qui lorsqu'elles s'y sont accrochées sont immédiatement saisies et empoisonnées par la propriétaire. Les Araignées se nourrissent donc d'insectes nuisibles et à ce titre sont utiles. Deux espèces sont particulièrement connues : l'*Araignée domestique* (*fig.* 417), dont la toile, munie d'une petite loge, occupe les encoignures des greniers et des lieux mal entretenus, et l'*Épeire diadème* (*fig.* **419**) des champs et des jardins, dont la toile est remarquable par sa construction.

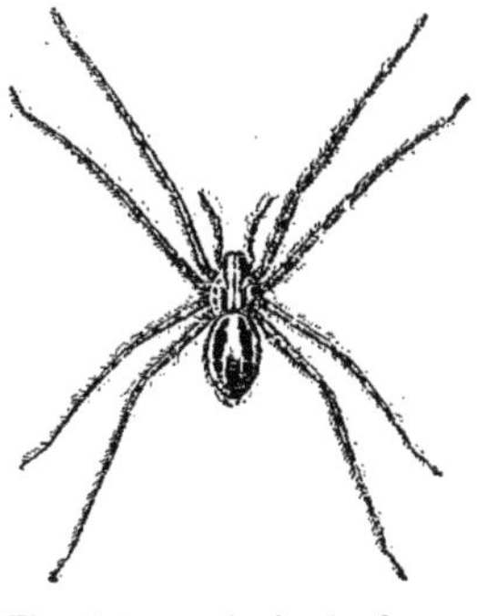

Fig. 417. — *Araignée domestique;* légèrement réduite.

Le *Faucheur* se reconnaît à ses très longues pattes, fragiles et cassantes. Les *Mygales* sont les plus grandes de toutes les araignées; les plus volumineuses sont les espèces de l'Amérique du Sud : leur piqûre venimeuse produit des plaies très douloureuses. La *Mygale* de France (*fig.* **418**) habite un petit terrier qui s'enfonce

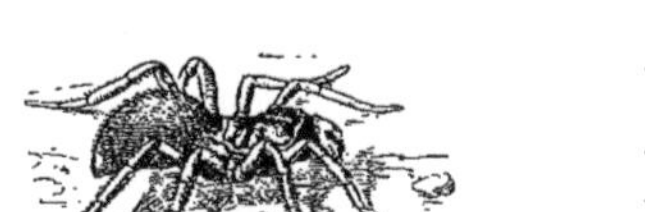

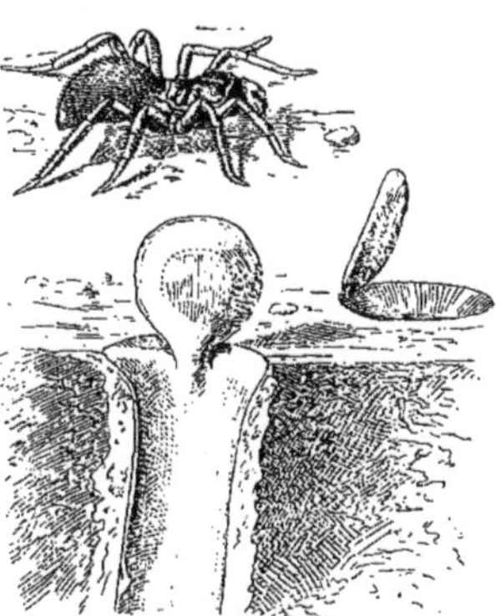

Fig. 418. — *Mygale* de France ; grossie 2 fois.

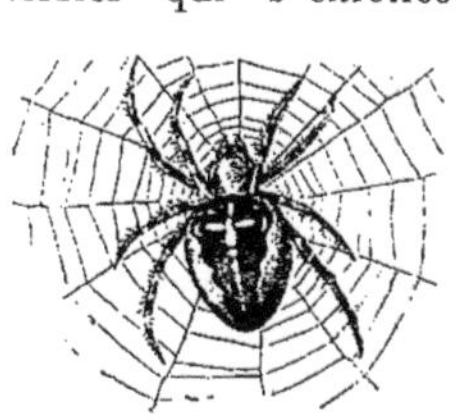

Fig. 419. — *Épeire diadème;* légèrement grossie.

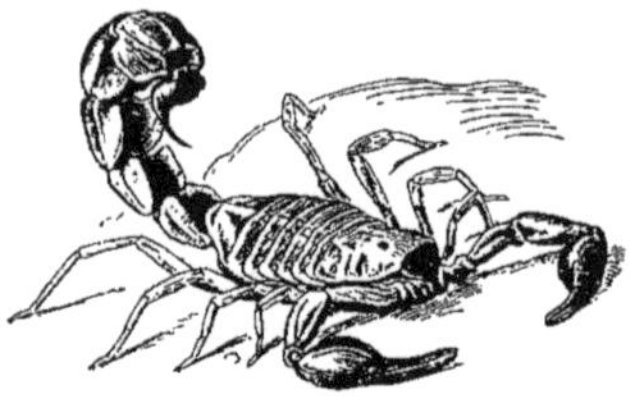

Fig. 420. — *Scorpion;* long., 50 mm.

Fig. 421.

Argyronète; grandeur naturelle.

verticalement dans le sol ; elle le maçonne avec soin et le munit d'un opercule qui le ferme hermétiquement et le dissimule. L'*Argyronète d'Europe* (*fig.* 421) est aquatique ; elle tisse son nid sous l'eau et le remplit d'air qu'elle va recueillir à la surface et qu'elle rapporte en bulles, fixées à la surface velue de son abdomen.

✳ *Les Araignées construisent des* toiles, *dont elles extraient la* soie *de glandes placées à l'extrémité de leur abdomen ; ce sont des pièges tendus aux mouches dont elles se nourrissent. Les principales espèces sont :* Araignée domestique, Épeire diadème, Faucheur, Mygale, Argyronète.

2° ORDRE DES SCORPIONS

190. Caractères principaux. — Le corps des Scorpions présente trois parties distinctes : le céphalothorax, l'abdomen et le *postabdomen,* qui n'est en réalité qu'un appendice de l'abdomen ; cette dernière partie est composée de 6 anneaux et se termine par un aiguillon en relation avec deux glandes à venin. Comme nous l'avons dit plus haut (**188**), les mâchoires sont des pinces analogues à celles des Crustacés. Les *Scorpions* (*fig.* 420) s'abritent sous les pierres ; ils se nourrissent de différents Articulés. L'espèce du midi de la France et de Corse n'est pas dangereuse ; mais d'autres atteignent une longueur de 15 centimètres, et leur piqûre peut alors provoquer des accidents très graves.

✳ *Les Scorpions présentent un* postabdomen *de 6 anneaux, se terminant par un aiguillon venimeux ; leurs pattes-mâchoires sont armées de pinces. L'espèce de France n'est pas dangereuse pour l'homme.*

3° ORDRE
DES ACARIENS

191. Caractères et types. — Chez les Acariens, la forme du corps est arrondie, les divisions peu ou point visibles, la taille très petite. Le *Trombidion soyeux* (*fig.* 424) est d'un rouge vif ; sa larve est le *Rouget,* quelquefois parasite. Les *Tiques* ou *Ricins* (*fig.* 422) sont communes dans les bois ; elles sont temporairement parasites d'un certain nombre d'animaux : cerf, chevreuil, bœuf, mouton, chien, oiseaux divers. Ces Arachnides, qui sucent le sang, s'adressent souvent à l'homme ; leur piqûre est fort désagréable et c'est avec précaution qu'il faut les détacher, afin de ne laisser aucun organe sous la peau. Le *Sarcopte de la gale* (*fig.* 423) est essentiellement parasite ; la femelle s'insinue dans l'épiderme et y pond ses œufs ; d'autre part, des mâles, des femelles non fécondées, des larves et des nymphes restent sur la peau ; il en résulte d'intolérables démangeaisons. La gale cède aux frictions sulfureuses, à l'essence de térébenthine, etc. Le *Démodex* (*fig.* 425) se loge dans les

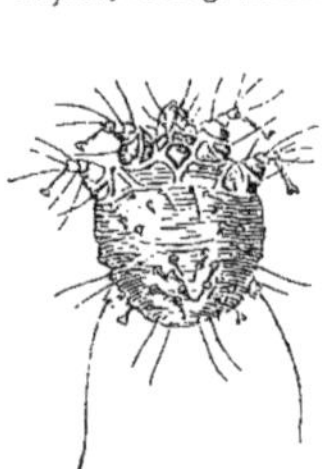

Fig. 422.
Tique; très grossie.

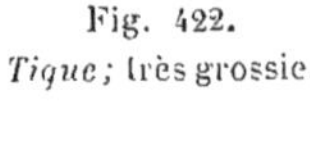

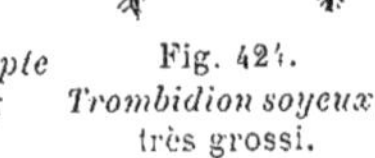

Fig. 423. *Sarcopte de la gale ;* très grossi.

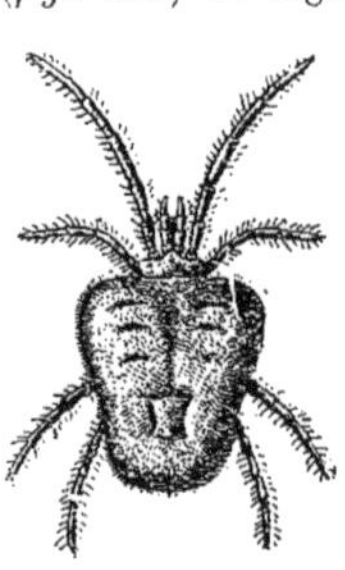

Fig. 424.
Trombidion soyeux ; très grossi.

Fig. 425.
Démodex ; très grossi.

follicules pileux de l'homme, ou petites glandes disposées à la base des poils pour leur fournir la matière grasse nécessaire à leur croissance ; la présence du parasite engorge ces follicules, qui se manifestent alors par des points noirs sur le front et les côtés du nez ; cet inconvénient est fréquent chez les enfants qui ne se savonnent pas suffisamment le visage.

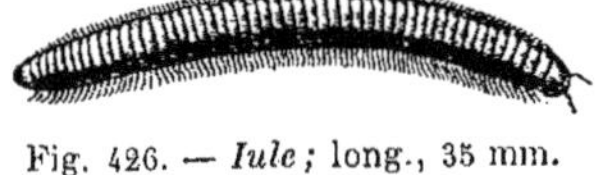

Fig. 426. — *Iule* ; long., 35 mm.

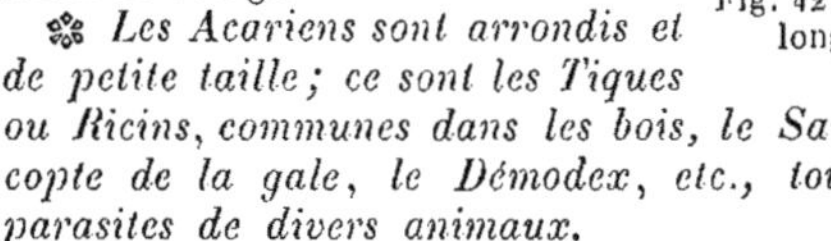

Fig. 427. — *Gloméris* ; long., 15 mm.

✣ *Les Acariens sont arrondis et de petite taille ; ce sont les Tiques ou Ricins, communes dans les bois, le Sarcopte de la gale, le Démodex, etc., tous parasites de divers animaux.*

CLASSE DES MYRIAPODES

Type : *Scolopendre.*

192. Caractères et types. — Les Myriapodes ou *Mille-pieds* sont caractérisés par le grand nombre de leurs pattes ; la tête seule se distingue du corps, lequel se compose d'un nombre variable d'anneaux tous semblables. Les appendices de la tête, les appareils digestif, respiratoire et circulatoire sont constitués comme chez les Insectes. Cette classe comprend deux familles : les *Scolopendres* et les *Iules*. Les *Scolopendres* (*fig.* 428) sont *aplatis* et chacun de leurs anneaux ne porte qu'une paire de pattes ; les premières pattes sont dites pattes-mâchoires ; leur piqûre est venimeuse. Ces Articulés sont carnassiers. Dans notre pays, ils sont très communs sous les pierres, dans les fissures de la terre, sous la mousse ; certaines espèces des régions tropicales atteignent la taille de 30 centimètres et l'action de leur venin peut entraîner la mort des animaux de petite taille. Les *Iules* ont une forme *cylindrique,* et chacun de leurs anneaux porte deux paires de pattes ; le nombre des anneaux s'approche de 100, ce qui représente près de 400 pattes chez certaines espèces ; ils sont herbivores. L'*Iule des sables* (*fig.* 426) est

Fig. 428. — *Scolopendre* ; long., 10 cent.

très commun dans la forêt de Fontainebleau ; il recherche les feuilles mortes, les herbes et les mousses sèches, le dessous des pierres ; on le trouve parfois roulé en spirale. Un Myriapode de la même famille, le *Gloméris* (*fig.* 427), ressemble au cloporte (**194**) ; il est d'un beau noir brillant, n'a que 17 paires de pattes, et se roule en boule dès qu'il est inquiété.

✣ *Les Myriapodes sont caractérisés par le grand nombre de leurs pattes ; le thorax et l'abdomen se confondent en anneaux tous semblables. Chez les Scolopendres, carnassiers, le corps est aplati et chaque anneau porte une paire de pattes. Chez les Iules, herbivores, le corps est cylindrique et porte deux paires de pattes par anneau.*

CLASSE DES CRUSTACÉS

Type : *Écrevisse.*

193. Caractères. — L'*Écrevisse* et les autres Crustacés se distinguent d'abord par la dureté du tégument ou enveloppe du corps ; c'est une véritable carapace formée de chitine imprégnée de sels calcaires, et qui reste mince et souple au niveau des articulations, pour la liberté des mouvements. Le corps est divisé en deux parties, le céphalothorax et l'abdomen. Les Crustacés sont ovipares et subissent généralement des métamorphoses dans le jeune âge, puis des *mues* qui leur permettent de croître ; si, en effet, leur carapace était persistante, s'ils y étaient toujours emprisonnés, ils ne pourraient pas grandir.

L'appareil digestif est caractérisé par un *gé-sier masticateur* qui triture les aliments au moyen de très petits os calcaires, sauf chez les espèces inférieures. Les animaux de cette classe sont presque tous aquatiques et respirent au moyen de branchies (*fig.* 429); chez certaines espèces, les chambres branchiales fonctionnent comme des poumons; chez d'autres, enfin, la respiration est cutanée. L'appareil circulatoire est incomplet, moins cependant que chez les insectes. Enfin ils présentent des appendices nombreux et variés. On a divisé les Crustacés en deux ordres : celui des *Malacostracés*, pour le groupe très homogène des espèces qui possèdent 20 segments, et

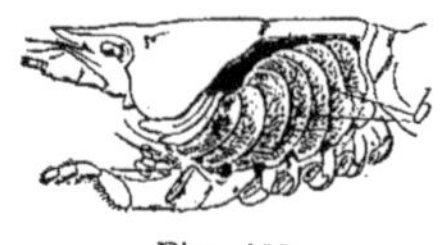

Fig. 429.
Branchies b d'un Crustacé
(Écrevisse).

celui des *Entomostracés*, pour les espèces dont le nombre des segments est essentiellement variable, et qui sont généralement de petite taille.

⁂ *Les Crustacés se distinguent par la dureté du tégument ; le corps est divisé en céphalothorax et abdomen ; ils grandissent après chaque mue. L'appareil digestif est caractérisé par un gésier masticateur, les espèces aquatiques respirent au moyen de branchies. On les a partagés en deux ordres.*

1° ORDRE DES MALACOSTRACÉS

Type : *Écrevisse.*

194. Types principaux. — Chez l'*Écrevisse* on compte 19 paires d'appendices à raison d'une par chacun des 19 premiers anneaux ou segments (*fig.* 430) ; ce sont : d'avant en arrière, deux yeux composés A, A, placés à l'extrémité de deux appendices mobiles; puis deux antennes courtes et bifides B; deux autres antennes fines et longues C, C; 6 paires de pièces plus ou moins broyeuses D, disposées pour mâcher les aliments; puis 5 paires de pattes E à I, dont la première E, E, se termine par des *pinces* puissantes, qui servent à la préhension autant qu'à la marche. Ensuite viennent

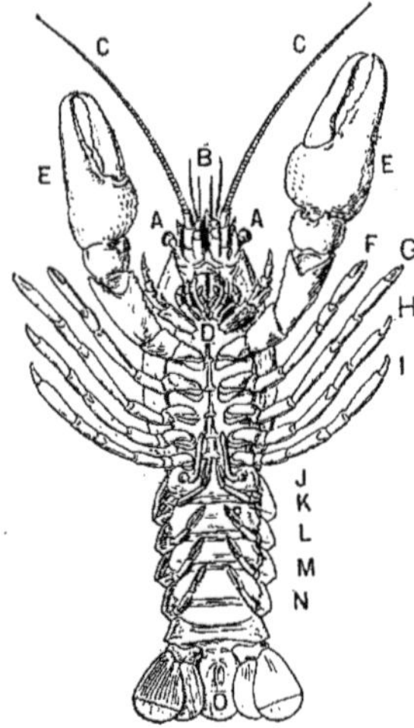

Fig. 430. — Face ventrale de l'Écrevisse, avec les 20 segments et les 19 paires d'*appendices*.

les 5 paires de pattes abdominales J à N, courtes et aplaties, qui collaborent à la natation. L'abdomen se termine par 5 palettes qui constituent la nageoire caudale; le *telson* O, palette médiane, constitue le 20ᵉ segment. L'Écrevisse ne présente pas de métamorphoses ; mais il se produit plusieurs mues au cours de chacune des deux

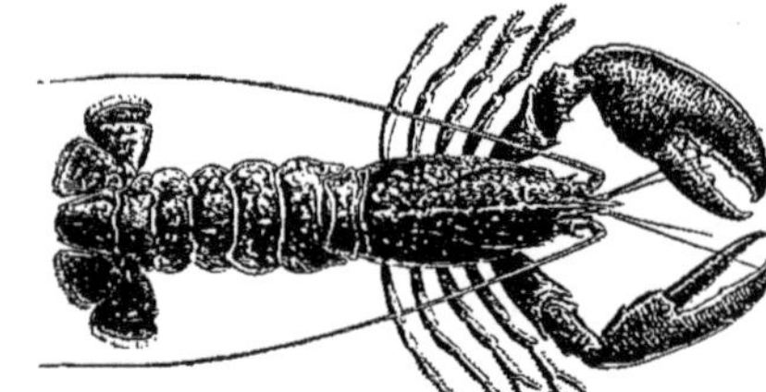

Fig. 431. — *Homard* ; long., 30 cent.

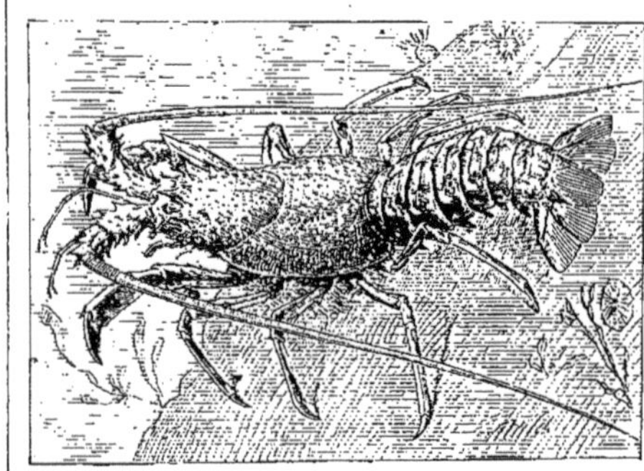

Fig. 432. — *Langouste ;* long., 50 cent.

Fig. 433. Écrevisse ;
long., 15 cm.

Fig. 434.
Crevettes ; long., 5 à 6 cm.

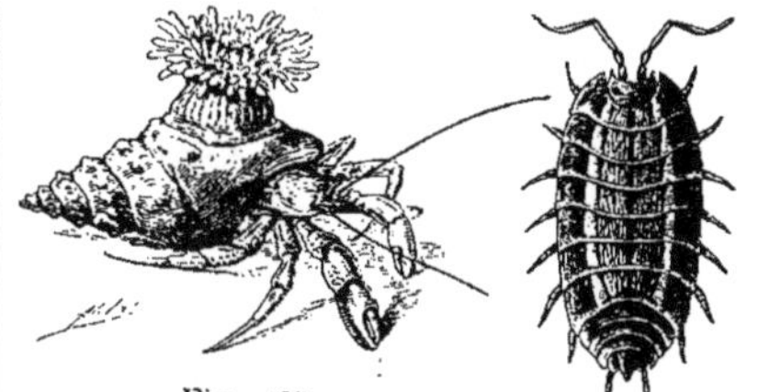

Fig. 435.
Pagure (long., 4 à 5 cm.) abrité
dans une coquille de *Buccin*, sur
laquelle s'est fixée une *Actinie*.

Fig. 436.
Cloporte ;
long., 15 mm.

Fig. 437. — Crabes :
A, *tourteau*, largeur de la carapace, 25 cent. ;
B, *enragé*, largeur, 5 à 6 cent.

ou trois premières années, et une mue chacune des autres années. Dès que le tégument tombe l'écrevisse grandit, jusqu'à ce que la résistance du tégument nouveau arrête la croissance.

Les principaux Malacostracés sont le *Homard* (*fig.* 431), qui porte de très grosses pinces, et la *Langouste* (*fig.* 432), qui en est privée ; cette espèce offre une chair excellente ; elle est activement pêchée à l'aide de nasses ou *cageraies* (*fig.* 438). Citons encore : l'*Écrevisse* (*fig.* 433), devenue bien rare dans nos cours d'eau ; les *Crevettes* (*fig.* 434) grise et rose ; les *Crabes* (*fig.* 437), remarquables par l'ampleur du céphalothorax et les petites dimensions de l'abdomen toujours replié en dessous ; enfin le *Pagure* ou *Bernard-l'Ermite* (*fig.* 435), qui protège son abdomen nu et sans carapace dans les coquilles vides de mollusques morts. Ces Crustacés sont marins, sauf l'Écrevisse ; ils sont comestibles, sauf le Pagure. Les *Cloportes* (*fig.* 436) sont terrestres ; ils recherchent les lieux humides ; certaines espèces se roulent en boule dans les cas de danger.

❀ *Les Malacostracés possèdent 20 anneaux. L'Écrevisse présente de nombreux*

Fig. 438. — Préparation des *cageraies* pour la pêche aux *Langoustes*, en Bretagne.

*appendices à raison d'une paire par anneau;
on y remarque 5 paires de pattes, dont la
première est armée de* pinces. Homard, Langouste, Crevette, Crabe, Pagure, appartiennent à cet ordre.

2° ORDRE DES ENTOMOSTRACÉS

Type : *Balane.*

195. Types principaux. — Ces animaux
n'ont pas de gésier masticateur; ils présentent des espèces variées. Nous citerons d'abord
les *Anatifes* (*fig.* 439 et 440), que leur coquille
ferait prendre pour des mollusques bivalves;
ces Crustacés se suspendent par un pédicule
charnu aux corps plongés dans l'eau, à la
quille des bateaux, par exemple. Les *Balanes*
(*fig.* 441) vivent par milliards sur les rochers
que découvrent les marées; ce sont des petits
cônes tronqués blancs, ouverts à leur partie
supérieure, et que ferment intérieurement
deux petites valves, en cas de danger. Dans
les eaux douces stagnantes vivent de petites
espèces: *Daphnie* (*fig.* 442), *Cypris* (*fig.* 443),
Branchipe (*fig.* 444), *Apus* (*fig.* 445), *Cyclope* (*fig.* 446). Les Daphnies pullulent
parfois en si grand nombre qu'elles forment
dans les mares des petits nuages rougeâtres;
elles se déplacent par saccades, ce qui leur a

Fig. 440.
Anatifes; longueur à la
coquille, 25 à 30 mm.

Fig. 441. — *Balanes.*

valu le surnom de *puces
d'eau;* leur organe de
natation est formé de
deux antennes.

✻ *Les Entomostra-
cés ont un nombre va-
riable d'anneaux; ce
sont : les Anatifes, qui
se suspendent aux corps immergés ; les Balanes, qui
couvrent les
rochers à
mer basse;
enfin des pe-
tites espèces
de mares,
comme les
Daphnies.*

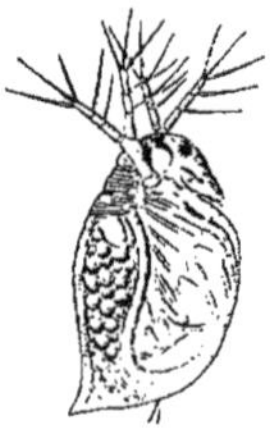

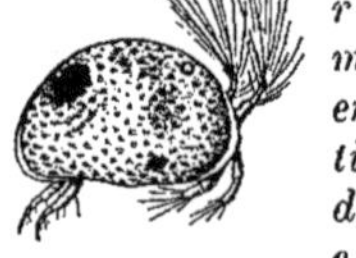

Fig. 442.
Daphnie;
très grossie.

Fig. 443. — *Cypris;*
très grossi.

Fig. 444. — *Branchipe;*
très grossi.

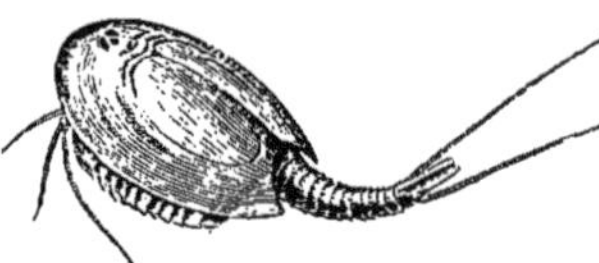

Fig. 445. — *Apus;* très grossi.

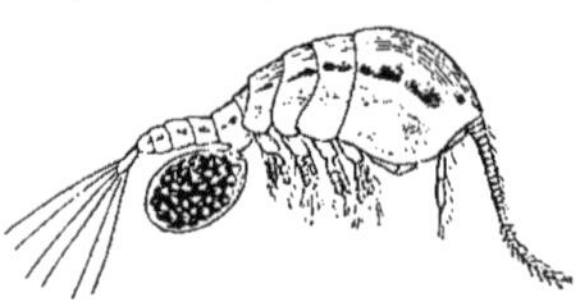

Fig. 446. — *Cyclope;* très grossi.

Phot. de M. F. Faideau.

Fig. 439. — Pièce de bois couverte d'*Anatifes.*

IX. EMBRANCHEMENT
DES VERS

196. Caractères; divisions. — Les Vers sont bien formés d'anneaux comme les Articulés, mais ils ne sont qu'exceptionnellement munis de membres, et ces membres ne sont jamais composés d'articles. Cette privation de membres articulés est le seul caractère particulier aux Vers. Nous en étudierons les deux classes principales : celle des *Annélides*, composée d'espèces vivant dans la terre ou dans les eaux, et celle des *Helminthes*, qui sont parasites dans les organes de l'homme et de divers animaux.

※ *La plupart des Vers n'ont pas de membres; ces membres, lorsqu'ils existent, ne sont jamais formés d'articles. On les a divisés en 2 classes.*

CLASSE DES ANNÉLIDES

Type : *Lombric.*

197. Caractères; types principaux. — Le *Lombric* et les différentes espèces d'Annélides vivant dans la terre et dans la mer se déplacent au moyen de soies qui leur garnissent le corps. Les espèces d'eau douce marchent au moyen de ventouses placées à chaque extrémité du corps. Ordinairement l'appareil digestif des Annélides est un tube légèrement renflé au niveau de chaque anneau. La respiration est cutanée chez les Vers de terre et les Sangsues; elle est souvent branchiale chez les espèces marines. La circulation est assurée par un vaisseau *dorsal* et un vaisseau *ventral* qui sont réunis au niveau de chaque anneau par un vaisseau *transversal* arqué. Le système nerveux est analogue à celui des Insectes, mais moins développé.

Le *Lombric* ou *ver de terre* (*fig.* 447) pullule dans la terre des jardins; il ne détruit aucune plante, mais il s'empare de leur nourriture : il se nourrit d'*humus*. Les petits excréments entortillés qu'il rejette la nuit ne contiennent plus trace d'aliment pour les végétaux. Les lombrics coupés en deux parties par un coup de bêche ou par tout autre accident produisent deux lombrics, chaque partie se complétant peu à peu par la régénération lente de ce qui lui a été enlevé. L'*Arénicole des pêcheurs* (*fig.* 448) est marine; elle vit dans le sable des plages, où on vient l'extraire comme appât pour la pêche; cette espèce présente des branchies disposées en houppes sur une notable étendue de son corps. Également marines, les *Serpules* (*fig.* 449 et 450) sont abritées dans des tubes calcaires plus ou

Fig. 448.
Arénicole ;
long., 15 à 18 cm.

Fig. 447. — *Lombric ;* long., 15 à 20 cm.

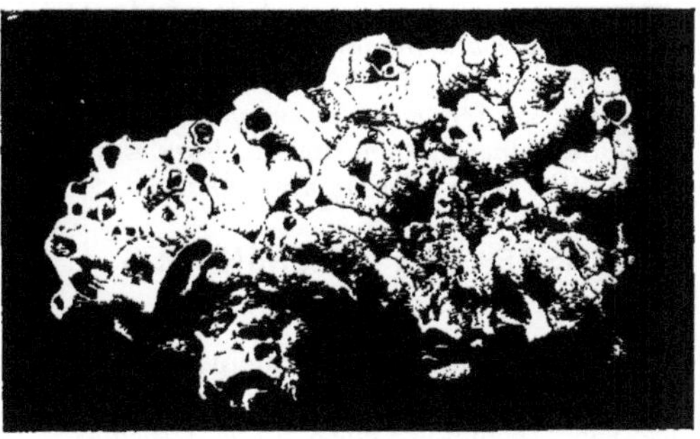

Fig. 449. — Amas de tubes de *Serpules*.

Fig. 450. — *Serpule* ;
grandeur naturelle.

moins contournés et
fixés sur les roches ou
sur les gros coquillages
abandonnés. Elles ne
sortent que la tête et les
branchies, et closent
leur tube avec un opercule lorsqu'elles rentrent. Les *Sangsues* (*fig.* 451) habitent les
eaux douces : étangs ou mares ; elles se
déplacent à l'aide de deux ventouses placées à
chacune de leurs extrémités; leur bouche, armée de trois mâchoires arrondies, dentées en
scie, est placée au centre de la ventouse antérieure. La Sangsue ouvre donc aisément la
peau des animaux pour leur sucer le sang;
cette faculté était couramment utilisée par la
médecine pour pratiquer les saignées.

✿ *Les Annélides terrestres et d'eau douce
ont une respiration cutanée; les espèces marines ont des branchies. Le Lombric ou ver
de terre se nourrit d'humus. L'Arénicole vit
dans le sable des plages marines. Les Serpules se constituent un tube calcaire. Les
Sangsues se déplacent au moyen de deux
ventouses placées à chacune de leurs extrémités; elles sucent le sang des animaux.*

CLASSE DES HELMINTHES

Type : *Ver solitaire.*

198. Caractères; types principaux. — Le
Ver solitaire et tous les Helminthes sont
parasites; ce sont des hôtes fort désagréables,
souvent dangereux. Plusieurs ont des métamorphoses; ensuite, il leur faut généralement

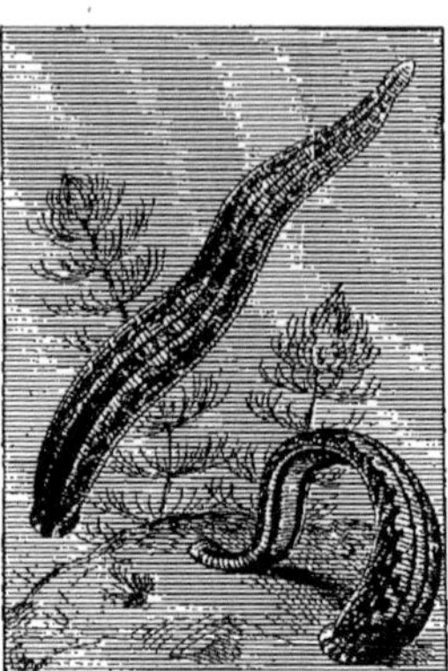

Fig. 451.
Sangsues ; long., 8 à 10 cm.

passer dans le tube digestif de deux
animaux pour devenir adultes; nous en
citerons quelques-uns. Le *Ténia* ou *ver
solitaire* (*fig.* 452) habite l'intestin de
l'homme; il s'y tient fixé à la paroi par
4 ventouses et plusieurs crochets. Il est
aplati et divisé en de nombreux anneaux;
sa taille peut atteindre 2 mètres. Ce ver
produit constamment de nouveaux anneaux immédiatement en arrière de sa
tête ou *scolex*, et il en perd de temps en
temps à son extrémité postérieure; ces
derniers anneaux, remplis d'œufs, sont
expulsés avec les excréments. Pour que
l'avenir de ces œufs soit assuré, il faut
qu'ils soient dévorés par un porc, et c'est
dans l'estomac de cet animal que naissent
les larves. Celles-ci perforent la muqueuse
intérieure du tube digestif et gagnent
l'appareil circulatoire qui les transporte dans
différentes parties du corps; elles arrivent ainsi
dans les muscles où elles acquièrent, par la
formation d'une petite vésicule de la grosseur
d'un pois, la forme *cysticerque* (*fig.* 452, *c, d*).
En cet état, le Ténia ne se transforme plus, à
moins que l'ingestion de viande de porc insuffisamment cuite lui permette de pénétrer
dans l'intestin de l'homme et d'y devenir
adulte. La chair du porc doit toujours être
mangée bien cuite. Un autre *Ténia*, privé de
crochets, est également parasite de l'homme,
mais c'est dans les muscles du bœuf qu'il
acquiert la forme cysticerque; on peut donc
l'acquérir en mangeant du rosbif.

La *Trichine* (*fig.* 453) existe chez le rat, et
sa larve habite les muscles des porcs qui ont
mangé des rats contaminés. La chair insuffisamment cuite du porc peut donc apporter
dans l'estomac de l'homme d'innombrables
larves qui y deviennent adultes; elles y déposent alors des milliers d'œufs dont les larves
percent la paroi intestinale et sont transportées par le sang dans les muscles (*fig.* 453, *a*).
Par leur très grand nombre, les trichines provoquent de violentes douleurs que l'on peut
confondre avec celles que produisent les rhumatismes aigus; c'est la *trichinose*, maladie fréquente en Allemagne. Les *Ascarides* (*fig.* 454)

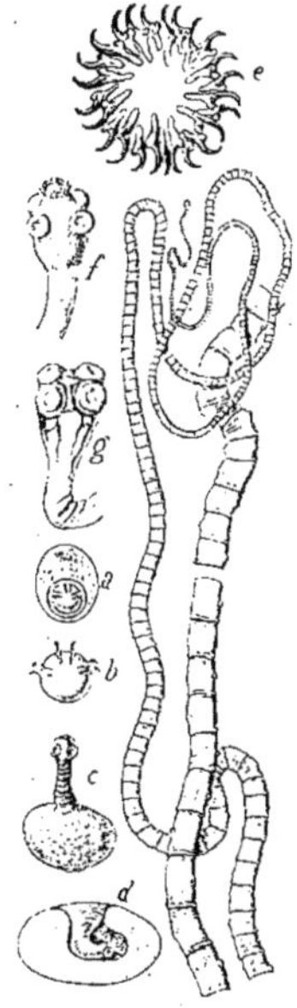

Fig. 452. — *Ténia;*
a, œuf ; *b*, embryon ;
c, *d*, cysticerques ;
e, crochets; *f*, *g*, têtes
de deux espèces.

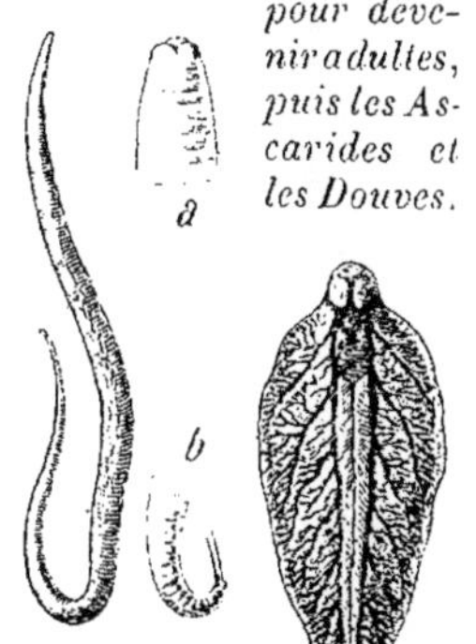

Fig. 454.
Ascaride ;
long., 18 mm.
a, bouche ;
b, extrémité infᵉ

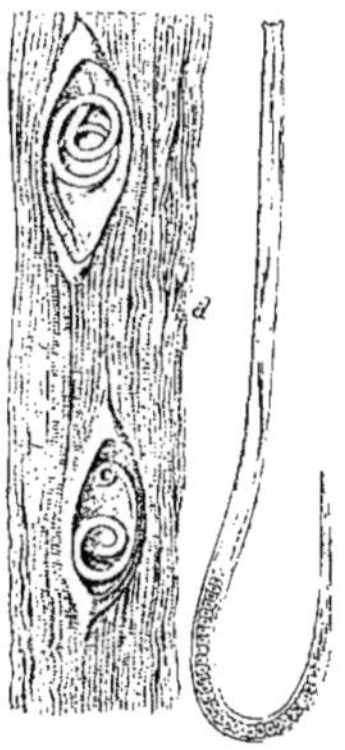

Fig. 453.
Trichine ; long., 5 mm.
a, dans les muscles.

Fig. 455.
Douve ;
grossie 2 fois.

vivent dans l'intestin grêle de l'homme, principalement des enfants ; leurs œufs sont rejetés avec les excréments ; les larves ne se développent que dans l'eau, elles peuvent alors revenir à l'homme avec l'eau de boisson. Les *Douves* (*fig.* 455) sont courtes, larges et aplaties ; elles vivent dans les vésicules du foie : le foie du mouton en est souvent rempli. La larve ne se développe que dans l'eau : l'homme peut la contracter en mangeant du cresson.

❀ *Les Helminthes sont parasites de l'homme et des animaux domestiques. Ce sont le Ténia ou ver solitaire et la Trichine, qui ont des métamorphoses et doivent passer dans le tube digestif de deux animaux différents pour devenir adultes, puis les Ascarides et les Douves.*

X. EMBRANCHEMENT DES MOLLUSQUES

199. Caractères, divisions. — Les Mollusques sont ovipares ; ils sont caractérisés par un corps *mou*, de là leur nom ; ensuite le corps n'est jamais formé d'anneaux : tels sont les trois caractères constants. Cependant le plus grand nombre de mollusques présentent une *coquille* calcaire comprenant une ou deux valves, et sécrétée par un repli du tégument que l'on appelle *manteau*. Entre le corps et le manteau se trouve une chambre dite *palléale* qui contient l'appareil respiratoire. Le système nerveux comprend 3 paires de ganglions, réunies par 2 colliers entourant l'œsophage. Il existe des Mollusques sans coquille ; puis il y en a qui sont marins, d'autres vivent dans l'eau douce, d'autres sont terrestres ; ces différents habitats indiquent chez les uns une respiration branchiale, chez les autres une respiration aérienne. Tous, sauf de rares exceptions, ont un organe musculaire, le pied ; ce pied est *ventral* et en forme de semelle chez les Univalves et en forme de fer de hache chez les Bivalves ; il est ramifié et *céphalique* chez d'autres. Aussi a-t-on divisé cet embranchement en 3 classes, qui sont : 1° celle des *Gastéropodes* pour ceux qui ont un pied ventral, en forme de semelle (Escargot) ; 2° celle des *Lamellibranches* pour les espèces qui ont les branchies disposées en *lamelles* et qui ont toujours une coquille formée de deux valves, comme l'Huître ; et 3° celle des *Céphalopodes* pour les Mollusques qui portent leur pied sur la tête, sous forme de 8 bras plus ou moins longs et disposés en cercle autour de la bouche, ce qui est le cas de la Pieuvre. Ces caractères permettent de placer immédiatement une espèce dans la classe à laquelle elle appartient.

❀ *Les Mollusques sont ovipares ; ils ont un corps mou, qui n'est jamais formé d'anneaux. Ils ont généralement une coquille calcaire, simple ou double, sécrétée par le* manteau. *Leur mode de respiration varie avec leur habitat terrestre ou aquatique. On les a divisés en trois classes.*

CLASSE DES GASTÉROPODES

Type : *Escargot.*

200. **Caractères.** — Le caractère principal de tous les Gastéropodes est la présence d'un organe musculaire qui double extérieurement la face ventrale et constitue un *pied* rampant. La tête est distincte du corps; elle porte deux grands tentacules à l'extrémité desquels se trouvent les yeux, et deux tentacules plus petits qui sont des organes de tact. En dessous s'ouvre la bouche, qui contient l'appareil masticateur. Sur le dos de l'animal s'élève une coquille formée d'une seule valve, généralement enroulée, sécrétée par le manteau, et dans laquelle il peut se loger tout entier. Le manteau forme sur la face dorsale de l'Escargot une *chambre*, dite *palléale*, qui joue le rôle de poumon. La chambre palléale des Gastéropodes aquatiques contient des branchies. Dans le cas de l'Escargot,

Gastéropodes sont comestibles; citons l'Escargot, puis une Littorine : le *vignot*, l'Haliotide ou *ormeau*, la Patelle, etc.

❀ *Les* Gastéropodes *sont caractérisés par un pied ventral. La tête est distincte du corps. Un espace dit* chambre palléale, *et formé par le manteau, contient les branchies, ou bien remplit le rôle de poumon. La coquille est généralement* enroulée, le pied est *muni d'un* opercule. *Quelques espèces sont comestibles.*

201. **Types principaux.** — Les formes terrestres les plus répandues sont les *Hélices,* dont on connaît plus de 3 000 espèces : l'*Escargot* (*fig.* 456) en est une. Parmi les Gastéropodes privés de coquilles figure la grosse *Limace rouge* ou *Arion roux* (*fig.* 457) qui pullule

Fig. 456.

Escargot ; long., 5 à 6 cm.

Fig. 457.

Arion roux ; long., 7 à 8 cm.

Fig. 458. — *Limnée ;* gr. nat.

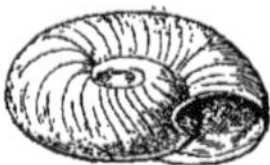

Fig. 459.

Planorbe ; gr. nat.

Fig. 460.

Pourpre ; grand. natur.

Fig. 461.

Littorine ; grand. naturelle.

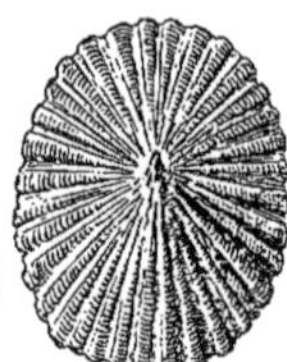

Fig. 462.

Patelle ; grand. naturelle.

l'hématose se produit à travers la paroi du manteau; il en est exactement de même chez les limaces, lesquelles n'ont pas de coquille. La plupart des coquilles sont enroulées, d'autres ne forment qu'un petit cône très obtus, comme chez la Patelle. De nombreux Gastéropodes portent à la partie postérieure de leur pied un petit disque dur, parfois très mince, quelquefois très épais, à l'aide duquel ils closent leur coquille lorsqu'ils y sont rentrés; ce disque est un *opercule.* Quelques

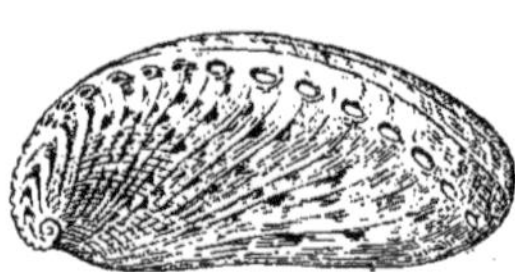

Fig. 463.

Haliotide ; long., 10 cm.

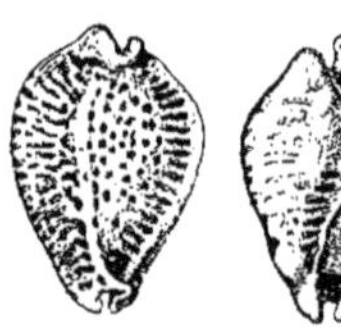

Fig. 464. — *Porcelaines ;* grandeurs variables.

dans la campagne après la pluie. Les espèces d'eau douce sont les *Limnées* (*fig.* 458), les *Planorbes* (*fig.* 459) et les *Paludines* si communes dans les étangs, où elles se nourrissent d'herbes aquatiques.

Les formes marines sont extrêmement nombreuses ; il en existe de fort belles par leur coloration et leur forme ; les collections se sont enrichies avec les types des mers chaudes qui sont remarquables à cet égard. Sur nos côtes, on ne peut généralement recueillir que de petites espèces, comme les *Pourpres* (*fig.* 460), *Littorines* (*fig.* 461), *Patelles* (*fig.* 462). En Bretagne, on trouve cependant la belle *Haliotide* (*fig.* 463), merveilleusement nacrée et ornée d'une rangée de petits trous ; on la mange sous le nom d'*Ormeau*. Le gros *Buccin* n'est pas rare ; sa coquille vide est rapidement occupée par un Pagure assez commun (*fig.* 435). Parmi les plus beaux genres, citons les *Porcelaines* (*fig.* 464), *Olives*, *Volutes*, *Tritons*, *Cônes*, *Casques*, *Murex*, des mers chaudes, etc.

✳ *L'Escargot, muni d'une coquille, et la Limace rouge, qui en est privée, sont terrestres. Limnée, Planorbe et Paludine sont d'eau douce. Littorines, Pourpre, Patelle, Haliotide, Buccin sont marins et habitent nos rivages. Les mers chaudes nourrissent de fort belles espèces.*

CLASSE
DES
LAMELLIBRANCHES

Type : *Huître.*

202. Caractères ; Huitre.
— Les caractères principaux de l'*Huître* sont la structure lamellaire des branchies (*fig.* 465) et la division en deux valves de la coquille ; cette coquille est donc *bivalve ;* elle est munie d'une charnière qu'un muscle très puissant maintient fermée à

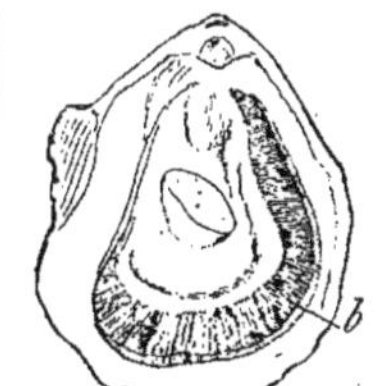

Fig. 465.
Huître, dans sa valve inférieure.
b, branchies.

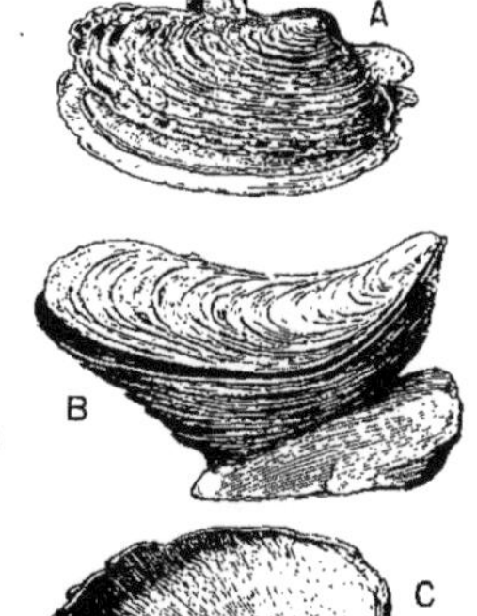

la volonté de l'animal. En outre, les Lamellibranches n'ont généralement pas d'yeux, et ils n'ont pas de tête distincte du corps ; c'est pour cette raison qu'on les a souvent groupés sous le nom d'*Acéphales.*

Fig. 466. — *Huîtres :*
A, de *Marennes*, larg., 8 cm. ;
B, *portugaise*, long., 12 cm. ;
C, *perlière* ou *Pintadine*, larg., 16 à 18 cm.

Enfin, rappelons que l'organe de locomotion est une sorte de pied charnu qui permet à ces Mollusques de se déplacer ou de s'enfoncer dans le sable. Ils sont tous habitants des eaux.

Fig. 467. — *Ruchers collecteurs* d'un parc à huîtres.

La culture de l'Huître, ou *ostréiculture*, en vue de l'alimentation, est très active, car sa chair est très appréciée de tous. On l'élève dans des *parcs* en relation avec la mer. Les huîtres sont dites « marchandes » et expédiées dès qu'elles ont fourni des jeunes ou *naissain*. Les œufs, en effet, éclosent dans la chambre palléale du Mollusque et les jeunes huîtres en sortent imperceptibles et innombrables. On les recueille sur des fascines, des boiseries, des tuiles, des pierres, etc., où elles se fixent. On les transporte ensuite dans les *ruchers collecteurs* (*fig.* 467), ou autres appareils analogues, dans lesquels elles se développent. Au bout de quelques mois, on les en retire fortifiées et on les dépose sur le plancher du *parc* où elles acquièrent leur grosseur définitive. L'ostréiculture est une industrie très lucrative (*fig.* 468); on la pratique en une foule de points de nos côtes; la variété la plus estimée est celle de Marennes, Charente-Inférieure (*fig.* 466, A); viennent ensuite celles d'Arcachon (Gironde), Cancale (Ille-et-Vilaine), puis les Armoricaines cultivées en plusieurs points de la Bretagne, et les Portugaises (*fig.* 466, B) dans le sud-ouest de la France. Citons aussi les huîtres d'Ostende (Belgique).

Les Lamellibranches *sont caractérisés par des branchies* lamellaires, *par une coquille* bivalve *à charnière et par l'absence de tête distincte du corps. Un pied charnu leur permet de se déplacer ou de s'enfoncer dans le sable. L'ostréiculture est l'élevage de l'huître pour l'alimentation.*

203. Types principaux. — Après l'Huître comestible, on peut citer la *Pintadine* ou *huître perlière* (*fig.* 466 C), dont les concrétions de nacre, ou *perles*, résultent d'une blessure de la face interne de la coquille, ou bien de la présence d'un corps étranger que la sécrétion a recouvert. C'est l'huître des pêcheries de Ceylan ; les Pintadines sont recueillies par des plongeurs ; les plus fines sont dites *parangons*.

Les *Moules* (*fig.* 469), serrées les unes contre les autres, recouvrent les rochers que la mer découvre ; elles s'y fixent au moyen de filaments, ou *byssus*, et n'arrivent pas à y acquérir un volume suffisant pour le commerce. Dans le but d'obtenir de belles variétés, on se livre à la *mytiliculture*, notamment sur les rivages vaseux de l'Océan Atlantique. On établit des *bouchots*, sortes de palissades à clayonnages sur lesquelles se fixent les jeunes, ou *renouvelain*, qui viennent de quitter la chambre palléale des adultes. A mesure que les jeunes moules grandissent, on les détache des bouchots les plus éloignés du rivage (*fig.* 470) et on les apporte sur les bouchots qui en sont le plus rapprochés. On trouve dans les rivières une coquille

Fig. 469.
Moule ; long., 6 cm.

Fig. 468. — Mise en paniers des *huîtres* vendues.

Fig. 470. — Mytiliculteur détachant les moules des *bouchots*.

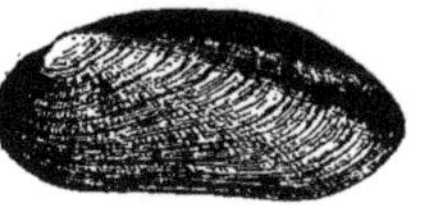

Fig. 471.
Mulette; long., 6 cm.

Fig. 472.
Anodonte; long., 15 cm.

Fig. 473.
Peigne; larg., 12 à 14 cm.

Fig. 474.
Solen ; long., 12 à 16 cm.

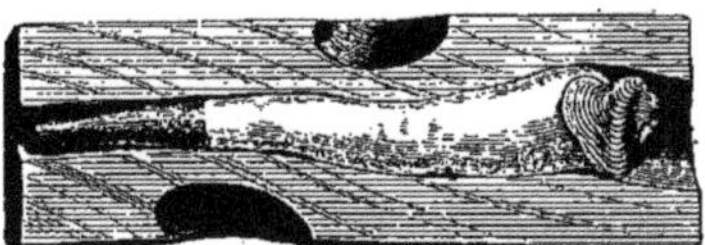

Fig. 475.
Taret, dans une pièce de bois; gr. nat.

voisine des précédentes : c'est l'*Unio* ou *Mulette* (*fig.* 471); dans les étangs, c'est l'*Anodonte* (*fig.* 472). Parmi les autres Lamellibranches marins, citons le *Peigne* ou *Coquille de Saint-Jacques* (*fig.* 473), qui entre dans l'alimentation; son nom lui vient de son aspect qui rappelle le peigne à chignon des femmes. Le *Solen* ou *couteau* (*fig.* 474) est ainsi appelé de sa ressemblance avec un manche de couteau. Les *Pholades* sont lithophages; elles se forent un abri dans des calcaires et même dans des roches granitiques (*fig.* 476). Le *Taret* (*fig.* 475) est allongé comme un ver ; sa coquille est toute petite et ne le protège pas; il se plaît à forer des galeries profondes dans les bois immergés : digues, écluses et navires. Le plus gros bivalve est la *Tridacne géante ;* le bord des valves est très ondulé ; les bénitiers donnés au roi François Ier par les Vénitiens sont des valves d'une magnifique Tridacne ; elles pèsent plus de 200 kilogrammes; on peut les voir dans l'église Saint-Sulpice, à Paris.

※ *La Pintadine est l'huître perlière pêchée à Ceylan. La Moule se fixe aux rochers à l'aide de son byssus; la* mytiliculture *est l'élevage de la moule pour l'alimentation. L'Unio et l'Anodonte habitent les eaux douces. La Pholade fore la pierre et le Taret fore le bois. La Tridacne est le plus gros des Lamellibranches.*

Fig. 476. — Granit perforé par des *Pholades.*

CLASSE DES CÉPHALOPODES

Type : *Pieuvre.*

204. Caractères. — La *Pieuvre* et les autres Céphalopodes sont caractérisés par la présence de 8 *bras* placés sur la tête et munis de

Fig. 477. — Anatomie d'un *Céphalopode* (Poulpe).

A, A. manteau ouvert; B, une branchie ; C, entonnoir ; D, intestin; E, poche à encre.

ventouses sur toute leur longueur. Chez certaines espèces il existe en outre deux *tentacules* longs, grêles et ne portant des ventouses qu'à leur extrémité. Les bras et les deux tentacules sont disposés en cercle autour de la bouche et servent à la natation ainsi qu'à la préhension. La bouche est armée d'un bec puissant, rappelant la forme de celui d'un perroquet. Les yeux sont très gros. Le corps des Céphalopodes (*fig.* 477) est contenu dans un sac, qui est le *manteau.* A l'intérieur du manteau, c'est-à-dire dans la chambre palléale, se trouvent les branchies, et à la partie supérieure un organe de forme conique appelé *entonnoir.* C'est par le canal de cet entonnoir que l'animal rejette l'eau qui a baigné ses branchies et qui avait pénétré dans la chambre palléale par les bords du manteau. C'est encore par l'entonnoir que sont rejetés les excréments et aussi, dans certains cas, le contenu de la *poche à encre* (*fig.* 477, E). Cette poche contient un liquide noir que le Céphalopode répand autour de lui quand il

est poursuivi; il échappe ainsi à son ennemi.

❦ *Les Céphalopodes sont caractérisés par la présence de 8 à 10 bras ou tentacules disposés en cercle autour de la bouche et qui sont munis de ventouses; ils servent à la natation et à la préhension. Le contenu de la poche à encre et les excréments sont rejetés par un organe appelé entonnoir.*

205. Types principaux. — Le seul type entièrement mou est le *Poulpe* ou *Pieuvre* (*fig.* 478), possesseur de 8 bras; on le rencontre dans toutes les mers. D'autres types ont une coquille intérieure se présentant comme un os aplati (*fig.* 480, A), situé dans la partie dorsale du corps; tels sont la Seiche et le Calmar, qui ont 8 bras et 2 tentacules.

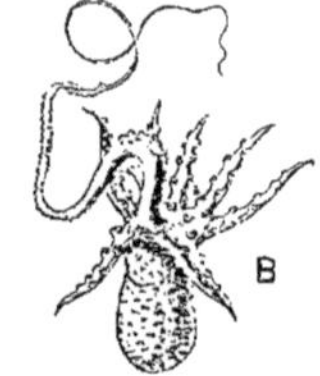

Fig. 479. — *Argonaute :*
A, femelle; B, mâle; long. du corps, 5 cent.

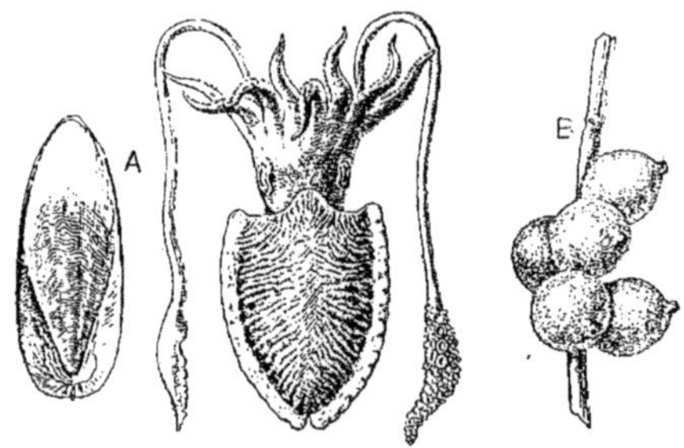

Fig. 480. — *Seiche;* long. du corps, 20 à 25 cm.
A, os ; B, œufs ou *raisin de mer.*

Fig. 478.
Poulpe; longueur du corps, 20 à 25 cm.

Fig. 481.—*Nautile;*
diamètre, 25 cm.

La *Seiche* (*fig.* 480), très commune sur nos côtes, est employée surtout comme appât ; c'est avec le contenu de sa poche à encre que l'on fabrique la couleur nommée *sépia;* ses œufs sont appelés *raisin de mer* (*fig.* 480, B).

Le *Calmar* est également très commun ; ses deux tentacules sont très longs ; on a mesuré des individus dont la taille dépassait 7 mètres. L'*Argonaute* (*fig.* 479) est principalement intéressant par la coquille que possède la femelle ; cette coquille est mince, translucide, et n'est pas fixée, l'animal devant la retenir avec ses deux bras ; le mâle est nu et plus petit. Les différents Céphalopodes que nous venons de signaler ont 2 branchies ; une autre espèce, le *Nautile* (*fig.* 481), en a 4 ; il est remarquable par sa coquille enroulée, cloisonnée et divisée ainsi en plusieurs chambres qu'il a successivement habitées. A mesure que l'animal grossit, il sécrète une nouvelle chambre et abandonne la précédente, restant cependant en relation avec toutes les autres par un siphon qui traverse les cloisons.

❀ *Le Poulpe ou Pieuvre est entièrement mou et possède 8 bras. La Seiche et le Calmar ont 8 bras, 2 tentacules et un os interne. L'Argonaute est caractérisé par la coquille non fixée de la femelle. Le Nautile a une coquille enroulée et cloisonnée.*

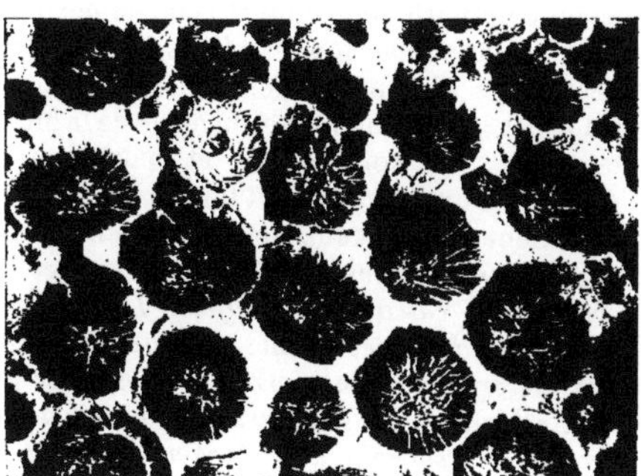

Phot. de M. Aug. Robin.
Fig. 482. — Granit perforé par des *Oursins.*

XI. EMBRANCHEMENT DES ÉCHINODERMES

Type : *Étoile de mer.*

206. Caractères. —L'*Étoile de mer,* comme les autres Échinodermes, est caractérisée par l'épaisseur et la rugosité de la peau ; cet état est dû à la présence de plaques calcaires, petites ou larges, indépendantes ou soudées, mais toujours serrées les unes contre les autres. Chez certaines espèces, cette enveloppe cutanée se complique de piquants plus ou moins longs (*fig.* 483). Un autre caractère est la symétrie très nette, en 5 rayons, du corps de ces animaux.

Fig. 483.—*Oursin livide* partiellement privé de ses piquants; diam., 7 cm.

Cette symétrie est particulièrement visible chez l'Astérie ou Étoile de mer; on la constate également chez l'Oursin dès qu'on le débarrasse de ses piquants (*fig.* 483). Les Échinodermes se meuvent à l'aide de petits organes en forme de tubes, terminés chacun par une petite ventouse ; ces organes sont appelés *pieds ambulacraires,* et chaque rangée de ces pieds est un *ambulacre.* Les espèces de cet embranchement sont toutes marines. On les a divisées en 5 classes, dont nous allons étudier rapidement les types ; ce sont les *Holothuries* ou biches de mer, les *Échinides* ou oursins, les *Stellérides* ou étoiles de mer, les *Ophiurides* ou ophiures et les *Crinoïdes* ou encrines.

❀ *Les Échinodermes sont caractérisés par la structure en plaques calcaires de la peau, la symétrie rayonnée et la locomotion ambulacraire. On les a divisés en 5 classes.*

207. Types principaux. — Les *Holothuries* (*fig.* 486) représentent les espèces les plus molles ; les incrustations calcaires de la peau

Fig. 484. — *Astérie;* diam., 13 cm.

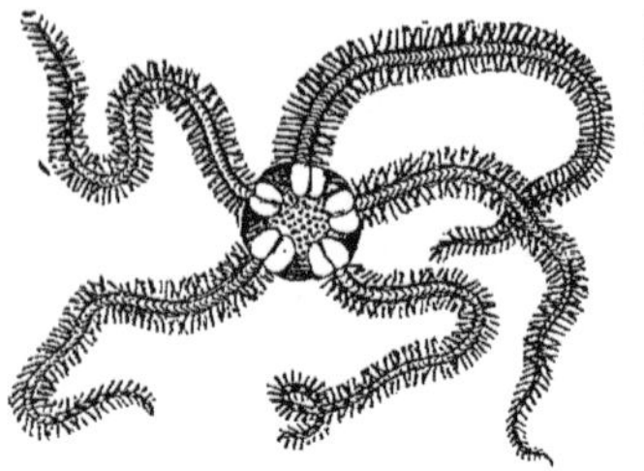

Fig. 485.— *Ophiure;* diam., 11 cm.

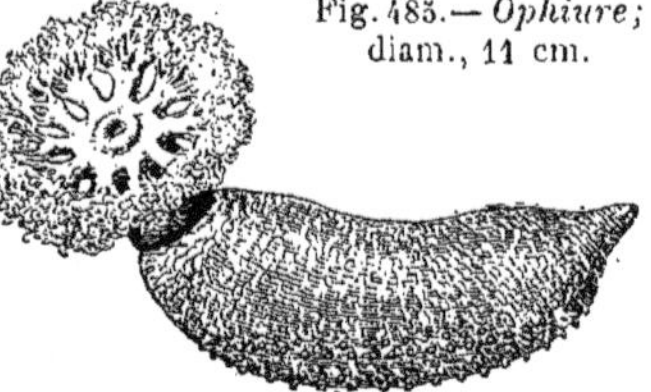

Fig. 486. — *Holothurie;* long., 13 cm.

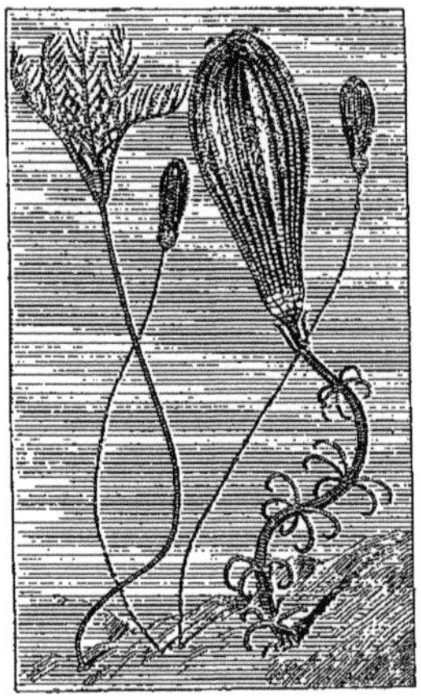

Fig. 487. — *Encrines;* longueur variable.

sont plus ou moins microscopiques. Leur corps est allongé, et les 5 bandes de pieds ambulacraires sont longitudinales et parfois régulièrement espacées, ce qui permet à certains de ces animaux de ramper sur toutes les faces. La bouche, entourée de tentacules, occupe l'une des extrémités du corps. Les *Oursins* (*fig.* 483) ont une enveloppe rigide ou *test*, et les plaques qui la constituent portent des *piquants* de longueur très variable. Ils ont la forme d'une sphère ou d'un œuf tronqués. C'est sur la partie aplatie que repose l'animal, et la bouche s'y trouve ouverte. Un détail assez compliqué de l'appareil digestif est représenté par un organe masticateur très puissant, qui entoure l'œsophage et que l'on appelle *lanterne d'Aristote*. L'*Oursin livide* de nos côtes, ou *châtaigne de mer*, fore des trous dans les roches dures et s'y loge (*fig.* 482); les surfaces ainsi occupées par ces oursins sont visibles en Bretagne et principalement lors des grandes marées; ces Échinodermes sont très rapprochés les uns des autres, mais aucun ne déborde sur le domaine de son voisin. L'Oursin livide est comestible. Les *Astéries* ou *Étoiles de mer* (*fig.* 484) sont formées de 5 bras rayonnant autour du corps ou *disque;* le nombre des bras peut être plus considérable. Les bandes de pieds ambulacraires s'étendent sur toute la longueur des bras. Les plaques calcaires sont fort petites et ne sont pas soudées, ce qui explique les mouvements et la souplesse des bras. Les Astéries peuvent régénérer un ou plusieurs bras perdus; on a même constaté la régénération d'une

Astérie entière sur un bras isolé. L'*Astérie rouge* est commune sur nos côtes. Chez les *Ophiures* (*fig.* 485), les 5 bras ne font pas corps avec le disque et la limite en est très nette; ensuite, ces bras sont grêles et très actifs, car ils sont organes de locomotion sans le concours des pieds ambulacraires. Les *Encrines* (*fig.* 487) n'ont été longtemps connues qu'à l'état fossile; mais des espèces vivantes assez nombreuses ont été recueillies dans les grandes profondeurs. Ces Échinodermes se composent d'une longue tige ou *pédoncule* fixée aux rochers; ce pédoncule porte le disque et celui-ci porte les bras, parfois très ramifiés; l'ensemble a l'aspect d'une élégante végétation. Les espèces littorales, notamment la *Comatule* de la Méditerranée, ne sont fixées et portées sur pédoncule que durant l'état larvaire; elles s'en détachent à l'état adulte et deviennent libres.

Les Holothuries sont allongées, avec incrustations calcaires très fines. Les Oursins sont arrondis avec larges plaques soudées. Les Astéries ont une forme étoilée, avec petites plaques non soudées. L'Ophiure a des bras grêles servant à la locomotion. L'Encrine est portée sur un long pédoncule, au moins dans le jeune âge.

XII. EMBRANCHEMENT DES POLYPES

Type : *Hydre verte.*

208. Caractères. — Nous entrons ici dans le monde des animaux très inférieurs, c'est-à-dire présentant à différents degrés une grande simplicité d'organisation. Les Polypes sont tous aquatiques et presque tous marins ; mais les uns vivent fixés, les autres sont libres ; les uns vivent individuellement, les autres sont groupés en colonies. Le corps de ces êtres est un petit sac muni d'une ouverture servant à la fois de bouche et d'anus ; des tentacules de dimensions très variables entourent cet orifice. La surface de leur corps présente des cellules urticantes, dont le contact fait éprouver une sensation de brûlure due à un venin. Cet embranchement comprend des formes très différentes d'aspect, que nous allons signaler ; ce sont les *Hydres*, les *Méduses*, les *Actinies*, les *Polypes* coloniaux.

❀ *Les Polypes ont une organisation très simple ; ils sont fixés ou libres, isolés ou groupés. Leur corps est un petit sac muni d'une seule ouverture entourée de tentacules ; leur peau contient des cellules à venin.*

209. Hydre, Actinies, Méduses. —L'*Hydre* d'eau douce, ou *Hydre verte* (*fig.* 488), est un être bien petit, mais bien intéressant, qui pullule dans les eaux stagnantes et se tient fixé aux plantes aquatiques. L'Hydre comprend un corps en forme de sac dont la cavité fonctionne comme un appareil digestif. Autour de la bouche se trouvent les bras, au nombre de 6 ou d'un multiple de 6 ; les poches à venin sont disposées sur toute leur longueur ; ces poches contiennent chacune un fil, ou *nématocyste*, qui se détend brusquement pour paralyser la proie qui a été saisie par les bras, et qui se replie aussitôt. Les savants ont étudié l'hydre avec beaucoup de soin ;

Fig. 488. — *Hydre verte.*

et ils ont observé des choses surprenantes. C'est ainsi que les pires mutilations ne détruisent pas l'animal ; tous les morceaux séparés d'un même individu se régénèrent chacun, à tel point qu'une hydre coupée en 50 petits morceaux a donné au bout d'un certain temps 50 individus complets. Ces êtres se reproduisent par bourgeonnement ; une boursouflure apparaît à la base du corps, se développe, se perfore d'une bouche et se garnit de bras : c'est un rejeton, qui se détache bientôt pour vivre seul. Il peut s'en produire plusieurs en même temps, surtout quand le milieu offre de bonnes conditions d'alimentation.

Les *Actinies* ou *Anémones de mer* (*fig.* 490) sont parfois innombrables dans les flaques d'eau qui subsistent à marée basse.

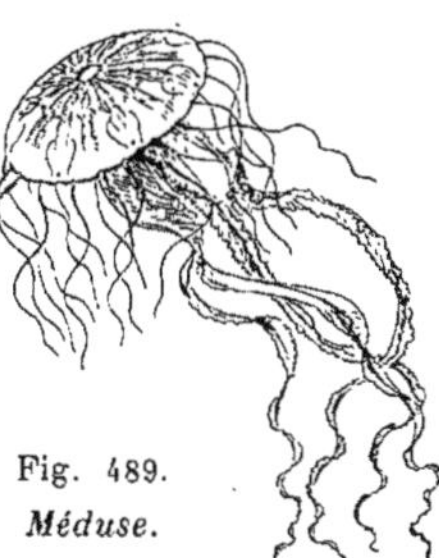

Fig. 489. *Méduse.*

Fig. 490. — *Actinies* ou *Anémones de mer.*

Elles sont cylindriques et courtes, fixées aux rochers par un large pied et couronnées de nombreux tentacules disposés autour de la bouche; leurs couleurs sont très variées; elles semblent de belles fleurs épanouies. On remarque souvent sur le sable des plages des petites masses gélatineuses et informes : ce sont des *Méduses* rejetées par la mer. Durant l'été, notamment au mois d'août, on est parfois surpris de la prodigieuse quantité de corps transparents qui flottent à la surface de l'eau jusque dans les ports de mer : ce sont des Méduses vivantes qui profitent du calme des eaux pour naviguer à la surface. Leur forme générale est une sorte d'ombrelle (*fig.* 489) dont la base du sac digestif représenterait le manche; leur venin est très cuisant.

❀ *L'Hydre est fixée aux herbes aquatiques, elle régénère les pires mutilations et se multiplie par bourgeonnement. Les Actinies sont courtes, cylindriques, couronnées de nombreux tentacules et fixées aux rochers. Les Méduses ont la forme d'une ombrelle dont la base du sac digestif représente le manche; elles sont transparentes et libres.*

210. Polypes coloniaux. — Ces Polypes vivent en colonies sur un édifice calcaire construit par eux. Cet édifice présente fréquemment la forme d'un arbuste; c'est ce qui explique le caractère végétal qu'on lui attribuait autrefois. Les Polypes coloniaux sont de deux sortes : ce sont les *Coraux*, dont chaque individu a 8 tentacules ou un multiple de 8, et les *Madrépores*, qui en ont 6 ou un nombre multiple de 6. Parmi les Coraux, l'espèce la plus connue est le *Corail rouge* de la Méditerranée (*fig.* 4). Les pêcheurs le trouvent jusqu'à 300 mètres de profondeur, fixé aux rochers, mais dissimulé à l'abri des parties surplombantes, et ses colonies se ramifient de haut en bas. Les Madrépores forment d'immenses colonies qui s'étendent au voisinage des côtes dans les mers chaudes. Leur action géologique est très grande; la faculté qu'ils possèdent de fixer le calcaire dissous dans l'eau, et leur accumulation entraînent la formation d'immenses *récifs* qui arrivent

à sortir des eaux pour donner naissance à des terres nouvelles (*fig.* 492). Les récifs bordent ordinairement les côtes; mais ils forment aussi des îles qui ont chacune la forme d'un anneau, c'est-à-dire qui renferment un lac intérieur appelé *lagon;* une île ainsi constituée est un *atoll* (*fig.* 491). Les Madrépores sont développés principalement dans la Micronésie; presque toutes les îles de cette partie de l'Océanie sont des atolls.

❀ *Les Polypes coloniaux vivent sur un édifice calcaire construit par eux. Ce sont les* Coraux, *que l'on pêche dans la Méditerranée, et les* Madrépores, *qui donnent naissance en Océanie à d'immenses récifs et à des îles en forme d'anneaux, ou* atolls.

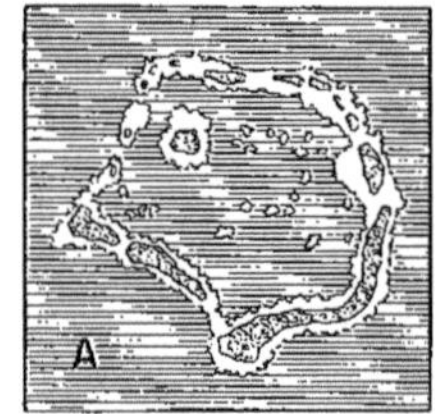
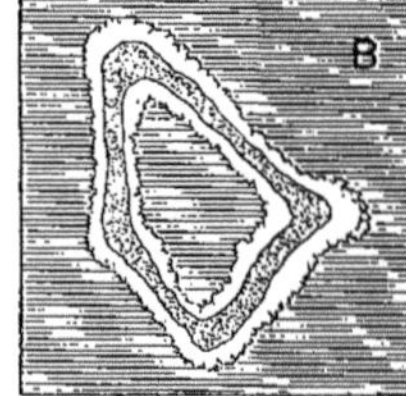

Fig. 491. — Iles coralliennes, ou *Atolls:*
A, Atoll incomplet; B, complet.

Fig. 492. — Un banc de *Coraux* à marée basse.

XIII. EMBRANCHEMENT DES SPONGIAIRES

Type : *Éponge.*

211. Caractères. — Les Spongiaires ou Éponges vivent presque toujours en *colonies,* mais la description d'une Éponge *simple* n'est pas inutile. Elle comprend un sac fixé par la base au sol submergé ; ce sac porte une ouverture, ou *oscule,* à la partie supérieure et un certain nombre de trous sur l'étendue de ses parois. A l'intérieur, l'animal, qui est muni de cils toujours en mouvement, fait appel à l'eau extérieure par ces trous, et la chasse par l'oscule ; il se nourrit ainsi de tous les éléments nutritifs tenus en suspension dans cette eau. Il en est de même de chaque individu dans une Éponge coloniale. Les Spongiaires sont soutenus par un squelette construit par eux et qui peut être calcaire, corné ou siliceux ; il est constitué soit par des petites épines isolées ou *spicules,* soit par des fibres ou réseaux de fibres. C'est ainsi que les éponges du commerce représentent le squelette corné et fibreux de différentes espèces que l'on pêche activement. Les quelques espèces d'eau douce sont siliceuses et appartiennent au genre *Spongille ;* toutes les autres sont marines, depuis l'espèce commune (*fig.* 493, A), le *Gant de Neptune* (*fig.* 493, B) et l'*Axinelle* (*fig.* 494), jusqu'à la merveilleuse *Euplectelle* du Japon (*fig.* 496), blanche et ajourée comme une dentelle. Les principales pêcheries européennes sont sur les rivages de Grèce, de Syrie et de Tunisie (*fig.* 495) ; la récolte est faite surtout par des plongeurs qui descendent sur les fonds de 10 à 15 mètres et arrachent les éponges. On emploie aussi des scaphandriers. Après la pêche on débarrasse les éponges de la matière vivante ; dans ce but, elles sont piétinées, pressées et lavées, puis macérées dans une solution d'acide sulfurique très étendue d'eau.

✸ *Une Éponge simple se compose d'un sac à ouverture supérieure et dont les parois sont trouées. Cependant presque toutes les éponges forment des colonies à squelette calcaire, corné ou siliceux. Les Spongilles sont d'eau douce, les autres éponges sont marines.*

Fig. 494.
Axinelle.

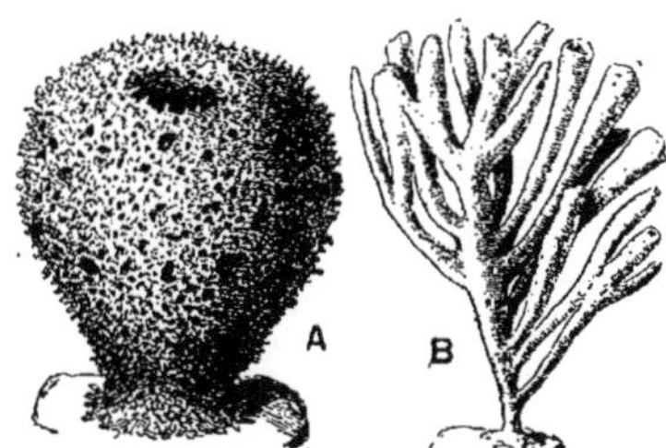

Fig. 493. — *Éponges :*
A, *commune ;* B, *Gant de Neptune.*

Fig. 495. — Pêcheurs d'*éponges,* sur les côtes de la Méditerranée.

Fig. 496.
Euplectelle.

XIV. EMBRANCHEMENT DES PROTOZOAIRES

Type : *Vorticelle.*

212. Types principaux. — Nous avons atteint ici le degré le plus inférieur connu de la vie animale ; presque tous les êtres y sont microscopiques et formés d'une ou de plusieurs cellules semblables, et lorsqu'on arrive à l'étude des plus simples d'entre eux on rencontre en même temps les derniers des végétaux. On s'aperçoit alors que les deux règnes se confondent par la base. Parmi les Infusoires, nous citerons les *Vorticelles* (*fig.* 497), qui se présentent en petites colonies de clochettes vivantes portées par un pédicule contractile ; elles se nourrissent en créant un courant d'eau à l'aide de cils vibratiles, car elles sont fixées. Chez la *Paramécie* les cils servent à la locomotion. Les *Noctiluques* produisent la *phosphorescence* des eaux de la mer. Parmi les Rhizopodes nous remarquerons les *Foraminifères*, à carapace calcaire, et les *Radiolaires*, à squelette siliceux (*fig.* 497). Ces microorganismes pullulent à la surface des mers et ils se multiplient avec une rapidité extraordinaire ; leurs débris forment sur le fond des océans une vase extrêmement fine.

Fig. 497. — *Vorticelle.*

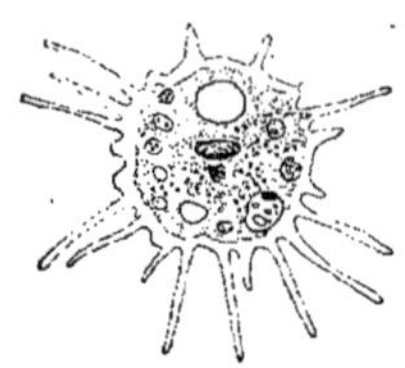

Fig. 498. — *Amibe.*

Plus bas encore dans la série zoologique, nous trouvons les *Amibes* (*fig.* 498), qui sont *unicellulaires*, c'est-à-dire formées d'une seule cellule ; toute leur organisation se réduit à un peu de protoplasma avec un ou plusieurs noyaux ; elles se reproduisent par une simple division. Les *Monères* n'ont qu'un noyau extrêmement difficile à distinguer, mais ici nous approchons de plus en plus du domaine végétal : les microbes animaux passent aux bactéries ; notre tâche est terminée.

Les Protozoaires sont ordinairement microscopiques ; ce sont les animaux les plus inférieurs, et les derniers se confondent avec les végétaux. Ce sont les Infusoires, les Rhizopodes (Foraminifères et Radiolaires), les Amibes et les Monères, ces dernières passant aux bactéries.

XIV. — TABLEAU-RÉSUMÉ DES CARACTÈRES DES EMBRANCHEMENTS

SQUELETTE	SYMÉTRIE	CARACTÈRES PRINCIPAUX		NOMS DES EMBRANCHEMENTS	EXEMPLES
Interne, avec colonne ver- tébrale.	Bilatérale.	Système nerveux derrière le tube digestif.		VERTÉBRÉS	*Chat.*
	Bilatérale.	Corps divisé en anneaux.	Pattes articulées.	ARTICULÉS.	*Abeille.*
			Pattes non articulées ou pas de pattes. . . .	VERS	*Lombric.*
		Corps mou, non annelé, souvent une coquille.		MOLLUSQUES	*Escargot.*
Pas de colonne vertébrale.	Rayonnée.	Tube digestif distinct		ÉCHINODERMES.	*Étoile de mer.*
		Pas de tube digestif distinct ; la cavité digestive est un sac à une seule ouverture.		POLYPES.	*Corail.*
INVERTÉBRÉS.		Corps ramifié ou massif, non rayonné.		SPONGIAIRES.	*Éponge.*
		Animaux inférieurs, ordinairement microscopiques, formés d'une cellule ou de plusieurs cellules semblables.		PROTOZOAIRES.	*Vorticelle.*

(ÉCHINODERMES, POLYPES et SPONGIAIRES groupés sous ZOO-PHYTES.)

INDEX ALPHABÉTIQUE ET ÉTYMOLOGIQUE

DES TERMES ZOOLOGIQUES ET NOMS CITÉS DANS LE VOLUME.

Tous les chiffres renvoient aux *paragraphes;* les chiffres en caractères gras **(172)** indiquent les paragraphes où les termes zoologiques sont *définis.*

A, B

Abeille, 164, 170, **172.**
Ablette, 156.
Absorption, **12.**
Acanthoptérygiens (du grec *akantha,* épine, et *pterugion,* nageoire), **154, 155.**
Acariens (du gr. *akari,* mite), **188, 191.**
Acéphales (du gr. *a* privatif, et *kephalé,* tête), 202.
Actinies, 208, 209.
Aigles, 115, 117, 119, **120.**
Albatros, 115, **131.**
Alligator, 138.
Alouattes, 49, **50.**
Alouette, 117.
Alpaca, 93, 108.
Altises, 187.
Alyte, 148.
Amblystome, 149.
Amibes, 212.
Amphibies (du gr. *amphô,* tous les deux, et *bios,* vie), 149.
Anabas, 154.
Anatifes, 195.
Anatomie de l'homme, 3 à 32.
Anchois, 157.
Ane, ânesse, 96, 108, 109.
Anémones de mer, 209.
Anguille, 156.
Annélides (du latin *annellus,* anneau), 196, **197.**
Anodonte, 203.
Anoures (du gr. *an* priv., et *oura,* queue), 147, **148.**
Anthropoïdes (du gr. *anthrôpos,* homme, et *eidos,* ressemblance), 40, 44, 45, 46.
Antilopidés (de *antilope*), 87.
Apodes (du gr. *a* priv., et *podos,* pied), 149.
Aptères (du gr. *a* priv., et *pteron,* aile), 170.
Aptéryx, 135.
Apus, 195.
Ara, 123.
Arachnides (du gr. *arachné,* araignée), 164, **188 à 191.**

Araignées, 164, 188, **189.**
Araignée d'eau, 176.
Araignées (Singes), 50.
Arctopithèques (du gr. *arktos,* le nord, et *pithékos,* singe), 49, **50.**
Arénicole (du lat. *arena,* sable, et *colo,* j'habite), 197.
Argonaute, 205.
Argynnes, 182.
Argyronète (du gr. *arguros,* argent, et *nétos,* filé), 189.
Arion roux, 201.
Arpenteuse, 183.
Arthropodes (du gr. *arthron,* article, et *podos,* pied), 164.
Articulés, 35, **164 à 195.**
Ascarides, 198.
Assimilation, **21.**
Astérie, 206, **207.**
Asticot, 184.
Atèles, 49, 50, 108.
Aurochs, 90.
Autruche, 116, 119, **135.**
Axinelle, 211.
Axolotl, 149.
Aye-aye, 51.
Babiroussa, 82.
Balane, 195.
Baleine, 37, 100, **102,** 109.
Barbeau, 156, 163.
Bartavelle, 126.
Batraciens (du gr. *batrachos,* grenouille), 36, **146 à 149.**
Baudroie, 155.
Bécasse, bécassine, 128.
Belette, 63.
Bergeronnette, 134.
Bernard-l'ermite, 194.
Bête à bon Dieu, **178,** 186.
Biches de mer, 206.
Biset, 124.
Bison, 89, 108.
Blaireau, 61, 62.
Blatte, 179.
Boa, 142.
Bœuf, 37, 83, 84, 87, 88, **89, 90,** 108, 109.
Bombyx, **169,** 170, **183,** 186.
Bouquetin, 88, 108.
Bousiers, 178.

Bovidés (du lat. *bovis,* bœuf), 87, 89, 90.
Branchies, 146, 147, 149, **150, 153,** 197, 199.
Branchipe, 195.
Bréchet, **113,** 119, 135.
Brème, 156.
Brochet, **156,** 163.
Broyeurs (Insectes), 166, **167,** 171, 177, 179, 180.
Buccin, 201.
Buffle, 89, 108, 109.
Buse, 120.

C

Cabiai, 77, 108.
Cacatoès, 123.
Cachalot, **101,** 109.
Caille, 117, **126.**
Caïman, 137, **138.**
Calamite, 148.
Calandre du blé, **178,** 187.
Calmar, 205.
Caméléon, 139.
Camélidés (du lat. *camelus,* chameau), 84, **92, 93,** 107.
Campagnol, 75, 110.
Canard, 116, 117, 118, 119, **130.**
Cancrelat, 179.
Canepetière, 127.
Canidés (du lat. *canis,* chien), 52, **58,** 59.
Capridés (du lat. *capra,* chèvre), 87, **88.**
Carabe doré, **178,** 186.
Caret, 137, **140.**
Carinates (lat. *carina,* carène), 119.
Carnivores (du lat. *carnis,* chair, et *voro,* je dévore), 37, **52 à 65,** 110.
Carpe, 25, **156,** 163.
Carrelet, 157.
Casoar, 135.
Casque, 201.
Castor, 72, 74, 109.
Cavicornes (du lat. *cavus,* creux, et *cornu,* corne), 84, **87 à 90.**
Cécilie, 149.
Cellule, 3, 16, 212.
Céphalopodes (du gr. *kephalé,* tête, et *podos,* pied), 199, 204, **205.**

TABLE DES MATIÈRES

Paris. — Imp. Larousse, 17, rue Montparnasse.

Phot. de M. F. Faideau.

Fig. 1. — Paysage fleuri; *buisson d'Aubépine.*

BOTANIQUE

I. ORGANES VÉGÉTATIFS

1. Variété des plantes; leurs caractères. —
La Botanique étudie les *plantes* ou *végétaux.*
L'étude de la Zoologie nous a montré combien
sont variées les formes et l'organisation des
animaux; celles des végétaux ne le sont pas
moins. Les herbes des prairies se rapportent
à de nombreuses espèces : elles ne constituent
pourtant qu'une faible portion du domaine
botanique; les arbres des forêts, les arbustes
des buissons (*fig.* 1), les plantes des étangs,
les fougères et les mousses des bois, les algues
de la mer et des eaux douces, les champignons
des prés et des forêts, et même les lichens, simples croûtes jaunâtres fixées sur les écorces et
les pierres, en font aussi partie.

Comme les animaux, les plantes sont des
êtres *vivants;* comme eux, elles sont composées de parties microscopiques ou *cellules* formées de *protoplasme*, matière analogue au
blanc d'œuf (*fig.* 3, A); comme eux, elles naissent, se nourrissent, s'accroissent, se reproduisent et meurent; mais elles s'en distinguent :
1° par la présence presque constante d'une
matière verte, la *chlorophylle;* 2° par leur
fixation au sol; 3° par l'absence habituelle de
sensibilité et de mouvement volontaire.

La Botanique se divise en plusieurs sciences ; nous citerons, pour l'instant, la *Botanique descriptive*, qui étudie les formes extérieures des végétaux ; l'*Anatomie*, qui s'occupe de leur structure interne, examinée au microscope sur des coupes minces ; la *Physiologie*, ou étude du fonctionnement de leurs organes.

✳ *Les* plantes *sont, comme les animaux,* variées *de formes et d'organisation ; ce sont aussi des êtres* vivants *et elles sont formées de* cellules *; mais, contrairement aux animaux, elles sont colorées d'ordinaire par une* matière verte ou chlorophylle, *sont* fixées *au sol, et n'ont ni* sensibilité *ni* mouvement *volontaire.*

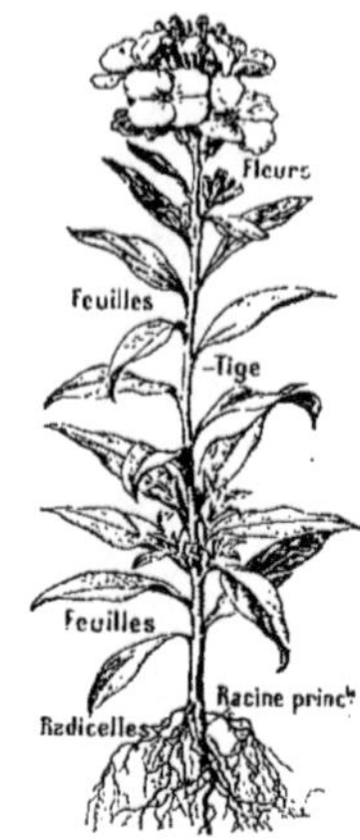

Fig. 2.
Giroflée entière.

2. Organes d'une plante supérieure. — Examinons la *Giroflée jaune* (*fig.* 2), qui orne les vieilles murailles et les parterres de nos jardins ; elle est fixée au sol par un long pivot, ou *racine*, couvert de ramifications ; au-dessus de la racine se dresse la *tige*, ramifiée aussi et

terminée par des lames vertes ou *feuilles*. Ces trois membres, racine, tige, feuille, entretiennent la vie de la plante et sont nécessaires à sa nutrition : ils forment *l'appareil végétatif*. Au mois de mars, et jusqu'en mai, quand la Giroflée a atteint une certaine taille, on voit s'épanouir à l'extrémité des tiges des *fleurs* jaunes, odorantes, formées de feuilles spéciales, modifiées. La fleur n'est pas indispensable à la vie de la plante ; son rôle est d'en perpétuer l'espèce : c'est *l'appareil reproducteur*. La fleur donnera le *fruit*, qui contient les *graines*. De celles-ci, mises en terre dans des conditions favorables, proviendront plus tard de nouvelles plantes, semblables à celles qui les ont formées.

La Giroflée et les autres plantes à fleurs, ou *Phanérogames*, sont les plus élevées en organisation ; leurs cellules ont des formes qui varient avec les divers organes et leurs fonctions ; il y en a de longues, pointues aux deux bouts, et que l'on nomme *fibres* (*fig.* 3, C), d'autres qui se placent bout à bout et forment des tubes ou *vaisseaux* (*fig.* 3, E et F), destinés à conduire les liquides qui circulent dans la plante. Cellules, fibres et vaisseaux se groupent pour former des *tissus* (*fig.* 3, B).

Les plantes sans fleurs, ou *Cryptogames*, comme les Fougères, les Mousses, les Champignons, ont une organisation moins complexe dont nous dirons quelques mots, après avoir étudié les plantes à fleurs.

✳ *Les plantes les plus élevées en organisation se nourrissent à l'aide de trois membres :* racine, tige, feuille, *formant l'appareil végétatif, et se reproduisent par des* fleurs ; *leurs cellules sont différenciées en* fibres *et en* vaisseaux. *Les plantes sans fleurs ont une organisation moins complexe ; telles sont les Mousses.*

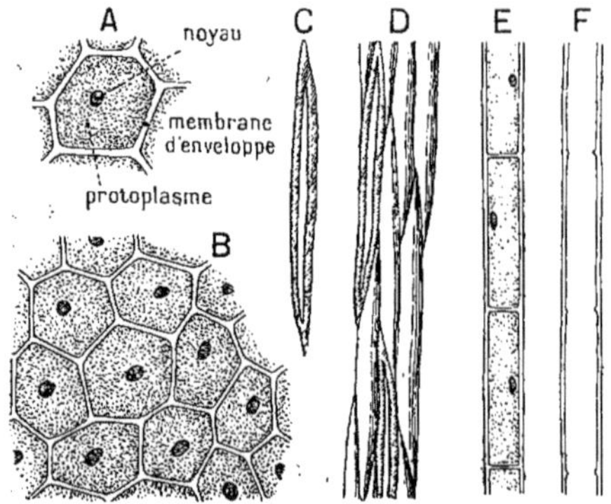

Fig. 3. — *Éléments* d'une plante vus au microscope ; A, B, cellules ; C, D, fibres du bois ; E, F, vaisseaux.

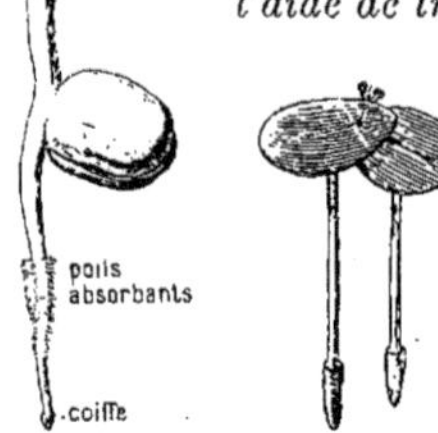

Fig. 4.
Racine principale d'une jeune Fève.

Fig. 5.
Racine et *coiffe* de la Lentille d'eau.

LA RACINE

3. Racine principale. — La *racine principale* est le premier organe qui sort d'une graine en germination ; elle s'enfonce verticalement de haut en bas dans la terre, ne porte pas de feuilles, et n'est jamais verte. Un petit corps jaunâtre, résistant, la *coiffe* (*fig.* 4), recouvre sa pointe et la protège contre les frottements, à mesure qu'elle s'enfonce dans le sol, ou, s'il s'agit d'une plante d'eau (*fig.* 5), contre les attaques extérieures. Au-dessus de la coiffe est une région lisse, puis, sur une longueur de 2 à 3 centimètres, un manchon conique de fins filaments, les *poils absorbants*, ou *poils radicaux* (*fig.* 4 et 6). A mesure que la racine grandit, ceux du haut tombent, ceux qui sont au-dessous s'allongent, et il s'en forme d'autres plus bas. Tout le reste de la racine est nu jusqu'au *collet*, région qui la sépare de la tige. Ces filaments ne se forment pas sur les racines qui baignent dans l'eau ; on ne les voit bien que sur les racines provenant de

Fig. 6.
Racine portant des *radicelles*.

graines placées dans de la mousse humide.

※ *La racine principale est dépourvue de feuilles et de matière verte ; elle se termine par une coiffe protectrice, et porte, près de sa pointe, un manchon de poils absorbants.*

4. Ramification ; forme des racines. — La racine principale se ramifie ordinairement en racines secondaires, qui elles-mêmes en portent d'autres (*fig.* 6). On les nomme *radicelles ;* elles s'enfoncent obliquement dans la terre, disposition avantageuse pour la fixation et la nutrition de la plante ; chaque radicelle a exactement les mêmes caractères que la racine principale.

On nomme *racines adventives* celles qui se développent en des points variables, par exemple sur les tiges du Lierre (*fig.* 17).

Lorsque la racine principale est beaucoup plus grosse que les autres, elle est dite *pivotante ;* telles sont celle de la Giroflée (*fig.* 2), du Salsifis (*fig.* 7) ; quand, au contraire, on ne la distingue pas des autres, l'ensemble des racines est dit *fasciculé*, comme chez le Blé (*fig.* 8). Des racines renflées par l'accumulation de matières de réserve sont dites *tuberculeuses*, qu'elles soient pivotantes, comme chez la Betterave (*fig.* 9), ou fasciculées, comme les racines du Dahlia (*fig.* 10).

※ *La racine principale porte des ramifications ou radicelles qui ont la même structure qu'elle-même ; si elle est plus grosse que ces dernières, elle est pivotante ; l'ensemble des racines est fasciculé dans le cas contraire. Les racines tuberculeuses sont celles que renflent des matières de réserve.*

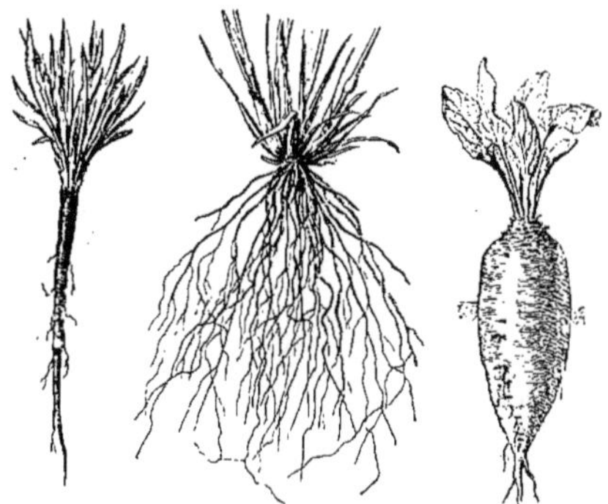

Fig. 7.
Racine
pivotante
du Salsifis.

Fig. 8.
Racine
fasciculée
du Blé.

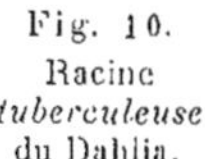

Fig. 9.
Racine
tuberculeuse
de la Betterave.

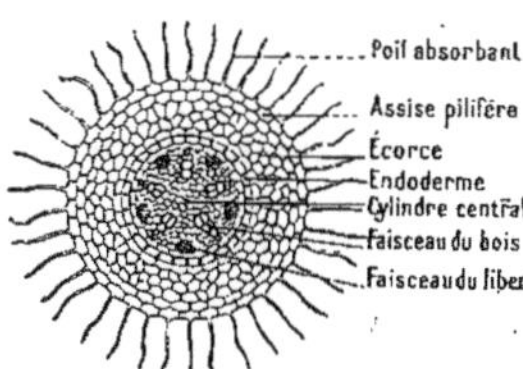

Fig. 10.
Racine
tuberculeuse
du Dahlia.

Fig. 11.
Structure d'une racine
dans la région
des poils absorbants.

5. Structure de la racine. — La structure, c'est-à-dire la conformation interne de la racine, s'étudie en examinant au microscope des rondelles très minces, découpées dans cet organe à l'aide d'un rasoir. Elle n'est pas la même à tous les niveaux ; elle varie avec l'âge de la région considérée ; les parties les plus jeunes sont voisines de la coiffe. Une rondelle prise dans la région des poils absorbants se montre formée de deux cercles concentriques : l'*écorce* et le *cylindre central* (*fig.* 11). L'écorce comprend plusieurs rangées de cellules, dont les plus externes présentent des prolongements, qui sont les poils absorbants. Le cylindre central est formé d'une masse de cellules dans laquelle on distingue des taches sombres régulièrement disposées ; on les nomme *faisceaux,* et il en est de deux sortes qui alternent : 1° les faisceaux *du bois* ou *ligneux,* formés essentiellement de vaisseaux qui conduisent un liquide clair, la *sève brute* ou montante (Paragraphe 6) ; 2° les faisceaux du *liber,* renfermant les *tubes criblés* qui conduisent un liquide épais, la *sève élaborée,* venant des feuilles. La région cellulaire placée au centre de la racine est la *moelle,* qui est réunie à l'écorce, entre les faisceaux, par les *rayons médullaires.* Plus haut, la racine est plus âgée, plus dure ; sa structure change : elle est à peu près semblable à celle d'un tronc d'arbre (**11**).

❈ *L'examen microscopique d'une mince tranche de la racine la montre formée de deux régions concentriques : l'écorce et le* cylindre central. *Ce dernier renferme les faisceaux du* bois, *dans lesquels circule la* sève brute, *et les faisceaux du* liber, *dans lesquels circule la* sève élaborée.

6. Fonctions des racines. — Les racines fixent la plante au sol. Elles respirent comme toutes les autres parties du végétal, c'est-à-dire absorbent de l'oxygène et dégagent du gaz carbonique, aussi une plante meurt-elle quand ses racines sont placées dans une terre trop tassée. Les racines tuberculeuses sont des organes dans lesquels s'accumulent les réserves alimentaires que la plante utilisera

plus tard. La fonction essentielle des racines est d'absorber l'eau du sol et les matières minérales destinées à nourrir la plante. Ce liquide, qui constitue la sève brute, est variable avec la nature du sol ; il pénètre uniquement par les poils absorbants, parvient jusqu'aux vaisseaux du bois, et s'élève vers la tige.

❈ *La racine* fixe *la plante au sol ; elle* respire ; *elle peut devenir un organe de* réserves ; *sa fonction essentielle est l'absorption de l'eau et des matières minérales contenues dans la terre.*

LA TIGE

7. Tige principale. Bourgeons. — La *tige principale* est un axe qui continue la racine principale ; elle se dresse verticalement dans l'air, et à l'inverse de la racine elle croît de bas en haut et porte des feuilles ; de plus, elle est d'ordinaire verte au début de son développement. Au point où une feuille s'attache est un léger renflement, ou *nœud* (*fig.*12) ; un *entre-nœud* est l'espace qui sépare deux nœuds consécutifs. Plus on va vers le haut de la tige, plus les feuilles sont jeunes, petites et rapprochées ; finalement elles se recouvrent, protègent et cachent le sommet, formant ce qu'on nomme le *bourgeon terminal* (*fig.*14). A l'aisselle

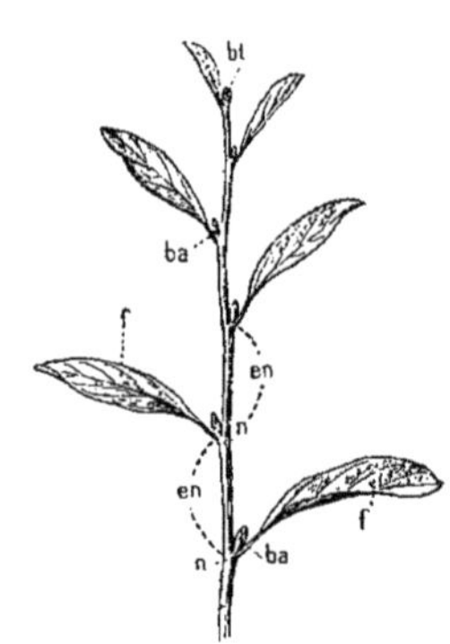

Fig. 12. — *Tige :*
f, feuilles ; *ba,* bourgeon axillaire ;
bt, bourgeon terminal ;
n, nœud ; *en,* entre-nœud.

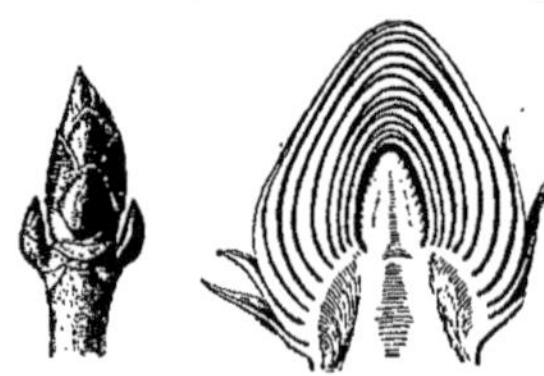

Fig. 13.　　　　Fig. 14.
Bourgeon.　*Coupe* d'un bourgeon.

de chaque feuille, c'est-à-dire dans l'angle formé vers le haut par la feuille avec la tige, il y a toujours un bourgeon, constitué de la même façon que le bourgeon terminal, mais plus petit ; c'est le bourgeon *axillaire* ou *latéral*, qui en se développant donnera une branche. Les bourgeons *adventifs* sont ceux qui ne naissent pas à l'aisselle d'une feuille, mais sur une tige blessée. Les bourgeons des arbres de nos pays (*fig.* 13 et 14) apparaissent en été, passent l'hiver au repos et ne se développent qu'au printemps ; ils sont protégés contre le froid par des écailles coriaces, souvent résineuses, et munis intérieurement de poils cotonneux. L'aspect et la couleur des bourgeons varient avec chaque arbre. On nomme *préfoliation* la façon dont les jeunes feuilles, en grandissant, se plissent et se recouvrent pour parvenir à se loger dans le bourgeon.

✻ *La tige principale continue dans l'air la racine principale ; elle porte des feuilles qui, de plus en plus petites et serrées, forment à son sommet le bourgeon terminal. A l'aisselle de chaque feuille est le bourgeon axillaire, qui donnera une branche.*

8. **Direction ; ramification.** — La tige ne se maintient verticale que lorsqu'elle est également éclairée de tous côtés ; s'il n'en est pas ainsi, elle se courbe, et son sommet se dirige vers l'endroit le plus éclairé.

Fig. 15.
Palmier sagoutier.

Fig. 16.
Bouleau blanc.

Fig. 17.
Tige
grimpante
du Lierre.

Fig. 18.
Tige
volubile
du Houblon.

Fig. 19.
Vrille
de
la Vigne.

La plupart des Palmiers (*fig.* 15 et 113) ont une tige non ramifiée, ou *stipe*, qui se termine par une couronne de feuilles ; mais chez les autres arbres (*fig.* 16) la tige principale, ou *tronc*, porte ordinairement des tiges de second ordre qui, elles-mêmes, en portent d'autres. On les nomme

Fig. 20. — Tige
rampante du Fraisier.

branches ou *rameaux* ; elles sont obliques par rapport à la tige principale, disposition avantageuse pour porter les feuilles à la lumière. Les proportions relatives de la tige et des rameaux, ainsi que la disposition de ces derniers, donnent à chaque plante son *port* particulier.

✻ *La tige principale n'est verticale que lorsqu'elle est partout également éclairée ; sinon elle s'incline vers la lumière ; elle porte presque toujours des ramifications ou branches.*

9. **Différentes sortes de tiges.** — Une tige est *herbacée* quand elle est verte, flexible, et ne dure qu'une saison ; une tige *ligneuse*, au contraire, comme celle des arbres et des arbustes, peut acquérir un grand développement et durer un nombre d'années considérable. A un autre point de vue, on distingue : 1° les tiges *dressées* (*fig.* 15 et 16), assez fortes pour se soutenir par elles-mêmes ; 2° les tiges *grimpantes,* qui s'élèvent en s'aidant d'un support

le long duquel elles se fixent par des racines adventives, comme le Lierre (*fig.* 17), ou par de petits organes enroulables nommés *vrilles*, comme la Vigne (*fig.* 19), ou autour duquel elles s'enroulent, comme

Fig. 21. — Tiges *souterraines* :

A, rhizome (Sceau de Salomon);
B, tubercules (Pomme de terre);
C, bulbe ou oignon (Jacinthe).

le Liseron, le Houblon (*fig.* 18), dont la tige est dite alors *volubile*; 3° les tiges *rampantes*, qui sont molles et courent sur le sol, telles sont celles de la Pervenche et du Fraisier (*fig.* 20).

La plupart des tiges sont *aériennes*, mais il est des plantes dont la tige est *souterraine*, du moins partiellement. La partie souterraine se nomme *rhizome* quand son aspect est tout à fait celui d'une racine (*fig.* 21, A), seule la présence de bourgeons et de feuilles réduites à de petites écailles en montre la véritable nature. Un *tubercule* est un rhizome gonflé de matières de réserves (*fig.* 21, B); un *bulbe* ou *oignon* est une sorte de bourgeon souterrain qui porte des écailles plus ou moins développées, se recouvrant (*fig.* 21, C).

❊ *Au point de vue de leur consistance et de leur durée, les tiges sont* herbacées *ou* ligneuses; *elles peuvent être aussi* dressées, grimpantes *ou* rampantes. *Certaines tiges ont une partie souterraine que l'on nomme* rhizome, tubercule *ou* bulbe.

10. Structure d'une jeune tige. — La structure de la tige, comme celle de la racine (5), n'est pas la même à tous les niveaux; elle varie avec l'âge de la région considérée : la partie la plus jeune est le bourgeon terminal; c'est son développement continu, sauf pendant l'hiver, qui détermine la croissance *en longueur*. Une rondelle mince, sectionnée un peu au-dessous du bourgeon terminal, et examinée au microscope, montre, comme dans la

racine, l'*écorce* et le *cylindre central*, ce dernier renfermant les faisceaux du bois et ceux du liber qui, ici, sont rapprochés et non séparés; mais ils ont les mêmes fonctions que dans la racine.

❊ *La structure d'une tige varie avec l'âge. Une coupe mince d'une jeune tige, examinée au microscope, se montre formée de deux régions concentriques :* l'écorce *et le* cylindre central.

11. Structure d'un tronc d'arbre. — Au lieu de découper une mince rondelle près de l'extrémité d'une jeune branche d'un arbre, faisons une coupe de son tronc. On y distingue trois parties concentriques : l'*écorce*, le *bois* et la *moelle* (*fig.* 22 et 23). Entre l'écorce et le bois est une région plus claire, la *zone génératrice*, ou *cambium*, qui, par la division de ses cellules pendant toute la vie de la plante, détermine la croissance *en épaisseur*. Chaque année cette zone forme une couche de bois vers l'intérieur, une couche de liber vers l'extérieur.

1° L'*écorce*, qui se sépare aisément du bois dans les branches encore jeunes, comprend le liège, l'écorce proprement dite et le liber. Le *liège*, partie externe, protectrice, se détache par lambeaux ou se crevasse; dans le Chêne-liège il devient épais,

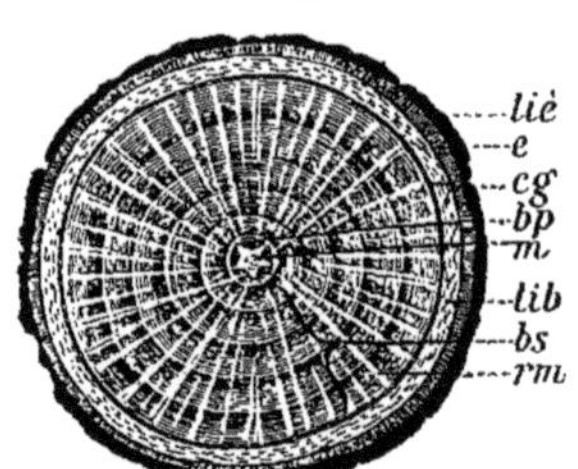

Fig. 22. — Coupe transversale
d'un *tronc d'arbre* :

m, moelle; *bp*, bois primaire; *bs*, bois;
rm, rayons médullaires; *cg*, couche
génératrice; *lib*, liber; *e*, écorce;
liè, liège.

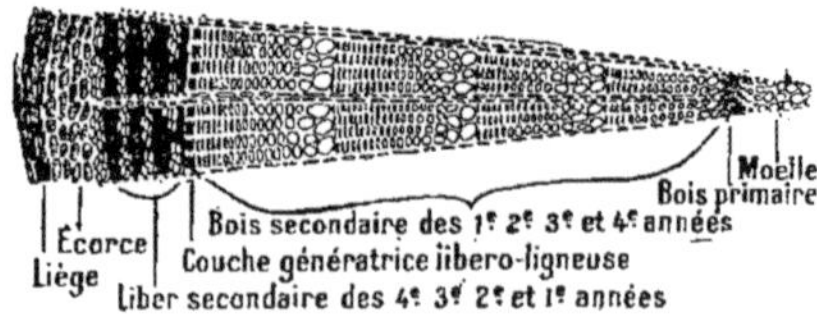

Fig. 23. — Coupe d'un secteur de *tronc d'arbre*.

très léger, parce que ses cellules ne contiennent plus que de l'air, et on l'utilise. Le *liber* est formé de couches minces superposées, dont les plus âgées sont vers l'extérieur.

2° Le *bois* constitue la plus grande partie du tronc; il est formé de fibres résistantes et de vaisseaux et comporte, en nos pays, autant de couches que l'arbre a d'années. Ces couches sont distinctes parce que chacune d'elles comprend une partie riche en gros vaisseaux formés au printemps, et une autre, composée de vaisseaux étroits formés à l'automne. Les couches les plus âgées sont voisines du centre; elles sont dures et foncées : c'est le *cœur*, ou bois *parfait;* le bois le plus jeune, ou *aubier*, voisin de la zone génératrice, est blanc et riche en eau.

3° La *moelle*, formée de cellules arrondies, toutes semblables, est reliée à l'écorce par les *rayons médullaires;* presque nulle chez le Chêne et les autres arbres à bois dur, grande chez le Sureau, elle est toujours plus développée dans la tige que dans la racine du même arbre. Les Palmiers ont une structure différente de celle que nous venons de décrire, et de celle de la plupart des arbres de nos pays.

※ *La section transversale d'un tronc d'arbre montre trois régions concentriques : l'écorce, le bois, la moelle. L'écorce est séparée du bois par la zone génératrice, qui préside à l'accroissement en épaisseur; elle forme chaque année une couche de liber vers l'extérieur, une couche de bois vers l'intérieur, de sorte que le bois le plus âgé, ou cœur, est près du centre; le plus jeune, ou aubier, voisin de la zone génératrice. Le nombre des couches de bois indique l'âge de l'arbre.*

12. Fonctions de la tige. — La tige supporte les feuilles et les fleurs; elle respire; elle peut devenir le siège de réserves nutritives soit dans ses parties aériennes, comme la tige renflée du Chou-rave, soit dans ses parties souterraines, rhizomes ou tubercules. Elle sert d'intermédiaire entre les racines et les feuilles : par ses vaisseaux du bois elle conduit la sève brute des racines aux feuilles, par les tubes criblés du liber elle ramène la sève

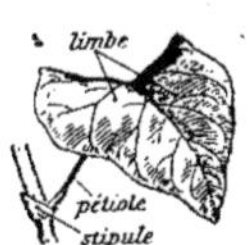

Fig. 24. — *Feuille* de Sarrasin.

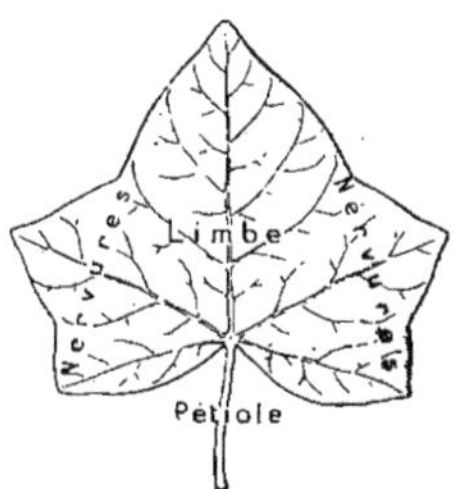

Fig. 25. — Schéma de la *feuille* de Lierre.

élaborée, qui vient des feuilles, à tous les points où elle est utile.

※ *La tige a un rôle de* soutien; *elle* respire; *elle peut devenir un organe de* réserves; *elle sert d'intermédiaire entre les racines et les feuilles pour conduire la sève brute et la sève élaborée.*

LA FEUILLE

13. Différentes parties. Durée. — La feuille est un organe plat et vert (*fig.* 24), toujours porté par une tige. Elle comprend : 1° le *limbe*, région large, terminale, essentielle; 2° le *pétiole*, ou *queue*, qui se ramifie en *nervures* (*fig.* 25) dans le limbe et l'éloigne de la tige; le pétiole manque souvent. Beaucoup de feuilles ont, de plus, une *gaine*, partie élargie qui relie le pétiole au nœud et peut entourer ce dernier; et des *stipules*, lames vertes insérées à la base du pétiole et de chaque côté. Chez la plupart de nos plantes, les feuilles, sorties du bourgeon au printemps, tombent à l'automne : elles sont *caduques;* chez le Houx, le Pin, elles durent plusieurs années et ne tombent pas toutes à la fois : elles sont *persistantes.*

※ *La feuille est un organe plat et vert, porté par la tige; elle comprend le* limbe *et le* pétiole, *et parfois, de plus, une* gaine *et des* stipules. *Les feuilles sont* caduques *ou* persistantes.

14. Nervation. — La nervation, ou disposition des nervures, est *pennée* (Noisetier, *fig.* 26, A) quand la nervure principale, continuation du pétiole, est ramifiée en plume

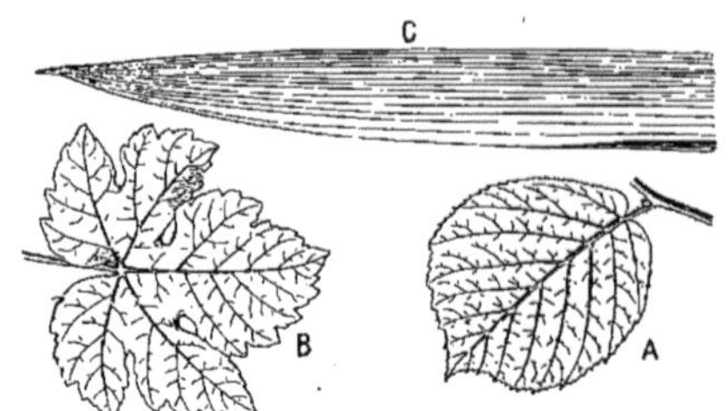

Fig. 26. — *Nervation* des feuilles :
A, de Noisetier ; B, de Vigne ; C, de Blé.

d'oiseau ; *palmée* (Vigne, *fig.* 26, B) quand les
nervures s'écartent toutes à partir du sommet
du pétiole ; *parallèle* (Blé, *fig.* 26, C) quand
les nervures sont fines et presque parallèles.
De ces grosses nervures, saillantes à la face
inférieure du limbe, part un réseau compliqué de petites nervures, visible comme une
dentelle sur certaines feuilles tombées.

A   B   C   D   E

F   G   H   I

Fig. 27. — *Feuilles :*

A, *entière* (Saule); B, C, *dentées* (Châtaignier, Noisetier); D, *crénelée* (Chêne);
E, F, G, *lobées* (Alisier,
Érable, Platane); H, I,
composées (Marronnier,
Robinier).

❋ *La nervation peut
être* pennée, palmée
ou parallèle.

**15. Feuilles simples,
feuilles composées.** —
Une feuille est *simple*
quand son limbe, même
très découpé, ne forme
qu'un seul morceau ;
suivant la profondeur
des découpures, elle
reçoit différents noms
(*fig.* 27). Une feuille
est *composée* quand les
découpures sont si pro-
fondes qu'elles atteignent la nervure principale et divisent le limbe en plusieurs fragments ou *folioles ;* elle est composée palmée
(Marronnier d'Inde, *fig.* 27, H) ou composée-
pennée (Robinier faux acacia, *fig.* 27, I). On
pourrait prendre cette dernière figure comme
représentant une branche avec 11 feuilles ;
c'est un seul limbe divisé en 11 fragments,
car on ne trouve de bourgeon qu'à la base
du pétiole principal.

❋ *Une feuille est* simple *quand son limbe,
même très découpé, ne forme qu'un seul morceau ; elle est* composée *dans le cas contraire.*

16. Position des feuilles sur la tige. —
Les feuilles sont *alternes*, ou *solitaires*, quand
elles sont toutes à des hauteurs différentes
(Lin, *fig.* 28); *opposées*, quand elles sont
deux par deux à la même hauteur (Menthe,
fig. 29); *verticillées*, quand il y en a plus de
deux à la même hauteur (Myriophylle, *fig.* 30).
Quelle que soit leur disposition, les feuilles
sont toujours placées de manière à ne pas se
masquer la lumière.

❋ *D'après leur position sur la tige, les
feuilles sont* alternes, opposées *ou* verticillées.

17. Structure de la feuille. — L'examen
microscopique d'une mince tranche du limbe
de la feuille, coupée perpendiculairement à la
nervure principale, la montre formée de deux
pellicules minces, ou *épidermes* (*fig.* 31), entourant un tissu coloré en vert par des grains
de chlorophylle (1), et dans lequel sont plongées les nervures. L'épiderme inférieur est
percé de nombreuses petites ouvertures dont

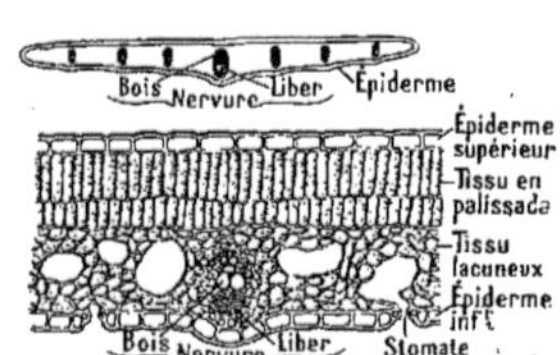

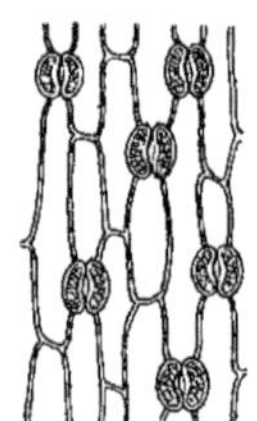

Fig. 28.
Feuilles *alternes*
de Lin.

Fig. 29.
Feuilles *opposées*
de Menthe.

Fig. 30.
F. *verticillées*
de Myriophylle.

Fig. 31.
Coupes du *limbe*
d'une feuille.

Fig. 32.
Stomates.

chacune est limitée par deux cellules en forme de reins; ce sont les *stomates* (*fig.* 32), qui permettent à l'air de pénétrer dans l'intérieur des tissus de la feuille; les stomates sont rares sur l'épiderme supérieur.

❀ *Le limbe est formé d'un tissu* vert *limité par deux* épidermes, *et contenant les nervures; l'épiderme inférieur est percé de nombreux orifices ou* stomates.

18. Fonctions : transpiration. — Les feuilles peuvent, comme la racine et la tige, devenir des organes de réserve, telles sont les écailles des bulbes, mais à cause de leur grande surface totale, ce sont elles qui effectuent surtout les échanges gazeux. On peut répartir ces derniers en trois fonctions essentielles : la *transpiration*, l'*assimilation du carbone* et la *respiration*.

La transpiration est un rejet de vapeur d'eau que l'on montre en plaçant une plante feuillée sous une cloche de verre; pour que l'eau contenue dans la terre du pot ne puisse s'évaporer directement, celui-ci est vernissé et la terre est recouverte d'une plaque de tôle dont les deux moitiés laissent passer la tige. La paroi interne de la cloche se couvre de buée; si l'on recommence après avoir enlevé les feuilles, le dépôt de buée est très faible.

Pour mesurer la transpiration, on place une plante feuillée, avec pot vernissé et plaque de tôle, sur le plateau d'une balance, et on fait équilibre (*fig.* 33, A). Une heure après, par exemple, la balance penche, indiquant que la plante est devenue plus légère (*fig.* 33, B). Le poids qu'il faudra ajouter du côté de la plante pour rétablir l'équilibre est celui de l'eau transpirée en une heure. La valeur de la transpiration est considérable; un Chêne, durant la belle saison, transpire plus de 200 fois son propre poids d'eau.

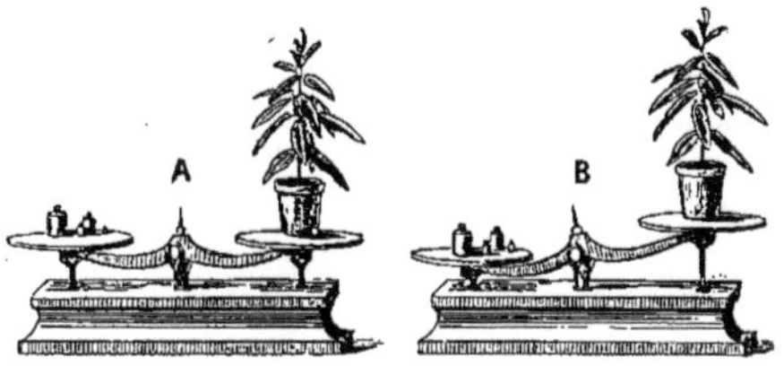

Fig. 33. — Disposition de l'expérience pour mesurer la *transpiration* d'une plante.

La transpiration se produit même à l'obscurité et chez *toutes* les plantes; mais à la *lumière*, les plantes *vertes* peuvent transpirer cent fois plus qu'à l'obscurité; on attribue cette activité à une propriété spéciale de la chlorophylle.

❀ *La* transpiration *est le rejet de vapeur d'eau qui se produit surtout par les feuilles; elle est considérable pour les plantes* vertes *pendant le jour.*

19. Assimilation du carbone. — Cette propriété n'existe que chez les plantes vertes, aussi la nomme-t-on encore *fonction chlorophyllienne*. Ces plantes, à la *lumière*, absorbent le gaz carbonique, le décomposent en ses deux éléments : carbone et oxygène, gardent le carbone qu'elles s'assimilent, et rejettent l'oxygène. Dans un vase plein d'eau (*fig.* 34), on met de menues branches fraîches, garnies de feuilles *vertes*, on y ajoute un peu d'eau de Seltz ou on y insuffle de l'air provenant des poumons et chargé de gaz carbonique. On retourne le vase sur l'eau; on le porte au soleil; il se remplit d'un gaz qui, des feuilles, se dégage par bulles : c'est de l'oxygène, car une allumette presque éteinte s'y rallume avec éclat; on peut constater aussi qu'il ne reste plus de gaz carbonique dans l'eau. A la lumière diffuse, le dégagement d'oxygène est plus faible; la nuit il est nul. Dans la nature cette fonction purifie l'atmosphère.

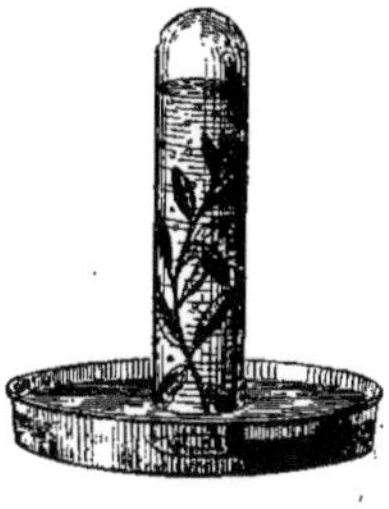
Fig. 34. Expérience démontrant la *fonction chlorophyllienne*.

❀ *La* fonction chlorophyllienne *consiste dans la* décomposition *du gaz carbonique par les plantes* vertes, *à la* lumière; *elles gardent le carbone et rejettent l'oxygène.*

20. Respiration. — Toutes les plantes respirent, nuit et jour, comme les animaux, c'est-à-dire en absorbant de l'oxygène et en dégageant du gaz carbonique. Si, dans l'*obscurité*, l'on met une plante quelconque sous une cloche à côté d'un vase rempli d'eau de chaux, celle-ci blanchit à la surface, ce qui indique un dégagement de gaz carbonique. Chez les plantes vertes, la respiration est masquée pendant le *jour* par la fonction chlorophyllienne, qui reprend le gaz carbonique provenant de la respiration et le décompose.

❋ *Les plantes respirent comme les animaux. La fonction chlorophyllienne masque, pendant le jour, la respiration des plantes vertes.*

21. Coup d'œil d'ensemble sur la nutrition. — La plante puise ses aliments à la fois dans le *sol* par ses racines, et dans l'*air* par ses feuilles. L'eau, tenant en dissolution les phosphates, azotates et autres sels contenus dans la terre, pénètre par les poils absorbants et monte dans les vaisseaux du bois, grâce à la transpiration qui détermine une sorte de tirage. Dans les feuilles, la sève brute perd son excès d'eau par la transpiration et s'*épaissit;* elle absorbe le carbone par la fonction chlorophyllienne, et l'oxygène par la respiration. Ces substances se combinent aux éléments de la sève brute, et l'*enrichissent;* elle devient la sève élaborée ou nourricière qui pénètre dans les faisceaux du liber et va porter la nourriture à tous les organes. Les aliments qui ne sont pas utilisés de suite sont mis en réserve. Les plantes sans chlorophylle ne peuvent assimiler le carbone; elles se nourrissent, comme beaucoup de champignons, de matières *en putréfaction;* mais il en est, comme la Cuscute, qui sont *parasites,* c'est-à-dire vivent aux dépens d'autres plantes.

❋ *La plante puise l'eau et les sels dans le sol, le carbone et l'oxygène dans l'air. La sève brute venant des racines se transforme en sève nourricière dans les feuilles.* (Voir, ci-dessous, le *Tableau-résumé des* ORGANES VÉGÉTATIFS.)

I. — TABLEAU-RÉSUMÉ DES ORGANES VÉGÉTATIFS ET DE LEURS FONCTIONS.

ORGANES.	CARACTÈRES.	DIVERSES SORTES.	FONCTIONS.
RACINE.	Ni feuilles, ni bourgeons; porte des *poils absorbants;* se termine par une *coiffe;* se ramifie en *radicelles.*	Pivotante. Fasciculée. Tuberculeuse.	1. *Fixation* au sol. 2. *Respiration.* 3. Organe de *réserves.* 4. *Absorption* de l'eau et des sels du sol.
TIGE.	Porte des *feuilles* et des *bourgeons axillaires;* se termine par un *bourgeon;* se ramifie en *branches.*	Herbacée ou ligneuse. Aérienne... { Dressée. Grimpante. Rampante. Souterraine. { Rhizome, Tubercule. Bulbe.	1. *Soutien.* 2. *Respiration.* 3. Organe de *réserves.* 4. Rôle *conducteur.*
FEUILLE.	Organe *vert* et plat; comprend toujours un *limbe,* souvent un *pétiole,* parfois une *gaine* et des *stipules.*	*Nervation :* pennée, palmée, parallèle. *Découpures :* simple ou composée. *Position sur la tige :* { alternes, opposées, verticillées.	1. Organe de *réserves.* 2. *Respiration.* 3. *Transpiration.* 4. *Assimilation* du carbone.

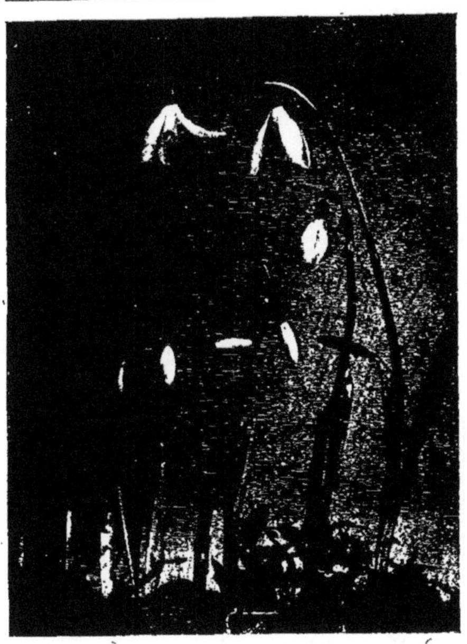

Fig. 35.
Perce-neige; *attitudes* successives de la *fleur*.

Fig. 36.
Iris d'Allemagne *en fleur*.

II. FLEUR, FRUIT ET GRAINE

LA FLEUR

22. Origine de la fleur. — A une certaine époque de l'année, qui est d'ordinaire le printemps ou l'été, on voit se développer des bourgeons qui, au lieu de donner une branche garnie de feuilles, donnent un rameau terminé par des pièces souvent colorées de nuances vives, et qui ne sont que des feuilles modifiées. L'ensemble ainsi formé est l'organe *reproducteur*, ou *fleur* (*fig.* 37), qui produira les *graines;* le rameau qui porte la fleur est le *pédoncule;* il est situé à l'ais-

selle d'une petite feuille, nommée *bractée.*

❀ *La fleur, organe reproducteur, provient d'un bourgeon spécial placé à l'aisselle d'une petite feuille, ou* bractée.

23. Différentes parties d'une fleur. — Une fleur complète comprend quatre cercles concentriques ou *verticilles,* de pièces florales insérées sur le *réceptacle,* c'est-à-dire sur le sommet élargi du pédoncule (*fig.* 38). Ces pièces sont,

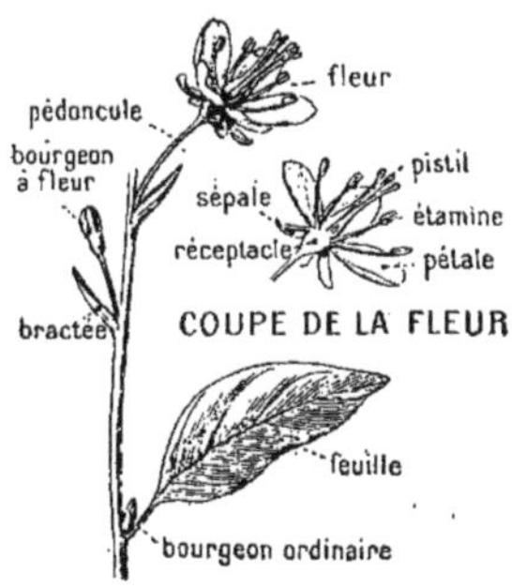

Fig. 37. — Origine de la *fleur*.

de dehors en dedans : 1° le *calice*, formé de pièces généralement vertes, nommées *sépales* ; 2° la *corolle*, de pièces généralement colorées de nuances vives, nommées *pétales* ; 3° l'an-

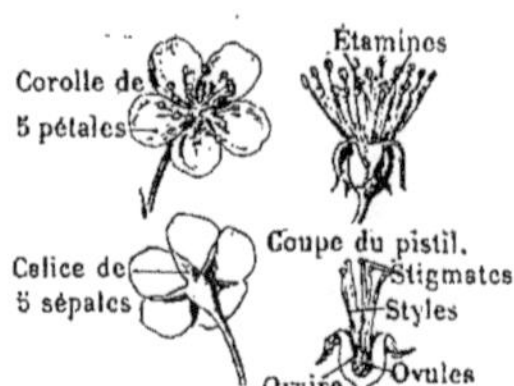

Fig. 38. — *Analyse* d'une fleur d'Églantier.

drocée ou organe mâle, formé d'*étamines* dont chacune comprend une partie étroite, le *filet*, et une partie renflée l'*anthère* ; dans cette dernière apparaît une poussière jaune, le *pollen* ; 4° le *pistil*, ou organe femelle, formé de pièces nommées *carpelles*. Le calice et la corolle sont de simples enveloppes florales, souvent réunies sous la dénomination de *périanthe* ; l'androcée et le pistil sont, au contraire, essentiels : sans eux la fleur ne peut produire de graines. Certaines plantes ont des fleurs *unisexuées*, c'est-à-dire ne possédant pas à la fois les deux organes essentiels : les unes n'ont que des étamines, les autres qu'un pistil. Chez le Noisetier, le Chêne, les fleurs à étamines ou fleurs mâles et les fleurs à pistil ou fleurs femelles sont portées par un même pied ; ce sont des plantes *monoïques* ; au contraire, chez le Chanvre, le Saule, etc., certains pieds ne portent que des fleurs à étamines et d'autres que des fleurs à pistil ; ce sont des plantes *dioïques*.

Pour se familiariser avec les pièces florales on doit *analyser* quelques fleurs, c'est-à-dire en séparer les parties avec une aiguille ou la pointe d'un canif et les examiner attentivement ; on voit alors que ces pièces sont très variables dans chaque verticille par leur nombre, leurs formes et leurs couleurs.

❀ *Une fleur complète comprend quatre verticilles de pièces : le* calice, *formé de* sépales ; *la* corolle, *de* pétales ; *l'*androcée *ou organe mâle, d'*étamines ; *le* pistil *ou organe femelle, de* carpelles. *L'*androcée *et le* pistil *sont seuls* essentiels. *Les fleurs* unisexuées *sont incomplètes ; les plantes qui les portent sont* monoïques *ou* dioïques.

24. Inflorescences. — Certaines fleurs sont solitaires à l'extrémité d'une tige (Perce-neige, *fig.* 35 ; Violette, *fig.* 39) ; le plus souvent les fleurs sont groupées en *inflorescences* (*fig.* 36 et 39, B), dont il existe deux catégories : 1° les inflorescences *définies*, ou *cymes*, dans lesquelles l'axe principal cesse de croître,

Fig. 39. — *Inflorescences :*
A, *solitaire de Violette* ; B, *groupée de Primevère.*

Fig. 40. — *Inflorescences :*
A, *cyme bipare de Céraiste* ; B, *cyme unipare de Myosotis.*

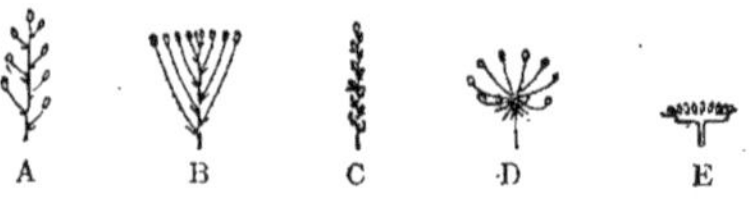

Fig. 41. — *Inflorescences :*
A, *grappe de Groseillier* ; B, *corymbe de Cerisier* ; C, *épi de Plantain* ; D, *ombelle d'Oignon* ; E, *capitule de Marguerite.*

après s'être terminé par une fleur (*fig.* 40) ; 2° les inflorescences *indéfinies*, dont l'axe principal ne se termine pas par une fleur, mais par un bourgeon ordinaire, de sorte qu'il peut continuer à croître, et former de nombreux axes secondaires dont chacun se termine par une fleur ; on distingue cinq types : la grappe, le corymbe, l'épi, l'ombelle et le capitule (*fig.* 41). Dans la *grappe* tous les pédoncules floraux sont égaux à la maturité (Groseillier) ; le *corymbe* est une grappe à pédoncules inégaux (Cerisier) et l'*épi* une grappe à pédoncules courts (Plantain). Dans l'*ombelle* tous les pédoncules, égaux, partent en rayonnant du sommet de l'axe primaire (Oignon) ; dans le *capitule*, les fleurs, sans pédoncule, sont piquées sur un large réceptacle (Marguerite,

Soleil, *fig. 42*).

❀ *L'inflorescence est le mode de groupement des fleurs ; elle est définie quand l'axe principal se termine par une fleur, indéfinie dans le cas contraire. Il y a cinq sortes d'inflorescences indéfinies :* grappe, corymbe, épi, ombelle, capitule.

Fig. 42. — *Capitule* fleuri d'Hélianthe annuel ou Soleil.

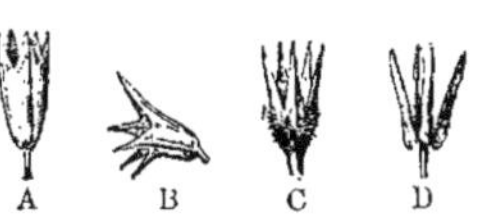

Fig. 43. — *Calices :*

A, *régulier* de Primevère ; B, *irrégulier* de Lamier ; C, *gamosépale* de Consoude ; D, *dialysépale* de Giroflée.

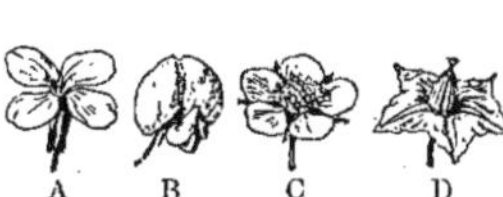

Fig. 44. — *Corolles :*

A, *régulière* de Giroflée ; B, *irrégulière* de Pois ; C, *dialypétale* de Renoncule ; D, *gamopétale* de Pomme de terre

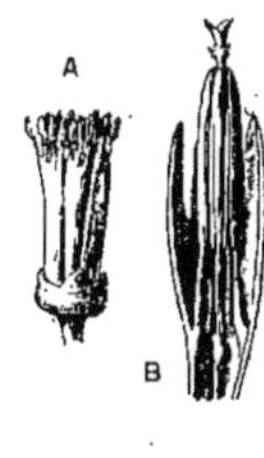

Fig. 45. — *Pétales* à limbe et onglet.

25. Le calice et la corolle. — Quand les sépales sont tous égaux, le calice est *régulier* (*fig.* 43, A) ; il est *irrégulier* dans le cas contraire (*fig.* 43, B) ; si les sépales sont soudés entre eux, le calice est *gamosépale* (*fig.* 43, C) ; libres entre eux, il est *dialysépale* (*fig.* 43, D).

La forme et la disposition des pétales ont une grande importance pour la détermination des familles de plantes. La corolle (*fig.* 44) peut, comme le calice, être régulière ou irrégulière, *gamopétale* ou *dialypétale*. Le milieu des pétales est ordinairement placé en face des intervalles qui séparent les sépales. La

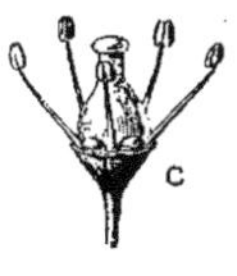

Fig. 46.

Étamines :
A, *soudées* par leurs filets (Oranger) ; B, par leurs anthères (Chardon) ; C, *libres* (Vigne).

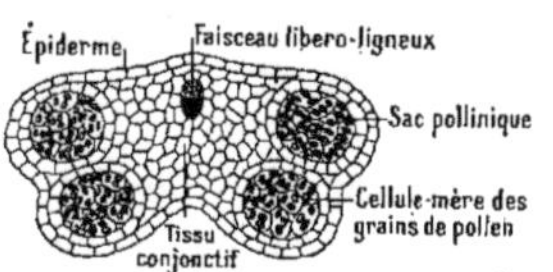

Fig. 47.
Coupe d'une *anthère* mûre.

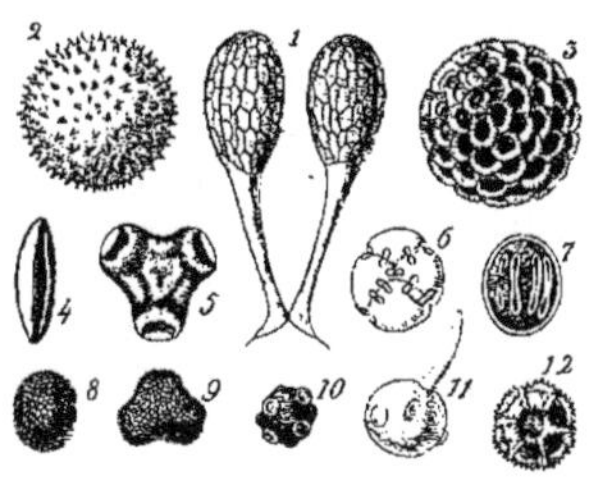

Fig. 48. — *Pollen.*
1, masse pollinique d'Orchidée ; 2, grain de pollen de Guimauve ; 3, de Cobœa ; 4, de Lis ; etc.

structure des sépales et des pétales est à peu près la même que celle des feuilles ; un pétale se compose souvent d'une sorte de pétiole plat et vert, l'*onglet* (*fig.* 45), et d'un *limbe* étalé.

❀ *Le calice et la corolle sont réguliers ou irréguliers,* gamosépales, gamopétales, *ou* dialysépales, dialypétales, *suivant que leurs pièces sont égales ou inégales, soudées ou libres entre elles.*

Fig. 49.
Coupe transversale d'un *ovaire*, montrant la feuille carpellaire repliée et les *ovules.*

26. L'androcée. — Le nombre des étamines est très variable avec les espèces ; souvent

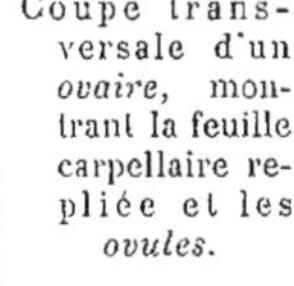

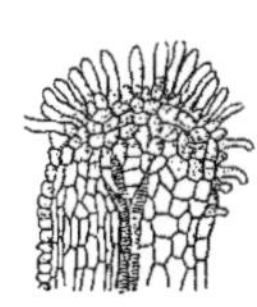

Fig. 50. — Coupe d'un *stigmate.*

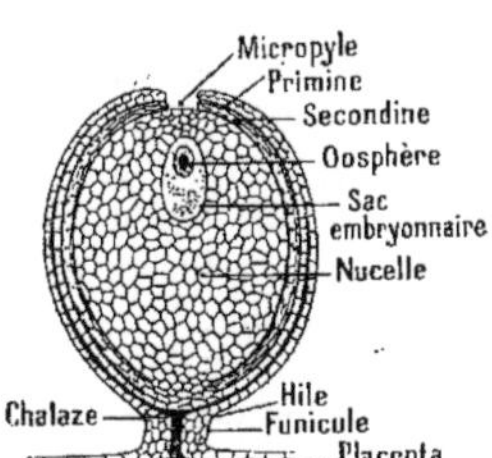

Fig. 51. — Coupe d'un *ovule.*

il est le même que celui des sépales ou des pétales (*fig.* 44, D) ou il en est un multiple (*fig.* 44, B). Les étamines peuvent être de longueur égale ou inégale ; elles peuvent être libres entre elles (*fig.* 46, C), soudées par leurs filets (*fig.* 46, A) ou par leurs anthères (*fig.* 46, B). Une anthère est creusée de quatre cavités ou *sacs polliniques* (*fig.* 47) dans lesquels se forme une poussière jaune, le *pollen* (*fig.* 48) ; chaque grain de pollen n'a que quelques centièmes de millimètre de diamètre. Quand l'anthère est mûre, elle s'ouvre par deux fentes pour laisser sortir le pollen ; une même fente sert pour deux sacs voisins, dont la réunion forme une *loge*.

✿ *Les étamines sont ordinairement en nombre multiple de celui des sépales et des pétales, ou en nombre égal ; elles sont libres ou soudées entre elles. L'anthère comprend quatre sacs où se forment les grains de pollen.*

27. Le pistil. — Au centre de la fleur est le pistil, formé de feuilles repliées, ou *carpelles* (*fig.* 49). Dans un carpelle on distingue trois parties : 1° l'*ovaire*, région renflée de la base, renfermant de petits corps arrondis, les *ovules*, qui, plus tard, deviendront les graines (*fig.* 49 et 51) ; 2° le *style*, partie allongée qui surmonte l'ovaire, et qui manque parfois ; 3° le *stigmate*, partie terminale, renflée ou ramifiée, et recouverte d'une matière sucrée et visqueuse qui retient les grains de pollen (*fig.* 50). Le pistil peut être formé d'un seul carpelle (Pois, *fig.* 78), de deux, trois, ou plus, ou d'un très grand nombre (*fig.* 71) ; les carpelles peuvent être indépendants les uns des autres, ou soudés. L'ovaire peut être *libre* d'adhérence avec les autres pièces (*fig.* 86, B) ou, au contraire, *adhérent*, au moins par sa base (*fig.* 83, b).

On nomme *placenta* (*fig.* 51) la région du carpelle qui porte et nourrit les ovules ; ceux-ci y sont rattachés par un cordon ou *funicule*. Chaque ovule possède deux enveloppes entourant la *nucelle*, masse de cellules remplies d'aliments ; ces enveloppes sont percées, au sommet, d'un petit orifice, ou *micropyle*. Dans la nucelle est le *sac embryonnaire*, renfermant une cellule importante, l'*oosphère*.

✿ *Le pistil se compose de* carpelles, *dont chacun comprend trois parties :* l'ovaire *avec ses* ovules, le style *et le* stigmate. *Les ovules, rattachés au* placenta *par le* funicule, *renferment une cellule essentielle,* l'oosphère.

28. Fonction de la fleur : Fécondation. — Le calice et la corolle protègent, dans la fleur encore en bouton, les étamines et le pistil,

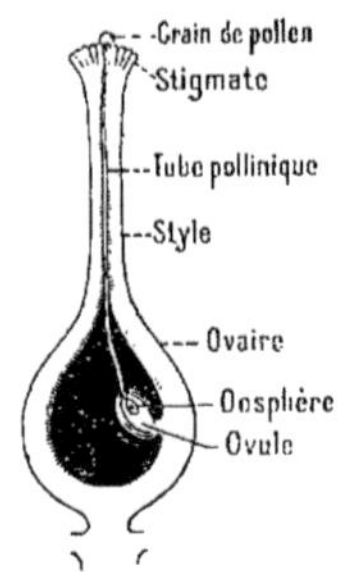

Fig. 52. — Pénétration du *tube pollinique* dans l'ovule.

organes chargés de la fonction essentielle de la fleur, la *fécondation* ; on nomme ainsi l'ensemble des actes par lesquels l'ovaire se transforme en *fruit* et les ovules en *graines*.

Le premier acte de la fécondation est la *pollinisation*, ou transport du pollen, de l'anthère qui vient de s'ouvrir, au stigmate ; dans beaucoup de fleurs, l'anthère, en s'ouvrant, laisse tomber le pollen sur le stigmate : la pollinisation est *directe*. Elle est *indirecte*, au contraire, chez les plantes à fleurs unisexuées (**23**) ; alors le transport du pollen a lieu par le vent ou par les insectes qu'attire le *nectar*, liquide sucré, sécrété par la plupart des fleurs.

Le stigmate, par son suc visqueux, retient le grain de pollen, qui se gonfle et émet un prolongement, ou *tube pollinique* (*fig.* 52). Ce tube traverse le stigmate, le style, parvient dans l'ovaire et finit par toucher un ovule ; il y pénètre par le micropyle et sa substance se mélange avec celle de l'oosphère pour donner une cellule unique, l'*œuf*. Après la fécondation, toutes les parties de la fleur se fanent d'ordinaire ; seul l'ovaire grossit, se transforme, devient le fruit, tandis que les ovules deviennent les graines.

✿ *La fonction de la fleur est la* fécondation, *dont sont chargés les étamines et le pistil. Le* pollen *tombe sur le stigmate directement, ou y est transporté par le vent ou par les insectes ; il y germe, émet un* tube pollinique *dont l'extrémité vient se fusionner avec l'oosphère.*

LE FRUIT

29. Structure des fruits. — Le fruit comprend une ou plusieurs graines, entourées par le *péricarpe*, ou ancienne paroi de l'ovaire. Si le péricarpe s'épaissit, se remplit d'eau et de diverses substances, le fruit est *charnu* (*fig.* 53); si, au contraire, il se dessèche et reste mince, le fruit est *sec* (*fig.* 54 et 55).

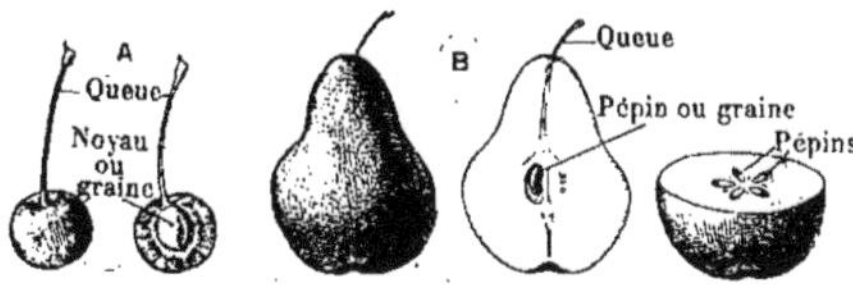

Fig. 53. — Fruits *charnus :*
A, à noyau (cerise); B, à pépins (poire).

On distingue deux sortes principales de fruits charnus : 1° la *baie*, dont le péricarpe est entièrement charnu, tels sont le raisin et la groseille, et 2° la *drupe*, dont le péricarpe est transformé en *noyau* dans sa partie interne, telles sont

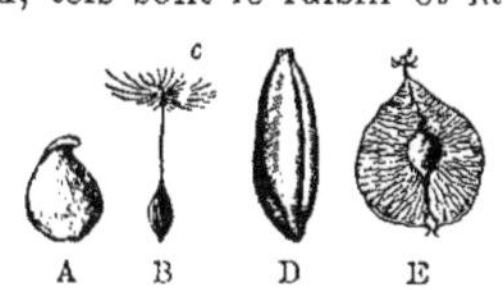

Fig. 54.
Fruits *secs indéhiscents :*
A, Renoncule; B, Pissenlit;
c, aigrette; D, Blé; E. Orme.

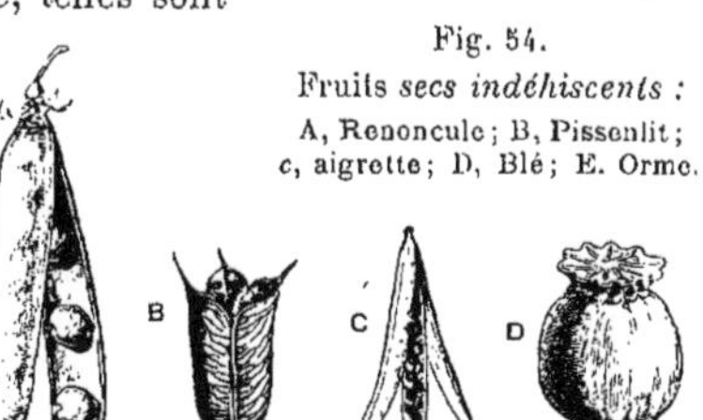

Fig. 55. — Fruits *secs déhiscents :*
A, *gousse* du Pois; B, *follicule* de l'Aconit; C, *silique* du Chou;
D, *capsule* du Pavot.

la prune, la cerise (*fig.* 53, A). Il y a aussi les fruits *à pépins* (*fig.* 53, B, et 56).

Les fruits secs se divisent de même en deux groupes : 1° ceux qui ne renferment qu'une seule graine et sont *indéhiscents*, c'est-à-dire ne s'ouvrent pas ; on les nomme *akènes* (*fig.* 54), comme le blé, la noisette; 2° ceux

qui contiennent plusieurs graines et sont *déhiscents*, c'est-à-dire s'ouvrent à la maturité pour les laisser sortir; on les nomme *capsules :* exemple, le Pavot (*fig.* 55, D, et 57). Certaines formes de capsules, très répandues, ont reçu des noms particuliers ; tels sont le *follicule*, qui s'ouvre par une seule fente (Aconit, *fig.* 55, B); la *gousse*, qui s'ouvre par deux

Fig. 56.
Fruits charnus : Aubépine.

Fig. 57. — *Capsules* du Pavot somnifère.

fentes (Pois, *fig.* 55, A) ; la *silique*, qui s'ouvre par quatre fentes (Chou, *fig.* 55, C).

❀ *Le* fruit *est l'ancien ovaire fécondé ; il comprend le* péricarpe *et les* graines. *Suivant la nature de sa paroi, il est* charnu *ou* sec. *Les principaux fruits charnus sont la* baie *et la* drupe ; *les fruits secs sont* indéhiscents, *comme les* akènes, *ou* déhiscents, *comme les* capsules.

LA GRAINE

30. Structure de la graine. — Pendant que la paroi de l'ovaire devient le péricarpe du fruit, l'ovule se transforme, grossit, et devient la graine (*fig.* 58 à 60). Une graine comprend d'ordinaire trois parties : 1° le *tégument*, qui provient de l'épaississement de l'enveloppe externe de l'ovule ; il est parfois très dur, comme dans les graines ou pépins de raisins ; il peut être lisse ou recouvert de fins filaments ; 2° l'*albumen*, masse de cellules remplies de matières de réserve, et due au développement du sac embryonnaire ; 3° l'*embryon*, ou *plantule*, partie essentielle de la graine,

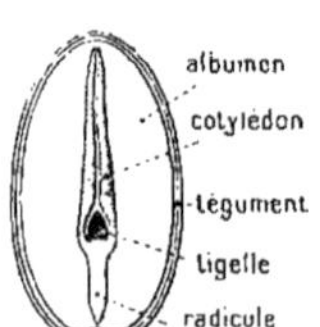

Fig. 58.
Graine
à *albumen*.

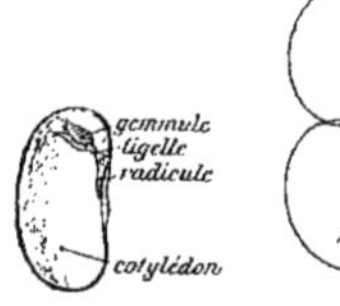

Fig. 59.
Graine de
Haricot.

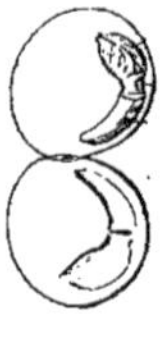

Fig. 60.
Graine de Pois
ouverte.

et provenant du développement de l'œuf (**28**). L'embryon est une plante en miniature qui comprend la *radicule*, première ébauche de la racine principale, et la *tigelle*, surmontée d'un bourgeon, la *gemmule*, et portant, sous ce bourgeon, 1 ou 2 feuilles, les *cotylédons*, plus développées que celles de la gemmule.

Certaines graines, comme

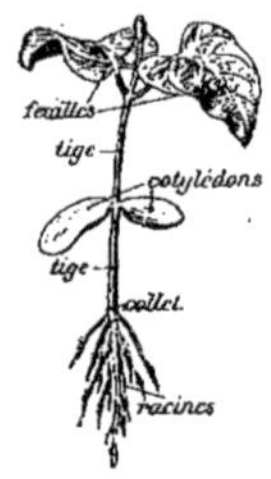

Fig. 61.
Haricot *germé.*

le haricot (*fig.* 59), le pois (*fig.* 60), n'ont pas d'albumen ; les matières de réserves existent alors dans les cotylédons, qui, au lieu d'être minces, comme dans les graines à albumen, sont très épais et remplissent presque toute la graine. Les réserves se composent de matières diverses ; mais tantôt c'est l'*amidon* qui domine (blé, pois) ; tantôt c'est l'*huile* (noix). Les plantes dont la graine n'a qu'un seul cotylédon, comme le Blé, sont des *Monocotylédones* ; celles dont la graine a 2 cotylédons, comme le Haricot, sont des *Dicotylédones*. Quand la graine a atteint son complet développement, elle se dessèche peu à peu et se détache du funicule.

❀ *La* graine *comprend d'ordinaire trois parties : le* tégument *ou* enveloppe, *l'albumen et l'embryon. Ce dernier comprend la* radicule *et la* tigelle *avec un ou deux cotylédons. Quand l'albumen manque, les réserves remplissent les cotylédons.*

31. Germination de la graine. — Une graine mûre est à l'état de *vie ralentie* : ses échanges gazeux avec l'atmosphère sont très faibles ; elle peut rester longtemps ainsi, dans un endroit sec. Pour qu'elle passe à l'état de *vie active*, c'est-à-dire qu'elle *germe* et donne une nouvelle plante, il faut qu'elle soit en bon état et pas trop vieille, et de plus qu'on lui fournisse de l'humidité, de l'air, et une chaleur suffisante : le blé ne germe qu'entre 5° et 42°.

Pour suivre les phases de la germination, mettons une graine de haricot dans de la mousse ou du sable humide, à la température de l'appartement. Au bout de deux jours la graine se gonfle, se ramollit ; bientôt son tégument éclate ; la radicule apparaît, s'allonge verticalement par le bas, et on distingue la coiffe et les poils absorbants (*fig.* 61). La tigelle apparaît ensuite et s'allonge verticalement vers le haut, en soulevant les gros cotylédons qu'elle fait sortir du sol ; ceux-ci s'écartent bientôt l'un de l'autre, et le tégument qui les couvrait tombe. Enfin, la gemmule se développe à son tour, s'allonge et donne les premières feuilles, qui font saillie entre les cotylédons ; ceux-ci s'amincissent, se flétrissent et tombent : la germination est terminée. La jeune plante a épuisé toutes les réserves contenues dans la graine; désormais elle pourra vivre par elle-même.

✿ *Pour qu'une graine germe il faut qu'elle soit mûre et en bon état, et de plus qu'on lui fournisse de l'humidité, de l'air et de la chaleur ; elle absorbe l'eau; la radicule se développe d'abord, ensuite la tigelle, puis la gemmule, qui donne les feuilles. Ce développement a lieu aux dépens des réserves de la graine.* (Voir, ci-dessous, *le Tableau-résumé des* ORGANES REPRODUCTEURS.)

32. Durée de la vie des plantes. — Au point de vue de la durée de leur existence, on divise les plantes en trois groupes : 1° les plantes *annuelles*, comme le Blé, le Coquelicot, qui fleurissent l'année même de leur germination, portent des graines et meurent ensuite ; 2° les plantes *bisannuelles*, comme la Carotte, la Betterave, qui ne fleurissent pas la première année, mais accumulent dans leurs racines des réserves qu'elles utilisent au cours de la deuxième année pour fleurir et porter les graines, puis elles meurent ; 3° les plantes *vivaces*, qui vivent plusieurs années; elles fleurissent ordinairement chaque année, à partir d'un certain âge.

Les plantes annuelles ou bisannuelles, c'est-à-dire à une seule floraison, ont une tige peu consistante, ce sont des *herbes ;* il y a aussi des plantes vivaces *herbacées*, comme le Muguet et la Pomme de terre, dont les parties aériennes meurent tous les ans; au contraire, les arbres et arbustes sont des plantes vivaces *ligneuses*.

✿ *On divise les plantes, au point de vue de la durée de leur existence, en* annuelles, bisannuelles *et* vivaces.

II. — TABLEAU-RÉSUMÉ DES ORGANES REPRODUCTEURS ET DE LEURS FONCTIONS.

ORGANES.	CARACTÈRES.	DIVERSES SORTES.	FONCTIONS.
FLEUR.	Comprend 4 verticilles  : 1. *Calice :* sépales. 2. *Corolle :* pétales. 3. *Androcée :* étamines { anthère, filet. 4. *Pistil :* carpelles { stigmate, style, ovaire.	  Calice : régulier ou irrégulier, gamosépale ou dialysépale. Corolle : régulière ou irrégulière, gamopétale ou dialypétale. Étamines : égales ou inégales, libres ou soudées. Carpelles : libres ou soudés.	Calice et corolle : organes *protecteurs*. Étamines : forment le *pollen*. Pistil : forme les *ovules*. La fusion du pollen avec l'oosphère de l'ovule est la *fécondation*, qui transforme les ovules en *graines* et l'ovaire en *fruit*.
FRUIT.	Comprend le *péricarpe*, ou paroi du fruit, et les *graines*. 	Péricarpe mou, épais : fruit *charnu* (baie ou drupe).  Péricarpe sec, mince : fruit *sec* (akène ou capsule). 	Le péricarpe *protège* les graines en formation.
GRAINE.	Comprend { *Tégument. Albumen. Embryon* { radicule, tigelle, gemmule, cotylédons. 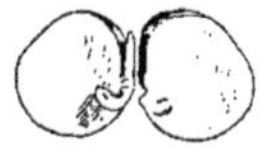	Graines à { 1 cotylédon : Monocotylédones. 2 cotylédons : Dicotylédones. Graines { à albumen (Blé). sans albumen (Haricot).	La graine *mûre et en bon état*, à laquelle on fournit *air, chaleur et eau, germe*, c'est-à-dire que son embryon se développe en une nouvelle plante.

Fig. 62. — Le *Crithme maritime*.

Phot. de M. F. Faideau.

Fig. 63. — La *Primevère officinale*.

III. QUELQUES PLANTES A FLEURS

DICOTYLÉDONES DIALYPÉTALES

33. La Giroflée. — Maintenant que nous connaissons dans ses grandes lignes l'organisation des plantes à fleurs, nous allons en étudier quelques-unes en détail, ce qui nous permettra de comparer leurs caractères, comme nous l'avons déjà fait pour les animaux, et de réaliser une *classification*. Nous commencerons par l'étude de la *Giroflée jaune* (*fig.* 2, 64 et 65).

C'est une plante vivace, à feuilles alternes, entières, c'est-à-dire sans découpures sur les bords, et dépourvues de pétiole. Ses fleurs, groupées en grappes au sommet des ra-

meaux, s'épanouissent de bas en haut. Le calice est à 4 sépales violacés, libres ; la corolle, régulière, est formée de 4 pétales libres, dont les onglets étroits forment une sorte de tube tandis que les limbes s'étalent en croix. L'androcée comprend 6 étamines, dont 2 plus courtes, insérées un peu plus bas et se faisant face (*fig.* 64, *a*). Le pistil comprend un ovaire allongé, libre d'adhérence avec les autres parties de la fleur ; il est surmonté d'un style court et d'un stigmate à deux lobes ; en le coupant en travers, on voit qu'il résulte de la réunion de deux carpelles soudés bord à bord ; une cloison, qui porte deux doubles rangées d'ovules, le sépare en 2 loges suivant sa longueur. Un fruit sec succède au pistil ; il s'ouvre par 4 fentes, détachant deux lames qui s'écartent et tombent, laissant les graines fixées sur la cloison centrale ; ce fruit est une *silique* (*fig.* 64, *c*). L'examen microscopique des graines montrerait que leur embryon est à 2 cotylédons.

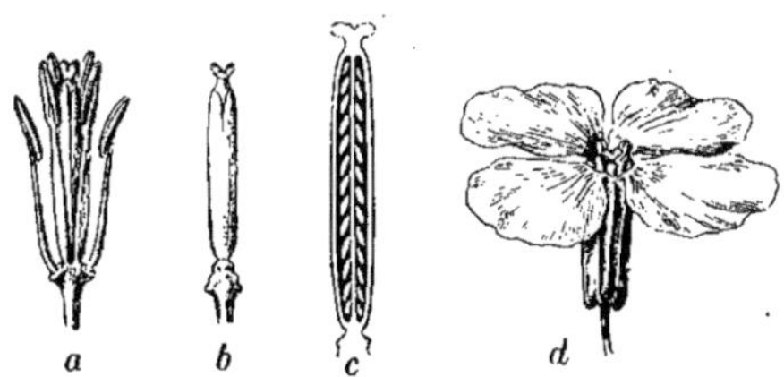

Fig. 64. — *Fleur* de Giroflée :
a, androcée et pistil; *b*, pistil isolé; *c*, coupe du pistil montrant les deux carpelles; *d*, fleur entière.

Passons maintenant en revue les caractères observés. La Giroflée est une plante à fleurs, ou *Phanérogame;* ses ovules étant enfermés dans un ovaire clos, on dit que c'est une *Angiosperme;* elle a 2 cotylédons à sa graine, c'est une *Dicotylédone;* enfin ses pétales sont libres entre eux jusqu'à leur base, c'est une *Dialypétale.* Toutes les Dicotylédones dialypétales ont, comme la Giroflée, une fleur régulière à 4 pétales libres en croix, 6 étamines, dont 2 petites, un ovaire libre à 2 carpelles, et une silique

Fig. 65. — *Giroflée.*

pour fruit; elles appartiennent donc à la famille des *Crucifères :* tels sont le Chou, le Radis, la Moutarde, le Cresson.

Si, pour étudier la Giroflée, on prend un exemplaire de jardin, il faut avoir soin de le choisir à fleurs simples; les plantes à fleurs *doubles* sont de véritables monstruosités végétales dans lesquelles les pétales supplémentaires sont obtenus aux dépens d'autres parties de la fleur. Cette remarque s'applique aussi à plusieurs des plantes que nous allons étudier maintenant.

✿ *La Giroflée est une plante à fleurs, ou Phanérogame, à ovaire clos (Angiosperme); sa fleur, régulière, a 4 sépales, 4 pétales libres (Dialypétale) en croix, 6 étamines, dont 2 plus courtes, un ovaire libre se transformant en une silique; sa graine a 2 cotylédons*

(Dicotylédone); *c'est le type de la famille des* Crucifères.

34. Principales Crucifères; usages. —

On utilise, pour *l'alimentation de l'homme*, beaucoup d'espèces du genre Chou : chou pommé, chou de Bruxelles, chou-fleur, chou-rave, navet, rave. Les autres genres alimentaires sont le Radis, le Raifort, le Cresson et la Moutarde, dont les graines écrasées dans du vinaigre donnent un condiment très employé. Certaines variétés de choux sont utilisées pour *l'alimentation du bétail.* On retire de *l'huile* des graines de la Caméline et de deux espèces du genre Chou, le Colza (*fig.* 66) et la Navette, plantes cultivées surtout dans le nord de la France. La *médecine* emploie la farine de moutarde pour faire des sinapismes, à cause de l'essence irritante qu'elle contient. En *horticulture*, on utilise la Giroflée, la Julienne et la Lunaire ou Monnaie-du-pape (*fig.* 67) qui doit son nom à ses fruits en forme de disques d'un blanc d'argent.

✿ *Beaucoup de Crucifères sont utiles. Les espèces du genre Chou, le Cresson, le Radis, la Moutarde sont alimentaires; la Caméline, le Colza, la Navette ont des graines oléagineuses; la Moutarde sert en médecine, la Giroflée en horticulture.*

Fig. 66. — *Chou colza.*   Fig. 67. — *Lunaire.*

33. Le Bouton d'or. — Le Bouton d'or ou *Renoncule âcre* (*fig.* 68) est une herbe commune dans les prés humides où elle fleurit de mai à juillet. Sa tige creuse porte des feuilles velues, divisées, à nervation palmée. Les

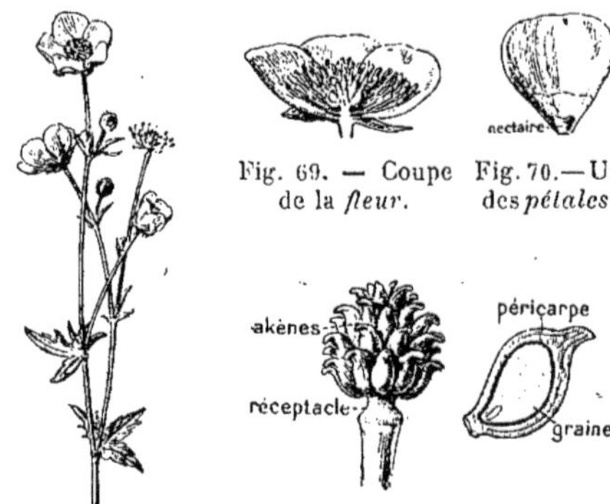

Fig. 69. — Coupe de la *fleur*.

Fig. 70. — Un des *pétales*.

Fig. 71.
Fruit de Renoncule et coupe grossie d'un *akène*.

Fig. 68.
Renoncule âcre.

fleurs, isolées, sont régulières, c'est-à-dire à symétrie rayonnée. Le calice est à 5 sépales, jaunâtres, libres jusqu'à la base; on peut les arracher successivement sans entraîner aucune autre pièce florale. La corolle est à 5 pétales libres, alternant avec les sépales, et d'un beau jaune doré, vernissé (*fig.* 69 et 70); à la base de chacun d'eux est une petite écaille sous laquelle est sécrété le nectar (**28**). Les étamines, très nombreuses, et en nombre variable pour deux exemplaires différents, sont insérées sur le *réceptacle;* leurs anthères s'ouvrent vers la *périphérie* de la fleur pour laisser sortir le pollen; cette dernière disposition est rare; ordinairement l'ouverture a lieu vers le centre de la fleur. Le pistil comprend de nombreux petits carpelles, indépendants les uns des autres et des autres pièces florales (*fig.* 71); ils sont groupés en tête; chacun d'eux se compose d'un ovaire, avec style court et stigmate en bec, et renferme un seul ovule. Il se transforme à la maturité en un akène (**29**), dont la graine possède une plantule à 2 cotylédons. Le Bouton d'or est, comme la Giroflée, une Dicotylédone dialypé-

tale; il est le type de la famille des *Renoncula-cées*, caractérisée surtout par ses nombreuses étamines et le mode d'ouverture de leurs anthères; elle comprend l'Anémone, l'Ancolie, le Pied-d'alouette.

�֍ *Le* Bouton d'or *est une Dicotylédone dialypétale, type de la famille des* Renonculacées; *ses fleurs ont de* nombreuses *étamines, libres, insérées sur le* réceptacle, *et à anthères s'ouvrant vers la* périphérie *de la fleur.*

36. Principales Renonculacées; usages. — Les Renonculacées forment une famille peu homogène; les unes sont à fleurs régulières, comme le Bouton d'or, tels sont l'Anémone, la Clématite, l'Ellébore, l'Ancolie; les autres, comme l'Aconit (*fig.* 72) et la Dauphinelle ou Pied-d'alouette, ont des fleurs irrégulières. On les a divisées en deux groupes : 1° celles qui ont pour fruits des akènes, comme la Renoncule, l'Anémone, la Clématite; 2° celles qui ont pour fruits des follicules (**29**), tels l'Ellébore, la Dauphinelle et l'Aconit.

Toutes les Renonculacées sont âcres, plus ou moins vénéneuses. Elles n'ont d'importance qu'en *horticulture*, à cause de la beauté de leurs fleurs; elles doublent facilement, mais sont peu parfumées. Les plus employées sont les Renoncules, les Anémones, les Clématites, les Dauphinelles, les Pivoines.

✖ *Les Renonculacées forment une famille* hétérogène; *toutes sont* âcres, *plus ou moins vénéneuses; beaucoup sont* ornementales.

37. Le Coquelicot. — Le Pavot coquelicot (*fig.* 73) est une herbe très commune, qui fleurit pendant

Fig. 72. — *Aconit :*
a, coupe de la fleur; *b*, fruit.

tout l'été. Sa tige, ve- lue, ramifiée, porte des feuilles alternes, profondément décou- pées. Ses fleurs, iso- lées, terminales, sont régulières. Le calice est à 2 sépales verts, caducs, c'est-à-dire tombant à l'épanouis- sement; la corolle est grande, à 4 pétales égaux, libres, d'un beau rouge ponceau. Les étamines, très nombreuses, sont in- sérées sur le récep- tacle (*fig.* 74) et leurs anthères s'ouvrent vers le centre de la fleur. L'ovaire est libre, arrondi, sans style, et surmonté d'un stigmate, formant une col- lerette à 8 ou 10 rayons. Le fruit

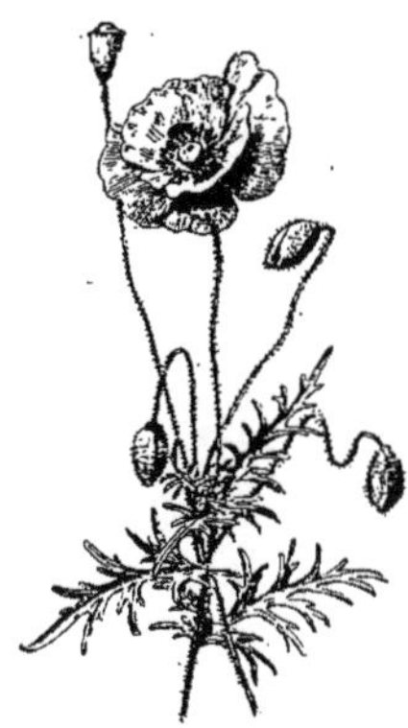

Fig. 73.
Pavot coquelicot.

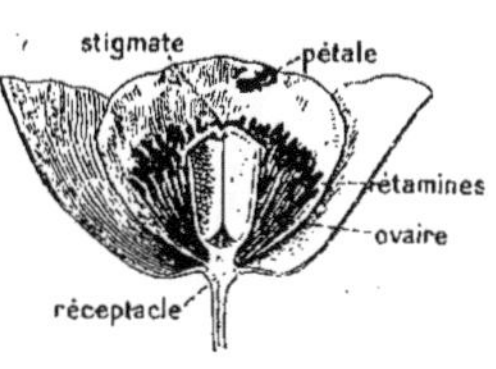

Fig. 74. — Coupe de la *fleur* du Pavot coquelicot.

est une capsule arrondie, s'ouvrant par des trous percés au sommet, pour laisser sortir les graines, petites et noirâtres, qui possèdent une plantule à 2 cotylédons. Le Coquelicot est aussi une Dicotylédone dialypétale; il est le type de la famille des *Papavéracées*, qui a de grandes analogies avec celle des Renon- culacées par le nombre et la disposition des étamines, et aussi avec celle des Crucifères par le nombre des pétales.

❀ *Le* Coquelicot *est une Dicotylédone dia- lypétale, type de la famille des* Papavéracées; *ses fleurs ont 2 sépales caducs, 4 pétales égaux, de nombreuses étamines, insérées sur le récep- tacle, et à anthères s'ouvrant vers le centre de la fleur.*

38. Principales Papavéracées; usages. — Toutes les plantes de cette famille renferment un suc laiteux, ou *latex*, âcre et vénéneux;

il est blanc chez les Pavots, jaune chez la Chélidoine (*fig.* 75), plante dont la fleur a 4 pétales jaunes en croix et dont le fruit est une silique, ce qui la rapproche beau- coup des Crucifères. Le *Pavot somnifère* est cultivé en Perse, dans l'Inde, pour le latex que laissent écouler par incision ses capsules mûres (*fig.* 57) et qui, des- séché, est l'*opium*.

Fig. 75. — *Chélidoine.*
a, fruit.

C'est un poison violent dont on retire la *mor- phine*, médicament précieux pour calmer la douleur et provoquer le sommeil. Une autre variété de cette même espèce, le *Pavot noir*, est cultivée dans le nord de la France; ses graines fournissent l'*huile d'œillette* employée dans l'alimentation et aussi en peinture. Le Coquelicot et le Pavot somnifère ont donné de superbes variétés ornementales.

❀ *Les Papavéracées sont des herbes à suc laiteux. Celui du Pavot somnifère fournit l'opium, d'où l'on retire la* morphine; *une autre variété de ce Pavot donne, par ses graines, l'huile d'œillette.*

39. Le Pois. — Le Pois est une plante annuelle, grimpante; on le cultive pour ses graines; il fleurit pendant tout l'été. Sa tige, grêle et sans consistance, porte de grandes feuilles, alternes, compo- sées pennées, dont les dernières folioles

Fig. 76. — *Pois comestible*
a, fleur.

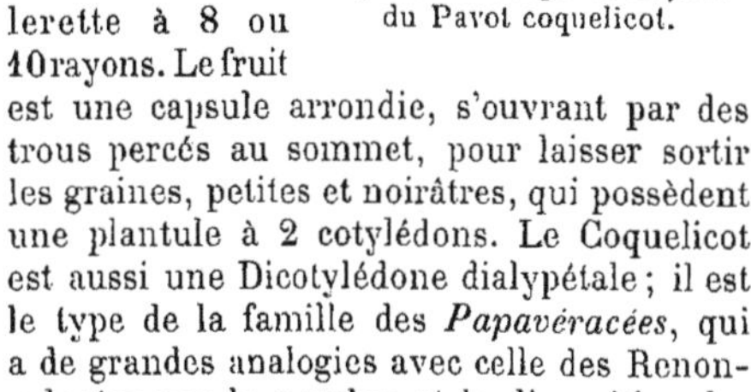

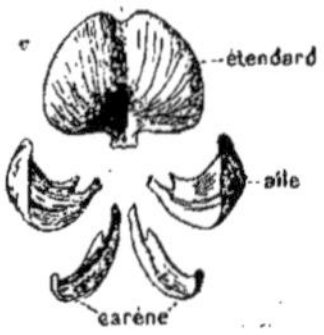

Fig. 77. *Fleur* du Pois; pétales séparés.

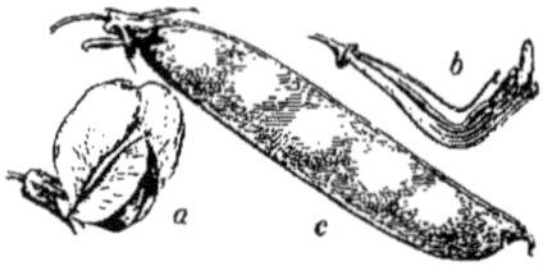

Fig. 78. — *Pois :* *a*, fleur; *b*, étamines et pistil *c*, gousse.

se transforment en vrilles (9), qui s'enroulent autour des corps voisins; à la base du pétiole sont deux larges stipules (*fig.* 76).

Les fleurs sont grandes, blanches, groupées en petit nombre. Le calice est à 5 sépales soudés, un peu inégaux. La corolle comprend 5 pétales libres, inégaux; l'un, supérieur, dressé, ou *étendard*, recouvre en partie deux pétales latéraux, les *ailes*, qui, eux-mêmes, recouvrent deux pétales inférieurs, soudés par leur bord, et formant la *carène*, nommée ainsi à cause de sa ressemblance avec cette partie d'un navire (*fig.* 77 et 78, *a*). Dans son ensemble, cette fleur affecte un peu l'aspect d'un papillon. L'androcée est à 10 étamines, dont les 9 inférieures sont soudées par leurs filets en un tube entourant le pistil; l'étamine supérieure est libre (*fig.* 78, *b*). Le pistil, formé d'un seul carpelle, comprend un ovaire allongé, terminé par un style court et un stigmate. Le fruit est sec; il s'ouvre par deux valves, dont chacune porte un rang de graines arrondies : c'est une *gousse* ou *légume* (*fig.* 78, *c*). Chaque graine renferme 2 gros cotylédons riches en amidon. Le Pois est une Dicotylédone dialypétale; c'est le type de la famille des *Papilionacées*, qui comprend le Haricot, la Fève, le Trèfle, la Luzerne, etc.

✿ *Le* Pois *est une Dicotylédone dialypétale, type de la famille des* Papilionacées. *C'est une plante grimpante, à feuilles composées, terminées par des vrilles; sa fleur comprend : 5 sépales, 5 pétales inégaux :* étendard, ailes, carène; *10 étamines, dont 9 sont* soudées *par leurs filets; un ovaire libre à un seul carpelle, se transformant en une* gousse, *ou légume.*

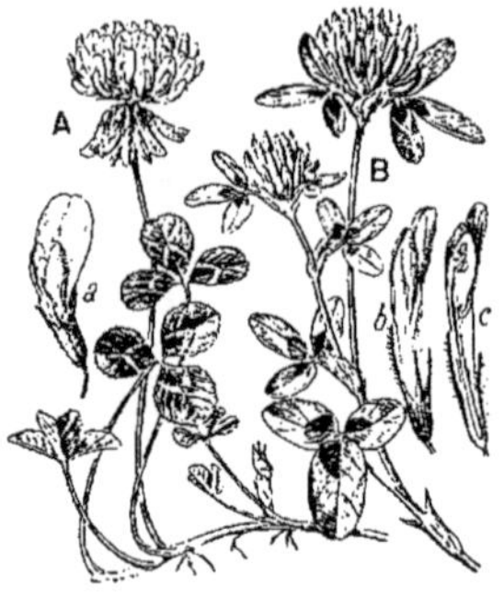

Fig. 79. — *Trèfle :* A, *blanc; a*, fleur; B, *rose; b*, fleur; *c*, coupe de la fleur.

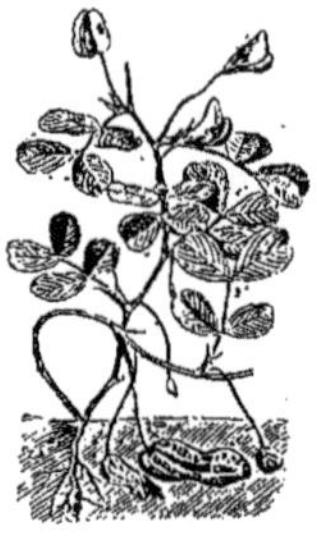

Fig. 80. *Arachide.*

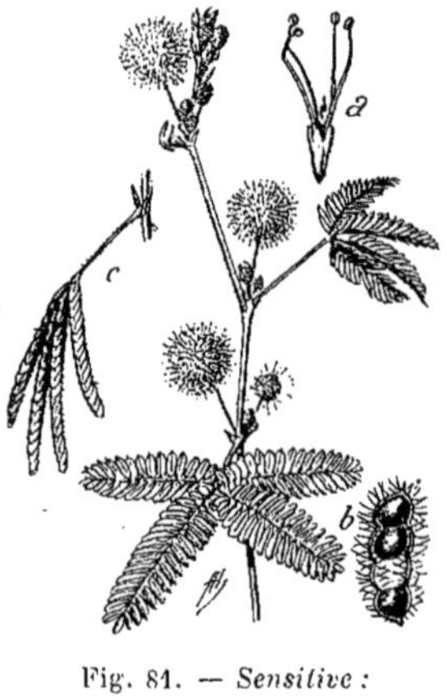

Fig. 81. — *Sensitive : a*, fleur; *b*, fruit; *c*, feuilles en position de sommeil.

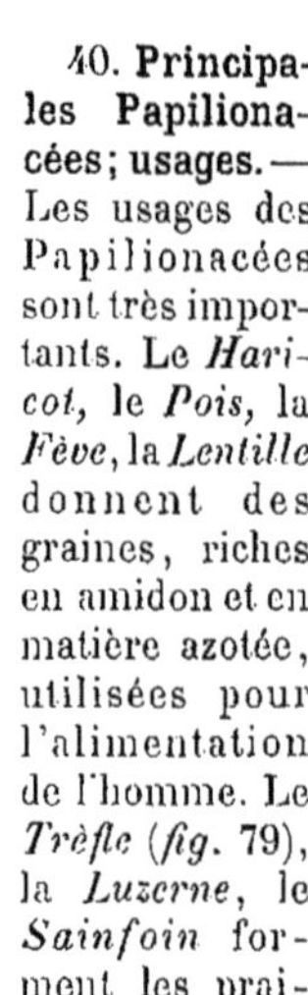

40. Principales Papilionacées; usages. — Les usages des Papilionacées sont très importants. Le *Haricot,* le *Pois,* la *Fève*, la *Lentille* donnent des graines, riches en amidon et en matière azotée, utilisées pour l'alimentation de l'homme. Le *Trèfle* (*fig.* 79), la *Luzerne*, le *Sainfoin* forment les prairies artificielles; ce sont d'excellentes plantes fourragères qui sont consommées à l'état vert ou à l'état sec. Deux Papilionacées cultivées dans beaucoup de pays chauds, l'*Indigotier* et l'*Arachide* (*fig.* 80), donnent : la première, une matière colorante bleu foncé, l'indigo; la seconde, des graines qui mûrissent sous terre, et dont on retire de l'huile. Le rhizome de la *Réglisse* contient une matière sucrée pectorale. La Glycine de Chine, le Haricot d'Espagne, la Gesse odorante ou Pois de senteur, le Robinier faux acacia, vulgairement Acacia blanc, sont utilisés pour l'ornementation des parcs et des jardins.

Les Papilionacées ne sont qu'une partie, la plus vaste d'ailleurs et la plus importante, d'une immense famille, celle des *Légumineuses,* caractérisée par son fruit, qui est une gousse ou légume. Les Légumineuses non papilionacées sont presque toutes étrangères à l'Europe ; tels sont le *Caroubier,* la *Sensitive* (*fig.* 81) célèbre par les mouvements que ses feuilles composées exécutent au moindre contact, et les *Acacias* véritables. Le Mimosa des fleuristes est la fleur d'un Acacia originaire d'Australie et introduit à Nice.

❀ *Les graines du Haricot, du Pois, de la Fève, de la Lentille sont* alimentaires ; *le Trèfle, la Luzerne, le Sainfoin forment les* prairies artificielles ; *l'Indigotier donne une matière colorante et les graines de l'Arachide, de l'huile. Les Papilionacées ne forment qu'une partie de l'immense famille des Légumineuses.*

41. La Carotte.

La Carotte sauvage (*fig.* 82) est une herbe bisannuelle à racine dure, blanchâtre, pivotante ; sa tige, rameuse et rude, porte des feuilles alternes, très divisées. Les fleurs, petites, très nombreuses, blanches, sont groupées en ombelles composées, à nombreux rayons. L'*involucre,* ou collerette formée par les bractées à la base de l'ombelle, est très découpé. L'*involucelle,* ou collerette entourant la base de chaque ombellule, est divisée en 3 parties. Les fleurs comprennent un calice à 5 sépales très petits, une corolle à 5 pétales libres, échancrés ; 5 étamines à filets libres (*fig.* 83, *b*) et un ovaire adhérent (**27**) surmonté

Fig. 82. — *Corolle :*
a; carotte courte.

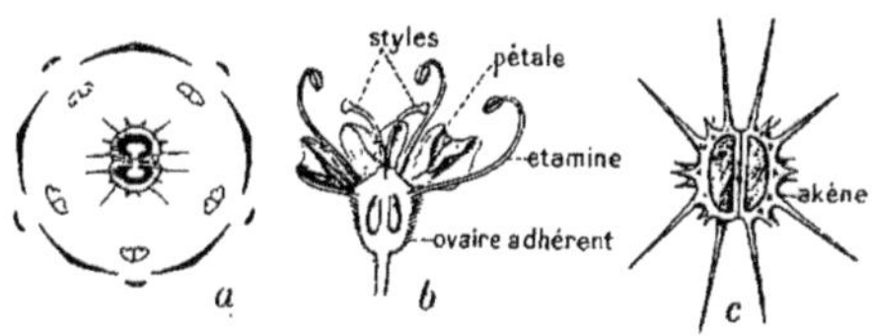

Fig. 83. — *Carotte sauvage :*
a, diagramme de la fleur ; *b*, coupe de la fleur ;
c, coupe du fruit.

de 2 styles et de stigmates. Il est formé de 2 carpelles et donne à la maturité 2 akènes épineux (*fig.* 83, *c*) qui s'écartent un peu l'un de l'autre.

Nous figurons ici le *diagramme* de la fleur de Carotte (*fig.* 83, *a*) ; on nomme ainsi une figure théorique, une sorte de plan, où chaque élément est figuré par un signe spécial ; de telle sorte que d'un seul coup d'œil on note le nombre et la disposition des pièces qui composent une fleur.

La Carotte est un Dicotylédone dialypétale, type de la famille des *Ombellifères,* nombreuse et très homogène.

❀ *La* Carotte *est une Dicotylédone dialypétale, type de la famille des* Ombellifères. *Ses fleurs, petites et nombreuses, sont groupées en* ombelles composées ; *l'ovaire est* adhérent, *à deux carpelles ; le fruit est un* double akène.

42. Principales Ombellifères ; usages.

La plupart des Ombellifères renferment dans leurs feuilles, leurs racines ou leurs fruits des principes aromatiques ; quelques espèces sont comestibles ; d'autres, extrêmement vénéneuses, sont connues sous le nom de *Ciguë ;* la plus dangereuse de ces espèces est la *Petite ciguë* ou *Faux persil,* qui croît souvent dans les jardins et que l'on peut confondre, lorsqu'elle est jeune, avec le Persil, mais les feuilles de cette dernière plante, froissées entre les doigts, ont une odeur agréable, tandis que celle des feuilles de la Ciguë est désagréable ; la Petite ciguë a des taches sur la tige, le Persil en est dépourvu.

La Carotte fait l'objet d'une culture très importante, pour sa racine alimentaire et fourragère (*fig.* 82, *a*); le Panais a les mêmes usages. On mange les feuilles du Céleri ou sa racine renflée (Céleri-rave, *fig.* 84). Le Persil, le Cerfeuil, le Fenouil, le Crithme maritime (*fig.* 62), servent d'assaisonnement; l'Angélique (*fig.* 85) est employée par les confiseurs, ainsi que les fruits de Coriandre et d'Anis vert.

❀ *Les Ombellifères sont aromatiques. On nomme Ciguë plusieurs espèces vénéneuses. La Carotte est alimentaire et fourragère; on mange aussi la racine du Panais, le Céleri, le Persil et le Cerfeuil; l'Angélique et les fruits d'Anis servent en confiserie.* (Voir, ci-dessous, *le Tableau-résumé de la classification des* DICOTYLÉDONES DIALYPÉTALES.)

Fig. 84.
Céleri-rave.

Fig. 85. — *Angélique :*
A, fruit.

III. — TABLEAU-RÉSUMÉ DES DICOTYLÉDONES DIALYPÉTALES.

OVAIRE.	ÉTAMINES.	COROLLE.	FRUIT.	NOMS des FAMILLES.	EXEMPLES.
	6, dont 4 grandes.	Régulière à 4 pétales en croix.	Silique.	CRUCIFÈRES.	*Giroflée.*
Libre.	Nombreuses, libres, insérées sur le réceptacle.	Régulière ou irrégulière.	Akène ou follicule.	RENONCULACÉES.	*Renoncule.*
		Régulière à 4 pétales.	Capsule ou silique.	PAPAVÉRACÉES.	*Coquelicot.*
	10, dont 9, au moins, sont soudées par leurs filets.	Irrégulière à 5 pétales.	Gousse.	PAPILIONACÉES.	*Pois.*
Adhérent.	5 étamines.	Régulière à 5 pétales.	Double akène.	OMBELLIFÈRES	*Carotte.*

DICOTYLÉDONES GAMOPÉTALES

43. La Pomme de terre. — La Pomme de terre est une plante herbacée, vivace, à feuilles alternes, composées (*fig.* 86, A); elle présente des rhizomes qui se renflent par place en tubercules (9) pouvant multiplier la plante. Les fleurs, qui apparaissent de juin à septembre, sont blanches ou violacées, grandes, régulières (*fig.* 86, B). Le calice est à 5 sépales soudés entre eux; la corolle a 5 pétales soudés entre eux en un tube très court à la partie inférieure, et en une large collerette à 5 dents à la partie supérieure. Il y a 5 étamines insérées sur la corolle; leurs filets sont gros et courts, leurs anthères jaune d'or sont très rapprochées, et au lieu de s'ouvrir par deux fentes, s'ouvrent par deux trous au sommet pour laisser sortir le pollen. Le pistil comprend un ovaire libre, à deux loges; il est surmonté d'un style long et mince et d'un stigmate en bouton. Le fruit est une baie (29) arrondie, d'un vert jaunâtre ou violacé; elle renferme de nombreuses graines à 2 cotylédons. La Pomme de terre est donc encore une Dicotylédone, comme toutes les espèces

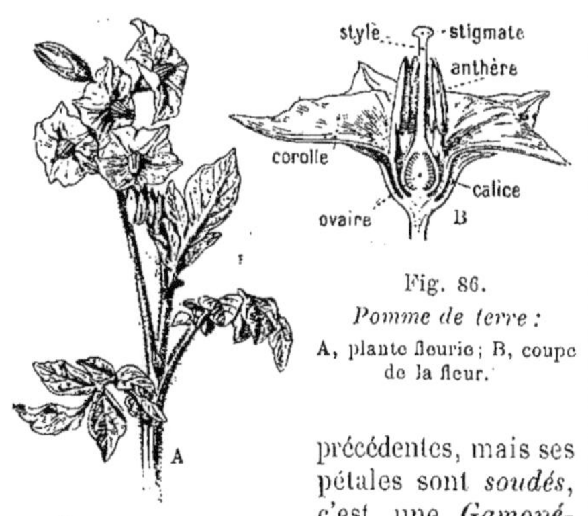

Fig. 86.
Pomme de terre :
A, plante fleurie; B, coupe
de la fleur.

précédentes, mais ses pétales sont *soudés*, c'est une *Gamopétale*. Elle est le type de la famille des *Solanées*, à laquelle appartiennent la Tomate, le Tabac, etc.

✸ *La* Pomme de terre *est une Dicotylédone gamopétale, type de la famille des* Solanées. *C'est une herbe vivace, à fleurs régulières; les 5 étamines, insérées sur la corolle, ont des anthères s'ouvrant par 2 trous; l'ovaire est libre, à 2 loges; le fruit est une* baie.

44. Principales Solanées; usages. — Toutes les Solanées, même celles qui sont alimentaires, renferment, dans l'un ou l'autre de leurs organes, des principes vénéneux. La nature de leurs fruits a permis de les diviser en deux groupes : 1° les Solanées *à baies*, comme la Pomme de terre, l'Aubergine, la Tomate, la Belladone; 2° les Solanées *à capsules*, comme le Datura (*fig.* 87), la Jusquiame, le Tabac (*fig.* 88).

La Pomme de terre est une plante de première importance; ses tubercules servent à la nourriture de l'homme et à celle

des bestiaux; on en retire de la fécule, que la chimie transforme ensuite en dextrine, en glucose, en alcool. L'aubergine, la tomate, le piment sont des fruits légumiers. Le *Tabac* est cultivé pour ses feuilles qui, après de nombreuses préparations, sont prisées ou fumées; il renferme un violent poison, la *nicotine.*

✸ *Les Solanées ont pour fruit une* baie *ou une* capsule; *toutes contiennent des principes vénéneux. Les tubercules de la Pomme de terre servent dans l'alimentation de l'homme et des animaux et dans l'industrie. L'aubergine, la tomate, le piment sont des fruits alimentaires; le Tabac fait l'objet d'une culture importante.*

45. Le Muflier ou Gueule-de-loup. — Le Muflier (*fig.* 89) est une herbe vivace, à tige dressée, fleurissant tout l'été au sommet des vieux murs; ses feuilles sont allongées, étroites. Les fleurs sont grandes, nombreuses, en grappes terminales; le calice est persistant, à 5 sépales courts, soudés; la corolle, irrégulière, rouge, blanche ou jaune, est à 5 pétales soudés; elle forme un tube en bosse à la base (*fig.* 90) et se termine par 2 lèvres, la supérieure fendue, l'inférieure à 3 lobes; il y a 4 étamines, dont 2 petites; elles sont insérées sur la corolle;

Fig. 87. — *Datura ;*
a, fruit; *b*, graine.

Fig. 88. — *Tabac ;*
a, fleur; *b*, fruit.

Fig. 89. — *Muflier*
ou *Gueule-de-loup :*
a, coupe de la fleur; *b*, fruit.

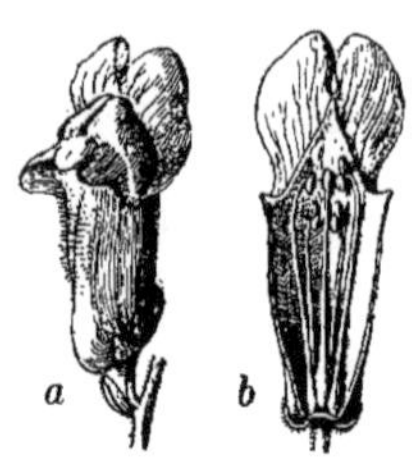

Fig. 90. — *Fleur*
du Muflier :

a, fleur entière; *b*, coupe
en long.

l'ovaire est libre, à 2 loges, surmonté d'un style simple ; le fruit est une capsule, s'ouvrant par 3 trous au sommet pour laisser sortir de nombreuses graines à 2 cotylédons. Le Muflier est une Dicotylédone gamopétale ; il est le type de la famille des *Scrofularinées*, à laquelle appartiennent la Linaire, la Véronique, etc. On peut considérer ces plantes comme des Solanées irrégulières n'ayant plus que 4 étamines, dont 2 petites.

✤ *Le* Muflier *est une Dicotylédone gamopétale, type de la famille des* Scrofularinées *; ses fleurs sont irrégulières, à 4 étamines, dont deux petites ; l'ovaire est libre ; le fruit est une capsule.*

46. Principales Scrofularinées ; usages.

— Les *Linaires* ont des fleurs assez semblables à celles du Muflier, mais munies à la base de la corolle d'un long tube, ou éperon.

Fig. 91. — *Véronique*
en épi :

a, fleur ; *b*, coupe de la fleur.

La *Scrofulaire*, herbe commune dans les bois, a donné son nom à la famille. La *Digitale* est une grande herbe très vénéneuse portant, en une longue grappe, de grandes fleurs pourprées, presque régulières et en forme de dé à coudre. Les *Véroniques* (*fig.* 91), petites herbes à jolies fleurs bleues, ont aussi une corolle presque régulière, à 2 étamines seulement. Plusieurs Scrofularinées, bien qu'ayant de la chlorophylle, sont parasites. Les plus communes sont les *Mélampyres*, qui se nourrissent aux dépens des herbes des bois et des prairies par des suçoirs qui partent de leurs racines et s'enfoncent dans celles des plantes hospitalières.

Les Scrofularinées ont des usages peu importants. Les Mufliers et la Digitale sont des plantes ornementales. Des feuilles de la Digitale on retire un poison, la *digitaline*, employé en médecine contre les palpitations de cœur.

✤ *Certaines Scrofularinées, comme la Digitale et les Véroniques, ont des fleurs presque régulières. Les Mélampyres sont des plantes parasites. Quelques espèces sont ornementales ; la Digitale est employée en médecine.*

47. Bourrache et Borraginées.

— La Bourrache (*fig.* 92) est une herbe à feuilles simples, alternes, couvertes de poils rudes. Son inflorescence est une cyme recourbée qui se redresse à mesure que les fleurs s'épanouissent ; celles-ci sont grandes, régulières, d'un bleu clair ; parfois elles sont roses ou blanches ; le calice est à 5 sépales ; la corolle, à 5 pétales soudés par leur base (*fig.* 92, *b*), 5 étamines libres s'attachent sur la corolle ;

Fig. 92.—*Bourrache:*

a, fruit ; *b*, fleur.

l'ovaire est libre, formé de deux carpelles et divisé en 4 loges, dont chacune abrite un ovule. Le fruit consiste en 4 akènes (*fig.* 92, *a*) dont la graine est à 2 cotylédons.

La Bourrache est une Dicotylédone gamopétale ; elle a donné son nom à la famille des *Borraginées*, plantes qui ont, comme les précédentes (**46**), de grands rapports avec les Solanées ; elles s'en distinguent surtout par leur ovaire à 4 loges et par leurs fruits. Elles ont peu d'applications : la Bourrache est employée en tisane, comme sudorifique ; le *Myosotis* et l'*Héliotrope du Pérou* sont souvent cultivés dans les jardins.

❀ *La* Bourrache *est une Dicotylédone gamopétale, type de la famille des* Borraginées. *On considère les Borraginées comme des Solanées à ovaire divisé en 4 loges et donnant pour fruit 4 akènes. Elles ont peu d'applications.*

48. Le Lamier blanc. — Le Lamier blanc est une herbe vivace, commune au milieu des orties, auxquelles il ressemble beaucoup par son aspect général, sauf les fleurs. Sa tige quadrangulaire porte des feuilles opposées, pétiolées, pointues, présentant des dents aiguës (*fig.* 95). Les fleurs, qui apparaissent d'avril en octobre, sont blanches, grandes, disposées par 10 à 12 en couronne au-dessus des feuilles. Le calice est à 5 sépales soudés ; la corolle est *labiée*, c'est-à-dire à deux lèvres (*fig.* 93 et 94) : la lèvre supérieure, voûtée, formée de 2 pétales soudés ; la lèvre inférieure, de 3 pétales soudés ; mais à leur base les 5 pétales sont soudés en un tube ; cette corolle est irrégulière, car elle est à symétrie bilatérale. L'androcée comprend 4 étamines, dont 2 plus petites ; elles sont insérées sur la corolle. Le pistil est formé d'un ovaire libre, divisé extérieurement en 4 parties, et surmonté d'un long style, terminé par un stigmate fourchu. Le fruit est formé de 4 akènes aplatis à leur face supérieure, et renfermant chacun une graine à 2 cotylédons. Le Lamier blanc est aussi une Dicotylédone gamopétale, type de la famille des *Labiées*.

❀ *Le* Lamier blanc *est une Dicotylédone gamopétale, type de la famille des* Labiées. *C'est une herbe à tige* quadrangulaire, *à feuilles opposées, à fleurs irrégulières : la corolle est à 2 lèvres ; il y a 4 étamines, dont 2 petites ; un ovaire libre, donnant 4 akènes.*

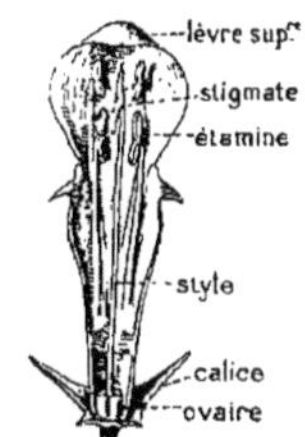

Fig. 93. — *Coupe en long* d'une fleur de Lamier blanc.

Fig. 94. *Fleur* entière isolée de Lamier blanc.

49. Principales Labiées ; usages. — Les Labiées ressemblent aux Borraginées par l'ovaire, aux Scrofularinées par la corolle et les étamines. Ce sont des Borraginées irrégulières. (Voir le *Tableau-résumé*, p. 28.)

Presque toutes les Labiées sécrètent des essences aromatiques ; les parfumeurs utilisent celles du *Romarin*, de la *Lavande*, du *Thym* ; l'essence de menthe est employée en confiserie. Les Labiées sont toniques et stimulantes ; elles donnent des liqueurs digestives. On utilise les infusions de Menthe (*fig.* 97), de Mélisse (*fig.* 96) et aussi l'*alcool de menthe*, l'*eau de mélisse*. Le Thym, la Sarriette servent de condiments. Enfin, on cultive dans les jardins le Basilic, la Sauge, la Lavande.

❀ *Les* Labiées *doivent leurs propriétés aux essences qu'elles renferment. Elles sont employées en* parfumerie, confiserie, médecine.

Fig. 95. Lamier blanc.

Fig. 96. Mélisse.

Fig. 97. Menthe poivrée. a, fleur grossie.

IV. — TABLEAU-RÉSUMÉ DES RELATIONS ENTRE LES QUATRE FAMILLES : SOLANÉES, SCROFULARINÉES, BORRAGINÉES, LABIÉES.

	OVAIRE A 2 LOGES à nombreux ovules.		OVAIRE A 4 LOGES à 1 seul ovule.	
Fleur régulière à 5 étamines.	SOLANÉES.	Diagramme de la Pomme de terre. 	BORRAGINÉES.	Diagramme de la Bourrache. 
Fleur irrégulière, souvent en mufle d'animal ou à 2 lèvres ; 4 étamines, dont 2 petites.	SCROFULARINÉES.	Diagramme du Muflier. 	LABIÉES.	Diagramme du Lamier blanc. 

Ce tableau est à double entrée ; en suivant les lignes horizontalement on voit les affinités des Solanées et des Borraginées d'une part, des Scrofularinées et des Labiées d'autre part, par la *corolle et les étamines* ; en suivant les colonnes verticalement on voit les affinités des Solanées et des Scrofularinées, des Borraginées et des Labiées par la *nature de l'ovaire*.

50. Primevère et Primulacées. — La Primevère officinale est une herbe commune dans les prairies et dans les bois ; elle y fleurit de mars en mai (*fig.* 63). Elle est vivace par un rhizome d'où part une tige aérienne très courte, presque nulle ; les feuilles, disposées en rosette à la base de la plante, sont allongées, dentées, ridées. Du rhizome partent aussi des tiges florales ou *hampes*, velues, rigides et dont chacune supporte une ombelle penchée de fleurs jaunes, assez grandes, régulières. Chaque fleur comprend un calice persistant, à 5 sépales soudés, formant une collerette à 5 dents ; une corolle à 5 pétales

égaux, soudés en un long tube et s'étalant au sommet en forme de soucoupe ; 5 étamines, à filets très courts, insérées sur la corolle et placées vis-à-vis du *milieu des pétales ;* c'est une exception remarquable à la règle de l'alternance des pièces florales d'un verticille à l'autre ; dans presque toutes les autres familles, les étamines sont placées, en effet, en face du *milieu des sépales.* L'ovaire est libre, à 5 carpelles, mais à une seule loge arrondie, surmontée d'un style long, terminé par un stigmate sphérique. Au centre de l'ovaire est une sorte de colonne, autour de laquelle sont fixés de nombreux ovules ; c'est la *placentation centrale*, caractéristique de la famille. Le fruit est une capsule ; il renferme des graines à 2 cotylédons.

La Primevère est aussi une Dicotylédone gamopétale ; elle a donné son nom à la famille des *Primulacées.* A cette famille appartiennent le *Cyclamen*, la *Primevère des fleuristes* (*fig.* 98), etc., plantes cultivées dans les jardins, et aussi le *Mouron rouge* (*fig.* 99), dont les graines font périr les oiseaux.

✽ *La* Primevère *est une Dicotylédone gamopétale, type de la famille des* Primulacées ; *ses fleurs sont régulières du type 5 ; les étamines sont en face du milieu des pétales ; l'ovaire est libre, à une loge, à placentation centrale ; le fruit est une capsule.*

Fig. 98. — *Primevère des fleuristes.*

Fig. 99. — *Mouron rouge :* a, fleur ; b, fruit.

51. **La Grande Marguerite.** — La Grande Marguerite est une herbe vivace qui, de mai en août, fleurit dans les prés (*fig.* 100). Sa tige, velue, porte alors des feuilles alternes; celles du bas, pourvues d'un long pétiole, sont dentées; celles du haut, à pétiole court, sont plus divisées. Ce qu'on nomme leur fleur est, en réalité, un *capitule* (**24**), c'est-à-dire une inflorescence réunissant un grand nombre de fleurs, qui sont comme piquées sur un large réceptacle, sorte de plateau qu'entoure une collerette ou *involucre* de bractées, disposées sur plusieurs rangs (*fig.* 101, *a*).

Ces fleurs sont de deux formes et de deux couleurs. Les très petites fleurs jaune d'or du centre sont régulières; on les nomme *fleurons* (*fig.* 101, *c*); elles ont un calice à 5 dents adhérent à l'ovaire; une corolle à 5 pétales égaux, soudés en un tube; 5 étamines insérées sur la corolle et soudées par leurs anthères en un tube au centre duquel passe le style très long, et terminé par un stigmate fourchu (*fig.* 102). L'ovaire est adhérent aux autres verticilles, il renferme un seul ovule, et il se transformera en un akène velu (*fig.* 101, *d*) dont la graine est à 2 cotylédons.

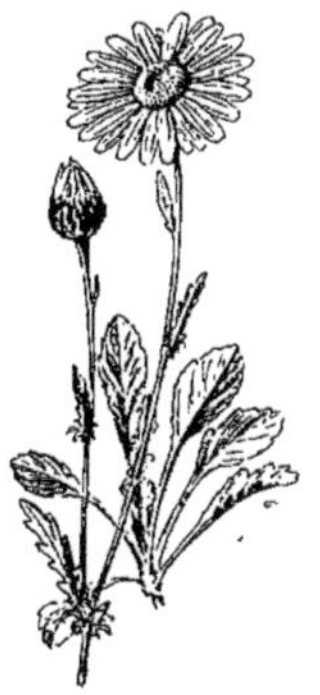

Fig. 100. *Grande Marguerite.*

Les grandes fleurs du pourtour sont irrégulières; on les nomme *ligules* ou *semi-fleurons* (*fig.* 101, *b*); leur corolle, d'un blanc pur, est rejetée d'un seul côté, en languette; ce sont des fleurs incomplètes, car elles sont dépourvues d'étamines, et ne renferment qu'un ovaire, surmonté d'un style et d'un stigmate fourchu. La Grande Marguerite est une Dicotylédone gamopétale; elle est le type de l'immense famille des *Composées*, à laquelle appartiennent le Bleuet, les Chardons, le Soleil (*fig.* 42), le Pissenlit (*fig.* 106), etc.

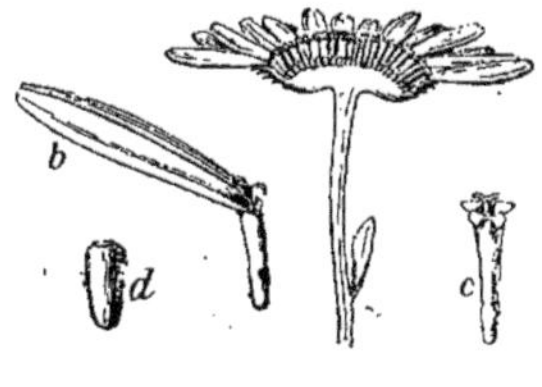

Fig. 101. *Grande Marguerite :* *a*, coupe du capitule; *b*, fleur ligulée; *c*, fleuron; *d*, fruit.

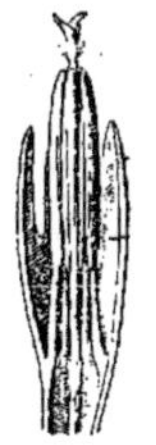

Fig. 102. — Étamines à *anthères soudées* du Chardon.

❀ *La* Grande Marguerite *est une Dicotylédone gamopétale, type de la famille des* Composées. *Ses fleurs, groupées en* capitule, *sont de deux sortes : les* fleurons *et les* ligules. *Les fleurons du centre ont 5 étamines* soudées *par leurs* anthères; *un ovaire* adhérent, *à un seul ovule; le fruit est un* akène.

52. **Principales Composées; usages.** — Toutes les Composées renferment des principes amers. Elles abondent dans les champs; aucune ne joue un rôle bien saillant, sauf en horticulture. Cette famille, qui comprend plus de 10 000 espèces sur environ 100 000 Phanérogames, a été partagée en trois tribus : Tubuliflores, Radiées, Liguliflores.

1° Les **Tubuliflores** ont le capitule entièrement formé de fleurs en tube ou fleurons. Tels sont : les *Chardons,* mauvaises herbes très envahissantes, qui se propagent avec la plus déplorable facilité, par leurs fruits légers que surmonte une blanche aigrette; la *Bardane*, herbe à grandes feuilles cotonneuses, dont les akènes, hérissés de poils en hameçon, s'accrochent aux vêtements. Le *Bleuet,* l'*Artichaut* (*fig.* 103) sont aussi rangés dans cette tribu. Dans les capitules de l'Artichaut on mange le *fond*, ou réceptacle, et la base des *feuilles*, ou bractées de l'involucre; le *foin* est formé par les fleurs qui ne sont pas encore épanouies.

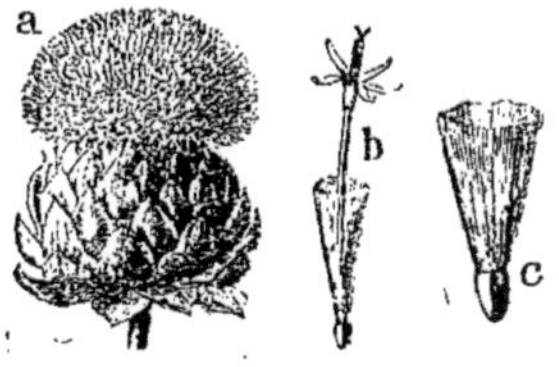

Fig. 103. — *Artichaut :* *a*, capitule *b*, fleuron; *c*, fruit.

2° Les **Radiées**, tribu à laquelle appartient la *Grande Margue-*

Fig. 104. — *Topinambour :*
a, ligule; *b*, tubercule.

Fig. 105. — *Armoise vulgaire : a*, fleur.

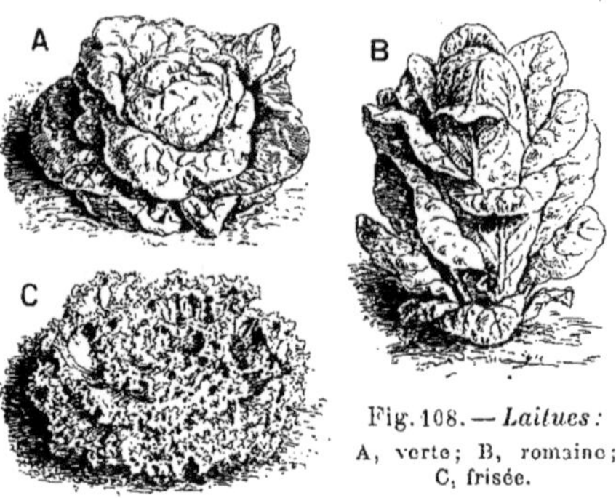

Fig. 108. — *Laitues :*
A, verte; B, romaine;
C, frisée.

rite, ont un capitule qui comprend des fleurons au centre et des ligules *rayonnantes* au pourtour. La Pâquerette, l'Hélianthe annuel ou Soleil (*fig.* 42), le Souci, le Seneçon font partie de cette tribu qui comprend aussi de superbes plantes ornementales : Dahlias, Reines-Marguerites, Zinnias, OEillets d'Inde, Cinéraires, Chrysanthèmes, etc. L'Immortelle jaune est cultivée dans le Var pour la fabrication des couronnes et des bouquets perpétuels. L'*Hélianthe tubéreux* ou

Topinambour (*fig.* 104) a de gros tubercules, comestibles pour l'homme et les bestiaux, et dont on retire aussi de l'alcool. Les *Armoises* (*fig.* 105) sont de grandes herbes aromatiques ; une espèce, l'*Armoise absinthe,* est employée dans la préparation d'un prétendu apéritif ; les capitules de *Camomille* donnent une infusion calmante et digestive.

3º Les **Liguliflores** ont un capitule entièrement formé de ligules ; toutes renferment un latex amer ; leur saveur, à l'état sauvage, est d'ordinaire insupportable ; en les étiolant, on est arrivé à les rendre douces. On mange en salade le Pissenlit (*fig.* 106), la Laitue (*fig.* 108), la Chicorée (*fig.* 107) ; la racine blanche du Salsifis et celle de la Scorsonère (*salsifis noir, fig.* 7) sont aussi comestibles.

Les grosses racines de la Chicorée, cultivée dans le nord de la France, fournissent la *chicorée à café.*

※ *On divise les Composées en trois tribus : 1º les* Tubuliflores, *à capitule entièrement formé de fleurons, tels sont les* Chardons, *le* Bleuet *et l'*Artichaut *; 2º les* Radiées, *à capitule formé, au centre, dé fleurons, et au pourtour, de ligules rayonnantes ; beaucoup sont ornementales ; le Topinambour est alimentaire et industriel ; 3º les* Liguliflores, *à capitule entièrement formé de ligules ; plusieurs sont alimentaires. (Voir, page 31, le Tableau-résumé de la classification des* Dicotylédones gamopétales.)

Fig. 106. — *Pissenlit.*

Fig. 107. — *Chicorée.*

V. — TABLEAU-RÉSUMÉ DES DICOTYLÉDONES GAMOPÉTALES.

OVAIRE.	ÉTAMINES.	COROLLE A 5 PÉTALES.	FRUIT.	NOMS DES FAMILLES.		EXEMPLES.
Libre.	5 étamines	Régulière.	Baie ou capsule. . .	SOLANÉES.		*Pomme de terre.*
			4 akènes.	BORRAGINÉES.		*Bourrache.*
	4, dont 2 petites . . .	Irrégulière	Capsule.	SCROFULARINÉES		*Muflier, Digitale.*
			4 akènes.	LABIÉES.		*Lamier.*
	5, en face du *milieu des pétales.*	Régulière.	Capsule.	PRIMULACÉES		*Primevère.*
Adhérent.	5, *soudées* par leurs *anthères;* fleurs groupées en *capitule.*	Régulière *(fleuron)* ou en languette *(ligule).*	Akène.	COMPOSÉES.	Tubuliflores.	*Bleuet.*
					Radiées. . .	*Marguerite.*
					Liguliflores.	*Pissenlit.*

53. Classification des plantes. — On distingue chez les végétaux quatre *degrés d'organisation*, auxquels correspondent quatre grands groupes ou *embranchements* : 1° Les plantes à fleurs ou *Phanérogames*, dont l'organisation vient d'être étudiée; leur corps est divisé en quatre membres distincts, racine, tige, feuille, fleur. 2° Les *Cryptogames à racines*, qu'on nomme aussi Cryptogames *vasculaires*, parce qu'elles renferment des vaisseaux (2); leur corps ne comprend que trois membres distincts, racine, tige, feuille; telles sont les Fougères (*fig.* 109). 3° Les *Muscinées* (Mousses), qui n'ont que deux membres, tige et feuille, et sont dépourvues de vraies racines (*fig.* 110). 4° Les *Thallophytes*, qui renferment les Algues (*fig.* 111) et les Champignons (*fig.* 112); elles ont le corps composé d'une simple lame ou *thalle*, plus ou moins ramifiée, qui pourvoit à la nutrition et à la reproduction. Les Muscinées et les Thallophytes n'ont pas de vaisseaux; ce sont des Cryptogames *cellulaires*.

❄ *Les plantes sont réparties en* quatre embranchements: *Phanérogames, Cryptogames à racines, Muscinées et Thallophytes.*

54. Classification des Phanérogames. — Les Phanérogames se subdivisent en deux *sous-embranchements* : 1° les *Angiospermes* (33), à ovules enfermés dans un ovaire clos; tels sont la Giroflée, la Primevère, le Muflier; 2° les *Gymnospermes*, dont les ovules sont posés à nu sur une feuille carpellaire non repliée; tels sont le Pin, le Sapin, le Cyprès.

Fig. 109. — *Fougère* (Polypode).

Fig. 110. — *Mousse* (Polytric).

Fig. 111. — *Algue* (Fucus).

Fig. 112. — *Champignon* (Pratelle).

Phot. Garrigues.

Fig. 113. — *Végétation tropicale* : Dattiers de l'oasis de Gabès (Tunisie).

Les Angiospermes se divisent en deux *classes* : les *Dicotylédones* (**30**), dont l'embryon porte 2 cotylédons ; leurs feuilles sont à nervation pennée ou palmée, les pièces florales par 4 ou 5 ou un multiple, la racine pivotante, et les *Monocotylédones*, qui n'ont qu'un seul cotylédon, des feuilles à nervation parallèle, les pièces florales par 3 ou un multiple, la racine fasciculée.

La nature de la corolle permet de diviser les Dicotylédones en 3 *ordres* : 1° celui des *Dialypétales* ou à pétales séparés (**34 à 42**) ; 2° celui des *Gamopétales* ou à pétales soudés (**43 à 52**) ; 3° celui des *Apétales*, plantes n'ayant qu'une seule enveloppe florale, comme l'Ortie, le Chêne ou qui, comme les Saules, en sont même complètement privées. Ces ordres se divisent en *familles*, puis en *genres* comme le genre Primevère ; le genre comprend des *espèces*, comme la Primevère officinale, la Primevère de Chine, etc. Font partie de la même espèce toutes les plantes qui se ressemblent autant entre elles que celles qui proviennent les unes des autres par des graines. Des coupures analogues peuvent être faites dans les trois embranchements de Cryptogames.

❀ *Les Phanérogames se divisent en* Angiospermes *et en* Gymnospermes. *Les Angiospermes comprennent deux classes, les* Dicotylédones *et les* Monocotylédones. *Les Dicotylédones se répartissent en trois ordres : les* Dialypétales, *les* Gamopétales *et les* Apétales.

INDEX ALPHABÉTIQUE ET ÉTYMOLOGIQUE

DES TERMES BOTANIQUES ET NOMS CITÉS DANS LE VOLUME.

Tous les chiffres renvoient aux *paragraphes;* les chiffres en caractères gras (**27**, indiquent les paragraphes où les termes botaniques sont *définis.*

Dialypétales (gr. *dialuein*, séparer, et *petalon*, feuille). 25. 33 à 42.
Dialysépale, 25.
Dicotylédones (gr. *dis*, deux, et *kotulédon*). 30. 33 à 52. 54.
Digitale (lat. *digitale*, dé à coudre), 46.
Dioïque (gr. *dia*, séparément, et *oikos*, demeure). 23.
Doubles (Fleurs), 33.
Drupe (lat. *drupa*, olive mûre). 29.
Écaille. 7. 9.
Écorce (lat. *cortex*, même sens). 5. 10. 11.
Ellébore. 36.
Embranchements, 53.
Embryon (gr. *embruon*, germe). 30.
Entre-nœud. 7.
Éperon. 46.
Épi (lat. *spica*, proprement pointe). 29.
Épiderme. 17.
Espèce. 54.
Étamine (lat. *stamen*, *staminis*, fil). 23. 26.
Familles, 23 à 52. 54.
Fasciculée Racine (lat. *fasciculus*, petit faisceau). 4.
Fécondation. 28.
Feuilles (lat. *folium*, même sens). 2. 7. 13 à 20. 53. 54.
Fève, 40.
Fibre. 2. 11.
Filet. 23. 16.
Fleur (lat. *flos*, *floris*, même sens). 22 à 28.
Fleuron. 51. 52.
Foliole (lat. *foliolum*, petite feuille). 15.
Follicule (lat. *folliculus*, petit sac). 29. 36.
Fougères. 2. 53.
Fruit (lat. *fructus*, même sens). 2. 28. 29.
Funicule (lat. *funiculus*, petite corde). 27. 30.

G, H, I, J, L

Gaine. 13.
Gamopétales (gr. *gamos*, union, et *petalon*, feuille). 25. 44 à 52.
Gamosépale. 25.
Gemmule (dimin. du lat. *gemma*, bourgeon). 30. 31.
Genêt, 40.
Genre, 54.
Germination. 31.
Gesse. 40.
Giroflée. 2. 33. 34.
Glycine. 40.

Gousse. 29, 39, 40.
Graine. 2. 22, 28. 30 à 32.
Grappe. 24.
Grimpantes (Tiges), 9.
Gueule-de-loup. 45.
Gymnospermes (gr. *gumnos*, nu, et *sperma*, semence). 54.
Hampe. 50.
Haricot. 40.
Hélianthe (gr. *hélios*, soleil, et *anthos*, fleur), 52.
Héliotrope (gr. *hélios*, soleil, et *trepein*, tourner). 47.
Herbacées Plantes. 9. 32.
Immortelles. 52.
Indigotier (du lat. *indicus*, de l'Inde), 40.
Inflorescence (lat. *inflorescere*, fleurir sur). 24.
Involucre (lat. *involucrum*, enveloppe). 41. 51. 52.
Julienne. 34.
Labiées (du lat. *labium*, lèvre). 48. 49.
Laitue (rad. *lait*: plante à liquide laiteux), 52.
Lamier (gr. *lamia*, lamie, monstre marin: corolle à gueule de lamie). 48.
Latex. 38, 52.
Lavande. 49.
Légume (lat. *legumen*, gousse). 39. 40.
Légumineuses. 40.
Lentille. 40.
Liber (lat. *liber*, livre: les feuillets du liber d'un arbre sont superposés comme ceux d'un livre). 5. 10. 11.
Libre Ovaire. 27.
Liège (lat. *levis*, léger). 11.
Ligneux (lat. *lignum*, bois). 5. 9. 32.
Ligule (lat. *ligula*, petite langue). 51. 52.
Liguliflores (de *ligule*, et lat. *flos*, *floris*, fleur). 52.
Limbe (lat. *limbus*, frange, bord). 13. 25.
Linaire. 46.
Lunaire (du lat. *luna*, lune: forme du fruit). 34.
Luzerne. 40.

M, N, O

Marguerite (petite Marguerite ou Pâquerette: grande Marguerite ou Leucanthème). 51, 52.
Mélampyre. 46.

Mélisse (gr. *melissa*, abeille: plante mellifère). 49.
Menthe, 49.
Micropyle (gr. *mikros*, petit, et *pulê*, porte). 27.
Mimosa, 40.
Moelle (lat. *medulla*, même sens). 5. 11.
Monnaie-du-pape, 34.
Monocotylédones (gr. *monos*, un, et *kotulédon*). 30. 56.
Monoïque (gr. *monos*, un, et *oikos*, demeure). 23.
Mouron rouge. 50.
Mousses, 53.
Moutarde, 34.
Muflier (rad. *mufle*: forme de la corolle), 45.
Muscinées (du lat. *muscus*, mousse). 53.
Myosotis. 47.
Navet. 34.
Navette (variété de navet, à graines oléagineuses). 34.
Nectar (mot gr.: breuvage des dieux). 28. 35.
Nervation (du lat. *nervus*, nerf). 14.
Nervure, 13, 14.
Nœud. 7. 13.
Noyau (lat. pop. *nucale*; de *nux*, noix). 29.
Nucelle (lat. *nucella*, petite noix). 27.
Nutrition. 21.
Œillet d'Inde, 52.
Œillette (lat. *olietta*, petite huile). 38.
Œuf, 28, 30.
Oignon, 9.
Ombelle (lat. *umbella*, parasol). 24. 41. 42. 50.
Ombellifères (de *ombelle*, et du lat. *fero*, je porte). 41. 42.
Ombellule (dimin. de *ombelle*: par leur réunion, les ombellules forment l'ombelle composée). 41.
Onglet (rad. *ongle*). 25.
Oosphère (gr. *ôon*, œuf: *sphaira*, boule). 27.
Opposées (Feuilles). 16.
Ordre, 54.
Ovaire (lat. *ovarium*: de *ovum*, œuf). 27.
Ovule (dimin. de *ovum*, œuf). 27.

P

Palmée Nervation (du lat. *palma*, paume de la main). 14.
Palmiers, 8. 14.
Panais, 42.
Papavéracées (du lat. *papaver*, pavot). 37. 38.

TABLE DES MATIÈRES

Paris. — Imp. LAROUSSE, 17, rue Montparnasse.